工业和信息化普通高等教育"十二五"规划教材立项项目

21世纪高等学校计算机规划教材
21st Century University Planned Textbooks of Computer Science

C++
程序设计

C++ Programming Design

姚琳 主编
李小燕 汪红兵 副主编
屈微 黄晓璐 段世红 徐惠民 齐悦 编著

高校系列

人民邮电出版社
北京

图书在版编目（CIP）数据

C++程序设计 / 姚琳主编. -- 北京：人民邮电出版社，2011.3
21世纪高等学校计算机规划教材
ISBN 978-7-115-24852-7

Ⅰ. ①C… Ⅱ. ①姚… Ⅲ. ①C语言－程序设计－高等学校－教材 Ⅳ. ①TP312

中国版本图书馆CIP数据核字(2011)第013670号

内 容 提 要

本书根据教育部非计算机专业计算机基础课程教学指导分委员会提出的《高等学校非计算机专业计算机基础课程教学基本要求》中的关于"程序设计"的课程教学要求编写。全书以面向对象的编程思想为主线，主要讲解程序设计基础知识、类与对象的基本概念、继承与多态、输入/输出流以及泛型程序设计等内容。

本书可作为高等院校"程序设计"课程的教材使用，也可作为学习程序设计的自学参考书和培训教材。

- ◆ 主　编　姚　琳
  副 主 编　李小燕　汪红兵
  编　著　屈　微　黄晓璐　段世红　徐惠民　齐　悦
  责任编辑　武恩玉
- ◆ 人民邮电出版社出版发行　　北京市丰台区成寿寺路11号
  邮编　100164　电子函件　315@ptpress.com.cn
  网址　http://www.ptpress.com.cn
  廊坊市印艺阁数字科技有限公司印刷
- ◆ 开本：787×1092　1/16
  印张：21.5　　　　2011年3月第1版
  字数：564千字　　2025年1月河北第17次印刷

ISBN 978-7-115-24852-7
定价：38.00元

读者服务热线：(010)81055256　印装质量热线：(010)81055316
反盗版热线：(010)81055315
广告经营许可证：京东市监广登字20170147号

出版者的话

现今社会对人才的基本要求之一就是应用计算机的能力。在高等学校,培养学生应用计算机的能力,主要是通过计算机课程的体制改革,即计算机教学分层、分类规划与实施;密切联系实际,恰当体现与各专业其他课程配合;教学必须以市场需求为导向,目的是培养高素质创新型人才。

人民邮电出版社经过对教学改革新形势充分的调查研究,依据目前比较成熟的教学大纲,组织国内优秀的有丰富教学经验的教师编写一套体现教学改革最新形势的"高校系列计算机教材"。在本套教材的出版过程中,我社多次召开教材研讨会,广泛听取了一线教师的意见,也邀请众多专家对大纲和书稿做了认真的审读与研讨。本套教材具有以下特点。

1. 覆盖面广,突出教改特色

本套教材主要面向普通高等学校(包括计算机专业和非计算机专业),是在经过大量充分的调研基础上开发的计算机系列教材,涉及计算机教育领域中的所有课程(包括专业核心骨干课程与选修课程),适应了目前经济、社会对计算机教育的新要求、新动向,尤其适合于各专业计算机教学改革的特点特色。

2. 注重整体性、系统性

针对各专业的特点,同一门课程规划了组织结构与内容不同的几本教材,以适应不同教学需求,即分别满足不同层次计算机专业与非计算机专业(如工、理、管、文等)的课程安排。同时本套教材注重整体性的策划,在教材内容的选择上避免重叠与交叉,内容系统完善。学校可根据教学计划从中选择教材的各种组合,使其适合本校的教学特点。

3. 掌握基础知识,侧重培养应用能力

目前社会对人才的需要更侧重于其应用能力。培养应用能力,须具备计算机基础理论、良好的综合素质和实践能力。理论知识作为基础必须掌握,本套教材通过实践教学与实例教学培养解决实际问题的能力和知识综合运用的能力。

4. 教学经验丰富的作者队伍

高等学校在计算机教学和教材改革上已经做了大量的工作,很多教师在计算机教育与科研方面积累了相当多的宝贵经验。本套教材均由有丰富教学经验的教师编写,并将这些宝贵经验渗透到教材中,使教材独具特色。

5. 配套资源完善

所有教材均配有 PPT 电子教案,部分教材配有实践教程、题库、教师手册、学习指南、习题解答、程序源代码、演示软件、素材、图书出版后要更新的内容等,以方便教与学。

我社致力于优秀教材的出版,恳请大家在使用的过程中,将发现的问题与提出的意见反馈给我们,以便再版时修改。

人民邮电出版社

前言

随着计算机科学技术的发展和计算应用技术的普及，越来越多的人需要操作和使用计算机。一般来说，操作和使用计算机分为两个层次。一是基于商业软件，进行简单的鼠标点击和键盘输入等基本操作。例如，使用 Microsoft Excel 进行业务数据处理，包括排序、分类汇总、绘制趋势线、分布图和饼图等。二是使用计算机语言，如 C++、C 和 Java 等进行定制开发。例如，使用 C++语言编制一个聊天应用程序，使用 Java 语言编制一个计算器应用程序等。现实生活中，大部分人对计算机的使用都属于第 1 个层次。而科研工作人员和技术开发人员等往往面临很多个性化的应用，这些应用不能简单地使用商业软件进行处理，必须自己开发应用软件来满足个性化需求，这属于第 2 个层次。作为高等学校的大学生，绝大多数人都越来越多地面临第 2 个层次的使用需求。因此，掌握一门计算机语言成为高等学校对大学生培养的基本要求。

众多的计算机语言中，如 C++、C、Java、C#和 VB 等，C++是一门最为复杂的计算机编程语言。造成这种复杂性的原因是，C++是一门兼有面向过程方法和面向对象方法的混合编程语言。一方面，C++这种混合编程语言的特点使得我们起步开始学习这门编程语言相比较学习其他编程语言要困难很多。另一方面，C++作为一门混合编程语言，涉及了面向过程方法的很多基本概念，同时也涉及了面向对象方法的很多基本概念，可以说，C++编程语言中涵盖了几乎所有编程语言的基本概念，使得我们在学习其他编程语言时，尤其是当下非常流行且得到大规模应用的 C#和 Java 语言时，能够进行快速的知识迁移。从这个角度来说，C++作为学习编程语言的入门是非常合适的。

C++编程语言具有以下特点。

（1）接近汇编语言或者硬件。C++可以通过指针直接访问内存地址，并可以进行二进制运算，这有利于编写系统软件。

（2）具有丰富的数据类型。C++可以使用系统定义的数据类型，如字符型、整型、浮点型，也可以自定义数据类型，如结构类型和类等。

（3）良好的可移植性。使用 C++编写的程序可以运行在各种不同类型的计算机上。

（4）面向对象的描述能力。C++可以基于面向对象方法，以类和对象为基本组织元素来描述系统。

本书根据教育部非计算机专业计算机基础课程教学指导分委员会提出的《高等学校非计算机专业计算机基础课程教学基本要求》中的关于"程序设计"课程教学要求编写，作为一门介绍面向对象编程语言的书籍，强调的是 C++编程语言的面向对象的特点。希望读者能够以如下的层次关系来理解本书内容。

（1）基于面向对象的思想，使用计算机编程语言开发系统时以类和对象为基本组成元素，而一个完整的类包括数据部分和函数部分，这部分内容体现为第 1

章和第 8 章。

（2）数据部分使用各种数据类型进行描述，这部分内容体现为第 2 章的数据类型、第 4 章的数组、第 6 章的指针和引用以及第 7 章的自定义数据类型。

（3）函数部分主要涉及多个操作如何构成一个完整的操作序列，这部分内容体现为第 3 章的 C++控制语句和第 5 章的函数。

（4）基于面向对象的思想开发系统时，除了需要描述类的组成元素，如数据部分和函数部分外，还需要描述类与类之间的各种关系，这部分内容体现为第 9 章继承和派生以及第 10 章多态性。

（5）最后，第 12 章、第 13 章和第 14 章是 C++编程语言中一些与实际应用开发相关的重要内容。

本书由姚琳主编，共 14 章。其中的第 1、8、12 章由汪红兵编写；第 2 章由姚琳编写；第 3 章由姚琳、齐悦编写；第 4、5 章由屈微编写；第 6 章由黄晓璐编写；第 7、9、10、11 章由李小燕编写；第 13 章由段世红编写；第 14 章由徐惠民、姚琳编写。全书由姚琳最后审阅统稿。

由于时间仓促，书中错误再所难免，恳请读者不吝赐教！

编者

2010 年 12 月

目 录

第1章 程序设计方法和 C++语言概述 ……… 1
1.1 程序编写过程 ……… 1
1.2 面向过程程序设计方法 ……… 2
1.3 面向对象程序设计方法 ……… 3
1.4 C++语言的发展 ……… 5
1.5 C++语言程序的开发过程 ……… 7
1.6 一个简单的程序 ……… 7
本章小结 ……… 10
习题 ……… 10

第2章 数据类型、运算符和表达式 ……… 11
2.1 数据类型 ……… 11
2.2 常量和变量 ……… 13
  2.2.1 C++的符号系统 ……… 13
  2.2.2 C++的常量 ……… 14
  2.2.3 C++的变量 ……… 17
2.3 运算符和表达式 ……… 18
  2.3.1 算术运算符和算术表达式 ……… 18
  2.3.2 赋值运算符和赋值表达式 ……… 20
  2.3.3 关系运算符和关系表达式 ……… 21
  2.3.4 逻辑运算符和逻辑表达式 ……… 22
  2.3.5 位运算符和位运算表达式 ……… 24
  2.3.6 条件运算符和条件表达式 ……… 27
  2.3.7 其他运算符 ……… 27
2.4 数据类型转换 ……… 29
  2.4.1 自动类型转换 ……… 29
  2.4.2 强制类型转换 ……… 30
  2.4.3 赋值表达式的类型转换 ……… 31
2.5 基本输入/输出 ……… 31
  2.5.1 标准输入流和标准输出流 ……… 31
  2.5.2 I/O 流的格式控制 ……… 32
2.6 C++的语句类型 ……… 34
  2.6.1 说明性语句 ……… 35
  2.6.2 可执行语句 ……… 35

本章小结 ……… 37
习题 ……… 38

第3章 C++控制语句 ……… 40
3.1 顺序结构程序设计 ……… 40
3.2 分支结构程序设计 ……… 42
  3.2.1 if 分支语句 ……… 42
  3.2.2 if 语句的嵌套 ……… 48
  3.2.3 switch 语句 ……… 51
3.3 循环结构程序设计 ……… 53
  3.3.1 while 语句 ……… 53
  3.3.2 do…while 语句 ……… 55
  3.3.3 for 语句 ……… 58
  3.3.4 3 种循环语句的比较 ……… 61
  3.3.5 循环嵌套 ……… 62
  3.3.6 break 和 continue 语句 ……… 63
3.4 程序举例 ……… 66
本章小结 ……… 68
习题 ……… 69

第4章 数组 ……… 72
4.1 概述 ……… 71
4.2 一维数组 ……… 72
  4.2.1 一维数组定义和初始化 ……… 72
  4.2.2 一维数组元素的引用 ……… 74
4.3 二维数组 ……… 75
  4.3.1 二维数组定义和初始化 ……… 75
  4.3.2 二维数组元素的引用 ……… 76
4.4 字符数组与字符串 ……… 77
  4.4.1 字符数组的定义和初始化 ……… 77
  4.4.2 字符数组的引用 ……… 78
4.5 数组应用举例 ……… 80
  4.5.1 一维数组应用举例 ……… 80
  4.5.2 二维数组应用举例 ……… 81
  4.5.3 字符数组应用举例 ……… 83
  4.5.4 综合应用举例 ……… 84

| 本章小结 ································· 85
| 习题 ······································· 85

第5章 函数与预处理 ············· 91

5.1 概述 ······································ 91
   5.1.1 函数简介 ······················ 91
   5.1.2 函数的种类 ··················· 92
5.2 函数定义及调用 ··················· 93
   5.2.1 函数的定义 ··················· 93
   5.2.2 函数的调用 ··················· 95
   5.2.3 函数参数传递与返回值 ····· 96
   5.2.4 函数的嵌套调用 ············ 100
   5.2.5 函数原型声明 ··············· 102
5.3 C++中的特殊函数 ·············· 103
   5.3.1 重载函数 ····················· 103
   5.3.2 内联函数 ····················· 105
   5.3.3 具有默认参数值的函数 ···· 106
5.4 函数模板 ···························· 107
   5.4.1 函数模板的定义 ············ 107
   5.4.2 重载函数模板 ··············· 108
5.5 局部变量和全局变量 ··········· 109
   5.5.1 局部作用域和局部变量 ···· 109
   5.5.2 全局作用域和全局变量 ···· 111
5.6 变量的生存期和存储类别 ····· 113
   5.6.1 变量的生存期 ··············· 113
   5.6.2 变量的存储类别 ············ 113
5.7 编译预处理 ························· 117
   5.7.1 宏定义 ························ 118
   5.7.2 文件包含 ····················· 120
   5.7.3 条件编译 ····················· 121
本章小结 ···································· 121
习题 ·· 121

第6章 指针和引用 ················ 127

6.1 指针的概念 ························· 127
   6.1.1 指针和指针变量 ············ 127
   6.1.2 指针变量的定义 ············ 127
   6.1.3 指针的基本运算 ············ 128
   6.1.4 指针作为函数参数 ········· 132
6.2 指针与数组 ························· 135

6.2.1 指针与一维数组 ············ 135
   6.2.2 指针与二维数组 ············ 138
   6.2.3 指向字符串的指针变量 ···· 140
   6.2.4 指针数组 ····················· 143
   6.2.5 多级指针 ····················· 146
6.3 指针和函数 ························· 147
   6.3.1 指针型函数 ·················· 147
   6.3.2 用函数指针调用函数 ······ 148
   6.3.3 用指向函数的指针作函数
         参数 ··························· 150
   6.3.4 带参数的main()函数 ······ 151
6.4 动态存储分配 ····················· 152
   6.4.1 内存的动态分配 ············ 152
   6.4.2 动态内存分配操作符 ······ 153
6.5 引用 ··································· 154
   6.5.1 引用的概念 ·················· 154
   6.5.2 引用的操作 ·················· 155
   6.5.3 不能被定义引用的情况 ··· 156
   6.5.4 函数参数中引用的传递 ··· 157
   6.5.5 用引用返回多个值 ········· 158
   6.5.6 用函数返回引用 ············ 159
   6.5.7 const引用 ··················· 159
本章小结 ···································· 161
习题 ·· 162

第7章 其他自定义数据类型 ····· 168

7.1 结构体类型 ························· 168
   7.1.1 结构体类型的定义 ········· 168
   7.1.2 结构体类型变量的定义及其
         初始化 ························ 169
   7.1.3 结构体类型的使用 ········· 171
7.2 枚举类型 ···························· 175
7.3 共用体类型 ························· 178
本章小结 ···································· 180
习题 ·· 181

第8章 类与对象 ···················· 185

8.1 类的概念 ···························· 185
8.2 类的定义 ···························· 186
8.3 对象的定义 ························· 187

8.4 类的成员函数 ································ 188
8.5 类的访问属性 ································ 191
8.6 对象的使用 ···································· 192
　8.6.1 对象指针 ································ 194
　8.6.2 对象引用 ································ 194
　8.6.3 this 指针 ······························· 194
　8.6.4 对象数组 ································ 195
　8.6.5 普通对象做函数参数 ············· 196
　8.6.6 对象指针做函数参数 ············· 197
　8.6.7 对象引用做函数参数 ············· 199
8.7 构造函数 ······································· 201
8.8 析构函数 ······································· 202
8.9 拷贝构造函数 ································ 204
8.10 浅拷贝和深拷贝 ·························· 205
8.11 静态成员 ······································ 206
　8.11.1 静态成员数据 ······················· 206
　8.11.2 静态成员函数 ······················· 208
8.12 友元 ··· 210
　8.12.1 友元函数 ······························ 210
　8.12.2 友元类 ································· 211
8.13 常对象 ··· 212
8.14 常成员 ··· 212
　8.14.1 常成员数据 ··························· 213
　8.14.2 常成员函数 ··························· 213
8.15 组合关系 ····································· 214
8.16 类模板 ··· 216
本章小结 ·· 218
习题 ··· 218

第 9 章　继承与派生 ························· 223

9.1 继承和派生的概念 ······················· 223
9.2 继承的实现 ··································· 224
　9.2.1 派生类的定义 ························ 224
　9.2.2 派生类的构成 ························ 226
　9.2.3 继承的访问控制 ···················· 228
9.3 派生类的构造函数和析构函数 ····· 230
　9.3.1 派生类的构造函数 ················ 230
　9.3.2 派生类的析构函数 ················ 232
9.4 多继承中的二义性与虚函数 ········ 233
　9.4.1 多继承中的二义性 ················ 233

9.4.2 虚基类 ··································· 235
本章小结 ·· 236
习题 ··· 237

第 10 章　多态性与虚函数 ················ 242

10.1 多态性 ··· 242
　10.1.1 多态性的概念 ······················· 242
　10.1.2 多态的实现——联编 ············ 243
10.2 继承中的静态联编 ······················ 243
　10.2.1 派生类对象调用同名函数 ···· 243
　10.2.2 通过基类指针调用同名函数 ···· 245
10.3 虚函数和运行时的多态 ·············· 247
　10.3.1 虚函数 ··································· 247
　10.3.2 虚函数的使用 ······················· 248
　10.3.3 虚析构函数 ··························· 249
10.4 纯虚函数和抽象类 ······················ 251
　10.4.1 纯虚函数 ······························· 251
　10.4.2 抽象类 ··································· 252
　10.4.3 应用实例 ······························· 252
本章小结 ·· 255
习题 ··· 255

第 11 章　运算符重载 ························ 260

11.1 运算符重载的概念 ······················ 260
11.2 运算符重载的规则和语法 ·········· 261
11.3 "++"、"−−"运算符的重载 ······ 265
11.4 赋值运算符"="的重载 ············ 268
11.5 插入提取运算符"<<"">>"的
　　 重载 ·· 271
11.6 类型转换运算符的重载 ·············· 272
本章小结 ·· 274
习题 ··· 274

第 12 章　标准模板库 ························ 275

12.1 标准模板库概述 ·························· 275
12.2 容器 ··· 276
　12.2.1 向量 ······································· 276
　12.2.2 列表 ······································· 279
　12.2.3 栈 ··· 280
　12.2.4 集合 ······································· 282

12.2.5 映射 ………………………… 284
本章小结 ……………………………… 285
习题 …………………………………… 285

第13章 输入/输出流 …………… 287

13.1 流 ………………………………… 287
13.2 文件流 …………………………… 288
　　13.2.1 数据的层次 ………………… 288
　　13.2.2 文件和流 …………………… 290
　　13.2.3 文件操作 …………………… 290
13.3 顺序文件操作 …………………… 294
　　13.3.1 建立顺序文件 ……………… 294
　　13.3.2 读取顺序访问文件中的数据 … 297
　　13.3.3 更新顺序访问文件 ………… 298
13.4 随机访问文件 …………………… 299
　　13.4.1 建立随机访问文件 ………… 299
　　13.4.2 向随机访问文件中随机地写入
　　　　　 数据 …………………………… 301
　　13.4.3 从随机访问文件中顺序地读取
　　　　　 数据 …………………………… 302
本章小结 ……………………………… 304
习题 …………………………………… 305

第14章 异常处理 ………………… 308

14.1 程序的出错处理 ………………… 308
14.2 异常及异常处理 ………………… 310
　　14.2.1 异常及其特点 ……………… 310
　　14.2.2 异常处理方法 ……………… 310
14.3 C++异常处理机制 ……………… 311
　　14.3.1 C++异常处理的基本过程 … 311
　　14.3.2 C++异常处理的其他形式 … 315
14.4 用 exception 类处理异常 ……… 319
　　14.4.1 C++的 exception 类 ……… 319
　　14.4.2 用户自定义类的对象传递异常 … 321
本章小结 ……………………………… 324
习题 …………………………………… 324

附录A C++语言中运算符的
　　　 优先级和结合性 …………… 327

附录B ASCII 码表 ………………… 329

附录C C++常用函数 ……………… 330

参考文献 …………………………… 334

第 1 章
程序设计方法和 C++语言概述

【本章内容提要】

C++语言是一种同时支持面向过程程序设计方法和面向对象程序设计方法的优秀编程语言，已经在计算机相关的工程领域得到了广泛应用。本章从程序编写过程入手，介绍两种程序设计方法，进而明确 C++语言能够同时支持这两种程序设计方法。

【本章学习重点】

程序编写过程；两种不同的程序设计方法：面向过程程序设计方法和面向对象程序设计方法；一种同时支持面向过程程序设计方法和面向对象程序设计方法的 C++语言及其发展历程；使用 C++语言编写程序的过程；一个简单的入门程序 Hello World。

1.1 程序编写过程

程序编写过程就是使用某种计算机语言对要解决的问题进行描述，然后形成能在计算机上运行的程序代码。计算机语言是人类和计算机之间进行交流的媒介工具，它是计算机能够识别的语言，人类为了要与之进行交互，必须学习计算机语言。这如同我们学习英语是为了与外国人进行交流一样。

人类在使用计算机语言描述现实世界问题之前，一般需要在头脑中形成关于该问题的框架结构。这种框架结构首先在大脑中形成，然后使用某种工具（例如，Microsoft Visio 和 Microsoft Word）加以描述。一个完整的程序编写过程，如图 1-1 所示。其中，现实世界是计算机要解决问题的真实世界，例如，开发一个学生选课信息系统，学生、教师和课程等组成了真实世界；概念世界是头脑世界，是人类在使用计算机语言解决现实世界问题之前，在大脑中形成的关于现实世界问题的框架结构，这种结构是人类认识现实世界的结果，而这种结构的具体形式与我们采用的程序设计方法密切相关；计算机世界由具体的计算机语言组成，它是对概念世界问题结构的描述。

概念世界的问题结构与采用的程序设计方法有关。因此，程序设计方法实际是人类从计算机解决实际问题的角度认识现实世界问题所采用的思考方法。当前，典型的程序设计方法包括面向过程程序设计和面向对象程序设计。

计算机语言只是一种工具，用来实现程序设计方法所观察的概念世界的框架结构。本书要特别注意区分计算机语言和程序设计方法的不同。

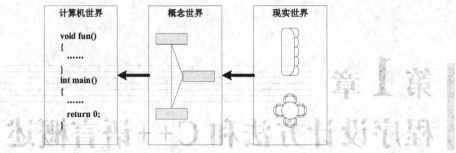

图 1-1 程序编写过程

1.2 面向过程程序设计方法

面向过程程序设计方法又称为结构化程序设计方法。其基本观点是：使用 3 种基本结构（即顺序结构、选择结构和循环结构）强调模块的单入和单出。

采用面向过程程序设计方法来认识现实世界问题，其基本的思维粒度是过程。所谓过程，指的是一个功能的完整描述。在没有特别说明的情况下，本书中的过程和功能是等价的说法。例如，开发一个学生选课管理信息系统时，经过需求调研后，发现该系统的基本功能如下。

① 教师信息的登记，例如，当学校新增教师时，需要该功能。
② 教师信息的修改，例如，当教师转移工作岗位时，需要该功能。
③ 教师信息的删除，例如，当学校开除教师时，需要该功能。
④ 教师信息的打印，例如，当学校存档教师档案时，需要该功能。
⑤ 教师查询学生名单，例如，当教师需要查看授课学生名单时，需要根据课程查询学生名单的功能。
⑥ 学生信息的登记，例如，当新生入学时，需要该功能。
⑦ 学生信息的修改，例如，当学生转系时，需要该功能。
⑧ 学生信息的删除，例如，当学生毕业时，需要该功能。
注意，这种删除只是一种临时性的删除，经过删除后的学生信息可以实现归档处理。
⑨ 学生信息的打印，例如，当学校存档学生档案时，需要该功能。
⑩ 学生查询教师名单，例如，当学生选课需要查看某个课程的授课教师时，需要该功能。
⑪ 课程信息的增加，例如，当学校开设一门新课时，需要该功能。
⑫ 课程信息的修改，例如，当需要变更课程名称时，需要该功能。
⑬ 课程信息的删除，例如，当学校删除一门旧课时，需要该功能。
⑭ 课程信息的打印，例如，当学生需要某个课程详细情况时，需要该功能。
⑮ 查询教师和学生名单，例如，当管理员需要根据课程获知该课程的教师和学生的详细信息时，需要该功能。
⑯ 设定必修课，系统根据学生的专业和年级等信息设定其必修课。
⑰ 选择选修课，学生根据自己的爱好和发展等信息选择其选修课。
⑱ 选择教师，学生根据自己的喜好选择必修课和选修课的授课教师。

学生选课管理信息系统的功能结构，如图 1-2 所示。面向过程程序设计方法强调描述一个系统时以该系统包含的基本功能为基础，一个过程对应一个功能。

面向过程程序设计方法有着明显的不足：这种方法以过程或功能作为系统构建的基本单元，而忽视了过程或功能涉及的数据。面向过程程序设计方法没有将功能和数据作为整体考虑，造成了功能和数据的人为割裂。此外，我们在研究现实世界的问题时，经常以实体或物体作为基本单元，这与计算机世界将功能作为基本单元是不一致的，造成了计算机世界与现实世界映射粒度的不一致。

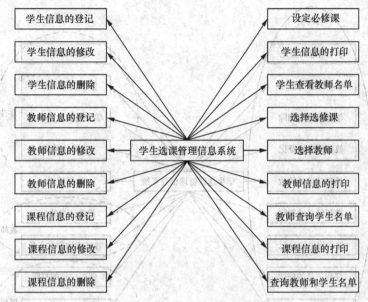

图 1-2　基于面向过程程序设计方法的学生选课管理信息系统的功能结构

一种最为自然的解决方式是，在概念世界观察或设计现实世界问题时，也以实体或物体作为基本单元。这样，现实世界和计算机世界的基本单元就一一对应了，这就是面向对象程序设计方法的初衷。

1.3　面向对象程序设计方法

对象指现实世界的实体或物体。因此，面向对象程序设计方法可以说是面向实体或物体的程序设计方法。其基本观点是：以对象或类作为系统构建的基本单元；系统开发的主要任务是使用计算机语言描述系统的对象以及对象与对象之间的关系；强调封装、继承和多态等概念。

基于面向对象程序设计方法研究学生选课管理信息系统时，功能不再是系统的基本单元，取而代之的是对象。基于面向对象程序设计方法的学生选课管理信息系统的结构，如图 1-3 所示。系统构建的基本单元是管理员、学生、教师和课程 4 个基本对象。开发学生选课管理信息系统的工作就是维护管理员、学生、教师和课程 4 个对象以及这些对象之间的关系。

与面向过程程序设计方法相比，对象是比功能具有更大粒度的单元，每个功能都应该属于一个对象。但是，对象不仅仅是功能的简单组合，它还包括功能涉及的数据。带有数据信息的基于面向对象程序设计方法的学生选课管理信息系统的结构，如图 1-4 所示。因此，完整的管理员对象应具有的功能为学生信息的登记、学生信息的修改、学生信息的删除、教师信息的登记、教师信息的修改、教师信息的删除、课程信息的登记、课程信息的修改和课程信息的删除，并由数据信息如姓名、工号和年龄组成；完整的学生对象应具有的功能为设定必修课、学生信息的打印、学生查看教师名单、选择选修课和选择教师，并数据信息如姓名、学号、年龄、专业、学院、选修课列表和必修课列表组成；完整的教师对象应具有的功能为教师信息的打印和教师查询学生名单，并由数据信息如姓名、工号、年龄、学院和开设课程列表组成；完整的课程对象应具有的功能为课程信息的打印、查询教师和学生名单，并由数据信息如课程名、课程号和授课教师列表组成。

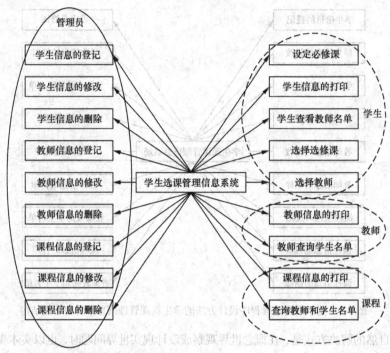

图 1-3 基于面向对象程序设计方法的学生选课管理信息系统的结构（无数据信息）

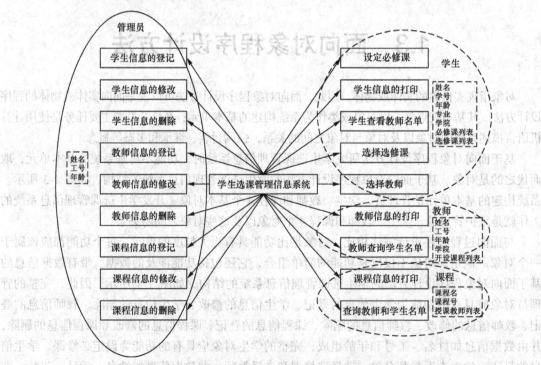

图 1-4 基于面向对象程序设计方法的学生选课管理信息系统的结构（有数据信息）

实际上，人类在认识现实世界的过程中普遍运用了以下 3 个构造法则，这与面向对象程序设计方法的思想不谋而合。

法则 1：区分对象及其属性。例如，区分一棵树和树的大小或空间位置关系。

法则 2：区分整体对象及其组成部分。例如，区分一棵树和树枝。

法则 3：形成并区分不同对象的类。例如，形成所有树的类和所有石头的类，并区分它们。

法则 1 给出了对象的构成；法则 2 给出了对象与对象之间的整体—部分关系；法则 3 给出了对象与对象之间的一般—特殊关系。法则 2 和法则 3 给出了对象与对象之间的两种常见关系，我们可以将现实世界中除了这两种关系之外的所有关系统称为关联关系。而这些关系都是静态层次上描述的关系，故称为静态关系。实际上，现实世界总是不断发展运动着的，因此对象之间就不可避免地发生着各种交互关系，这种关系称为动态关系。对象之间的关系如图 1-5 所示。

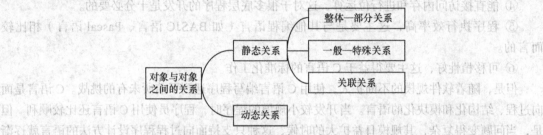

图 1-5 对象与对象之间的关系

基于面向对象程序设计方法来开发一个系统就是在计算机上实现对现实世界对象（现实世界中一般称为实体）以及对象之间关系（包括静态关系和动态关系）的描述。C++语言能够支持这一功能的实现，所以称 C++语言是面向对象的编程语言。具体来说，C++语言能够实现的功能如下。

① 支持对象数据部分的描述，见本书"第 2 章 数据类型与表达式"的数据类型部分、"第 4 章 数组"、"第 6 章 指针和引用"以及"第 7 章 自定义数据类型"。其中，第 2 章的数据类型部分介绍了简单的数据类型；第 4 章、第 6 章和第 7 章介绍了复杂的数据类型。

② 支持对象功能部分的描述，见本书第 2 章的表达式部分、"第 3 章 C++控制语句"、"第 5 章 函数及预处理"以及"第 11 章 运算符重载"。其中，第 2 章的表达式部分介绍了基本运算的实现；第 3 章介绍了如何组织基本运算实现一个较为复杂的功能；第 5 章介绍了对象的功能如何通过函数的方式实现封装；第 11 章介绍了不同操作数类型的相同操作的实现，例如，整数和实数都有加法运算。

③ 支持对象完整的描述，见本书"第 8 章 类和对象"。第 8 章涉及对象之间整体—部分关系的描述，即组合关系的描述。

④ 支持对象之间一般—特殊关系的描述，见本书"第 9 章 继承与派生"和"第 10 章 多态与虚函数"，其中第 9 章介绍了一般—特殊关系的代码实现；第 10 章介绍了由于这种一般—特殊关系的引入而特别需要解决的问题，即多态的实现。

1.4 C++语言的发展

C++语言是从 C 语言发展而来的，学习 C++语言有必要了解 C 语言的发展历程。1970 年，

AT&T 的 Bell 实验室的 D.Ritchie 和 K.Thompson 共同发明了 C 语言。研制 C 语言的初衷是使用它来编写 UNIX 操作系统。实践证明：C 语言是一种高效而灵活，且容易移植的优秀计算机编程语言。它一经推出便获得了大多数程序开发人员的喜爱，迅速成为计算机产业界的首选编程语言。直到现在，很多系统软件，如操作系统、通信程序和编译系统等都是使用 C 语言开发的。

C 语言是一种面向过程的编程语言，它的优点如下。

① 语法简洁紧凑。

② 具有丰富的运算符，可以进行算术运算、逻辑运算、条件运算、位运算和逗号运算等。

③ 具有丰富的数据类型，可以定义整数数据类型、浮点数据类型、字符数据类型、指针类型和数组类型等。

④ 能直接访问内存和进行位运算，这对于很多底层程序的开发是十分必要的。

⑤ 程序执行效率高，这主要是与其他编程语言（如 BASJC 语言、Pascal 语言）相比较而言的。

⑥ 可移植性好，这主要得益于 C 语言的标准化工作。

但是，随着软件规模的不断扩大，使用 C 语言编写程序遇到了前所未有的挑战。C 语言是面向过程、结构化和模块化的语言。当开发较小规模的程序时，程序员使用 C 语言还比较顺利。但是，当问题变得复杂，其规模日益扩大的时候，这种只支持面向过程程序设计方法的语言就逐渐显示出了其不足。究其原因，主要是由 C 语言的以下缺点造成的：类型检查机制弱；几乎不支持代码重用；程序的复杂性难以控制。

为了解决 C 语言的局限性，更是为了适应当今大规模程序开发的复杂性要求，同时也为了保持和发展 C 语言的很多优点，1980 年，贝尔实验室的 Bjarne Stroustrup 开始对 C 语言进行改进和扩充，将"类"的概念引入到 C 语言，形成了最初的"带类的 C"。1983 年，正式命名为 C++。1985 年，Bjarne Stroustrup 出版了《The C++ Programming Language》一书，这是最早介绍 C++语言的经典著作。

1998 年，ISO/ANSI C++标准正式发布。标准化给人们带来了很多好处。首先，C++标准使得语言的设计者（如 Bjarne Stroustrup）、程序编写人员和系统用户三者有了一致的语言来进行交互；其次，C++标准是人们共同遵循的关于 C++语言的准则，程序编写人员在各种论坛可以非常畅通地进行交流，开发的程序更为有效、通用；最后，C++标准大大提升了其开发的软件系统的可移植性。当然，C++标准更进一步推进了 C++语言的应用范围。

C++语言全面支持并兼容 C 语言，保持了 C 语言简洁、高效等很多优点，而且比 C 语言更安全（C++语言引入了强类型检查机制），更为重要的是全面支持面向对象的程序设计方法。C 和 C++语言的关系可以用公式"C++=C+面向对象"来进行简单概括。C++语言对 C 语言的增强表现在以下两个方面：

① 增加了面向对象的机制。

② 在原来面向过程的基础上，对 C 语言的功能做了很多扩充，如强类型检查机制和引用数据类型等。

最后，需要强调的是，不论 C 语言还是 C++语言，它们只是一种编写程序的工具，而程序设计方法是开发程序的过程中所采用的方法论。C 语言只支持面向过程程序设计方法，而 C++语言不仅支持面向过程程序设计方法，而且支持面向对象程序设计方法。本书强调的是，C++语言支持面向对象的程序设计方法。

1.5　C++语言程序的开发过程

学习 C++语言，首先要搞清楚使用 C++语言进行程序开发的基本过程。

一般来说，使用编程语言编写完程序之后，接着就是翻译为机器代码，以便让计算机运行获得结果。翻译的方式分为以下两种：

① 解释型。边读程序边翻译，翻译成机器代码后立刻执行。

② 编译型。先翻译整个程序为机器代码，并保存到可执行的程序文件中，然后运行获得结果。

C++语言是一种编译型编程语言。但是，程序设计语言发展到现在，无论是编译型还是解释型，一般都必须有集成开发环境（Integrated Development Environment，IDE）的支持软件。程序员在该软件中，编辑程序代码，编译源文件，链接相关资源文件，直到调试运行，其完整过程如图 1-6 所示。这个过程涉及以下几个概念：

① 源程序。使用某种编程语言（如 C++语言）编写的程序称为源程序。C++语言的源程序文件以扩展名.cpp 作为标识。这里，cpp 是 c plus plus 的缩写，意思为 C++。

② 目标程序。源程序经过翻译加工后生成的程序称为目标程序。C++语言的目标程序文件以扩展名.obj 作为标识。这里，obj 是 object 的缩写，意思为目标。

③ 可执行程序。将目标程序和其相关的资源文件进行链接，生成的程序称为可执行程序。C++语言的可执行程序文件以扩展名.exe 作为标识。这里，exe 是 execution 的缩写，意思为可执行。

此外，C++语言的开发过程中还需要编辑程序、编译程序和链接程序 3 种工具的支持。编辑

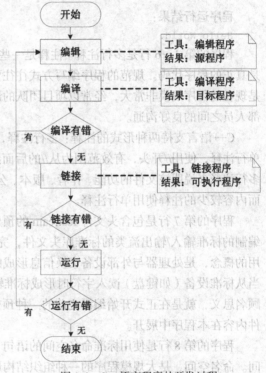

图 1-6　C++语言程序的开发过程

程序是撰写 C++程序代码的工具；编译程序将 C++源程序翻译为目标程序；而链接程序将 C++目标程序和相关资源文件组装成可执行程序。

对于 C++语言的集成开发环境 Microsoft Visual C++ 6.0，其安装目录下的文件 cl.exe 即为编译程序，而安装目录下的文件 link.exe 即为链接程序。

1.6　一个简单的程序

下面从一个简单的 Hello World 程序开始，了解 C++程序的基本构成。

【例 1-1】输出一行字符串："Hello World."。

程序如下。

```
/*
程序功能:实现打印 Hello World 的简单程序
作    者:张三
创建时间:2010 年 9 月 3 日
版    本:1.0
*/
#include <iostream>           //包含头文件 iostream
using namespace std;          //使用命名空间 std
int main()
{
  cout<<"Hello World."<<endl;
  return 0;
}
```
程序运行结果:
```
Hello World.
```
程序的第 1~6 行是多行注释。注释是一些解释性的说明文字,它起着辅助说明的作用,并不是真正的程序代码。规范的程序编写方式往往要求给出必要的注释,以提高程序的可读性。尤其是现在的程序规模非常大,经常以项目团队的形式来进行开发,必要的注释可以保证项目团队内部人员之间的良好沟通。

C++语言支持两种形式的注释:多行注释,使用/*...*/来表示,有效范围为/*和*/的中间部分;单行注释,使用//开头,有效范围为从//的后面到本行结束。一般来说,一个文件的开始需要使用多行注释来说明该文件的功能、作者、版本、公司等信息。注释内容较多时也需要使用多行注释,而内容较少的注释使用单行注释。

程序的第 7 行是包含头文件 iostream 的预处理命令。程序中 iostream 是 C++语言为特定环境编制的标准输入/输出流类的标准库头文件,完成常见的输入/输出功能。流是程序设计中经常使用的概念,是处理器与外部设备交换信息形成的序列。当向磁盘写入文件时形成文件输出流,而当从标准设备(如键盘)读入字符时形成标准输入流。#include 是编译预处理指令。编译预处理,顾名思义,就是在正式开始编译之前的一种预处理过程。#include 指令的功能是将跟随其后的文件内容在本程序中展开。

程序的第 8 行是使用标准命名空间的语句"using namespace std;"。语句中 std 是标准命名空间。命名空间,是大规模程序的一种组织结构形式。随着程序规模的增大,各个程序中变量或函数的名称难免会发生名称冲突。为此,ANSI C++引入了命名空间来处理常见的同名冲突。

假设在文件 1 中定义一个变量 a,代码如下。

```
//file1.h, 文件 1
int a=3;
```

在文件 2 中定义一个同名的变量 a,代码如下。

```
//file2.h, 文件 2
int a=5;
```

这样,当文件 3 通过编译预处理指令 include 同时包含了文件 1 和文件 2 时,就会产生命名冲突,其代码如下。

```
//file3.h, 文件 3
#include "file1.h"
```

```
#include "file2.h"
...
```

对于编译预处理指令include，#include "…"搜索包含文件从用户目录开始，#include <>搜索包含文件从标准目录开始。文件3中的两个编译预处理指令执行后，在其所在位置展开文件1和文件2，文件3中包含了两个同名的变量a，产生命名冲突。解决命名冲突的方法是使用命名空间，即将文件1和文件2分别重新定义如下。

```
//file1.h, 文件1
namespace ns1
{
    int a=3;
    ...
}
//file2.h, 文件2
namespace ns2
{
    int a=5;
    ...
}
```

这样，文件3就可以以下列方式来使用来自于不同文件的同名变量：
```
ns1::a=1;
ns2::a=1;
```

实际上，命名空间在功能上类似于文件目录。两个同名的文件，只要处于不同的文件目录下，就不会发生冲突。

程序的第9行是C++程序的入口main()函数。函数是C或C++语言的基本功能模块。一个函数通常完成一个具体的功能，如排序、查询、读入文件和输出结果等。main()函数是整个程序开始执行的起点，当操作系统启动可执行程序时，首先装载该程序代码至内存，然后从main()函数开始执行。操作系统执行C++程序的过程如图1-7所示。int是整数数据类型，表示main()函数执行完之后应该向操作系统返回一个整型值。C++标准要求 main()函数必须声明为整型。有的操作系统，如UNIX和Linux要求执行一个程序后必须向操作系统返回一个值。如果该值为0，则表示程序正常执行；如果该值为-1，则表示程序非正常退出。

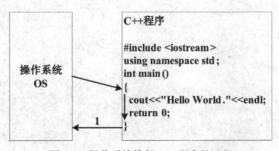

图1-7　操作系统执行C++程序的过程

main()函数后的大括号"{}"是其函数体。所有的函数都以左大括弧"{"开始，右大括弧"}"结束，在大括号之间的部分就是函数体。所谓函数体，就是该函数的功能语句的组合。一般来说，一个语句完成一个小的功能。

程序的第11行语句完成向标准输出设备（显示器）输出字符串Hello World。"<<"是操作

控制符，指示将其后面的字符串送到显示器上进行显示。"endl"代表换行符，是"end of line"的简称，表示一行结束。

程序的第 12 行语句是返回指令语句，意味着该程序正常执行完之后，向操作系统返回值 0。

本章小结

本章首先介绍了一般的程序编写过程。该过程实际为使用计算机语言将现实世界的问题经过概念世界的结构转换为计算机世界的程序代码。根据认识现实世界问题的基本观点，形成了两种不同的程序设计方法：面向过程程序设计方法和面向对象程序设计方法。

面向对象程序设计方法就是研究对象及对象之间的各种静态关系和动态关系。

C++语言是一种能同时支持面向过程程序设计方法和面向对象程序设计方法的编程语言。C++语言是对 C 语言的面向对象扩展。使用 C++语言开发程序的过程包括编辑、编译、链接和运行。而一个简单的 C++程序由注释、编译预处理命令和函数组成。

习　题

1. 面向过程程序设计方法的基本观点是什么？
2. 面向对象程序设计方法的基本观点是什么？
3. 面向过程程序设计方法的缺点是什么，面向对象程序设计方法如何解决这些缺点？
4. 对象之间的关系有哪些？
5. C++语言与 C 语言有什么不同？
6. 一个简单的 C++程序应包括哪几个部分？
7. 使用 C++语言开发程序的具体步骤包括哪些？
8. 以一个简单的日常生活中的小软件系统为例，试画出基于面向过程程序设计方法的系统结构和面向对象程序设计方法的系统结构。

第 2 章
数据类型、运算符和表达式

【本章内容提要】

本章重点讲解了 C++中的基本数据类型和 C++符号系统；在此基础上，讨论 C++提供的常量、变量、运算符和表达式，以及数据类型间的转换；基本输入/输出；C++的语句类型等。

【本章学习重点】

掌握 C++基本数据类型，包括整型、长整型、单精度型、双精度型和字符型等数据类型的基本概念以及常量和变量的使用方法；熟练掌握 C++的各种运算符和表达式的使用方法；掌握 C++的基本输入/输出。

2.1 数 据 类 型

【例 2-1】计算圆的面积，设半径为 3cm。

```
#include<iostream>
using namespace std;
int main()
{ float r,area;
r=3;
area=3.14159*r*r;
cout<<"area="<<area<<endl;
return 0;
}
```

程序的主要任务是对数据进行处理。数据也有多种类型，如例 2-1 的程序中用到数据 r、area、3、3.141 59 和 0，其中最常用、最基本的是数值型数据和文字型数据。

无论什么数据，计算机在对其进行处理时都以二进制形式存放在内存中。显然，不同类型的数据在存储器中存放的格式也不同。实际上同一类的数据，有时为了处理不同的问题，也可以使用不同的存储格式。例如，在 C++中，对于数值型数据，存储格式又分为整型、长整型、单精度实型、双精度实型等；文字型数据又分为字符型、字符串型等。

一种计算机语言的数据类型、运算符越丰富，其求解能力也就越强。C++就是一种数据类型非常丰富的计算机语言，它不但有字符型、整型、长整型、单精度实型、双精度实型等基本数据类型以及由它们构成的数组，还可以通过结构体、类等概念来描述比较复杂的数据类型。C++的数据类型如图 2-1 所

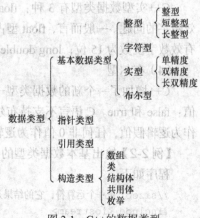

图 2-1 C++的数据类型

示，本章主要介绍基本数据类型的使用方法，其他类型将在后续章节进行介绍。

C++中的基本数据类型包括整型、字符型、实型和布尔型。它们的类型说明符、长度和取值范围等如表2-1所示。

表2-1　　　　　　　　　　　　C++基本数据类型

类 型 名 称	类型说明符	长度（字节）	取 值 范 围
整型	int	4	$-2147483648 \sim 2147483647$（$-2^{31} \sim 2^{31}-1$）
无符号整型	unsigned int	4	$0 \sim 4294967295$（$0 \sim 2^{32}-1$）
短整型	short [in]t	2	$-32\,768 \sim 32\,767$（$-2^{15} \sim 2^{15}-1$）
无符号短整型	unsigned short [int]	2	$-32\,768 \sim 32\,767$（$-2^{15} \sim 2^{15}-1$）
长整型	long [int]	4	$-2\,147\,483\,648 \sim 2\,147\,483\,647$（$-2^{31} \sim 2^{31}-1$）
无符号长整型	unsigned long [int]	4	$0 \sim 429\,496\,7295$（$0 \sim 2^{32}-1$）
单精度实型	float	4	$10^{-38} \sim 10^{38}$
双精度实型	double	8	$10^{-308} \sim 10^{308}$
双精度实型	double	8	$10^{-308} \sim 10^{308}$
字符型	char	1	
布尔型		1	

（1）整型

整型数据类型 int 在 32 位编译程序（如 Visual C++6.0）中用 4 个字节表示，而在 16 位编译程序中用 2 个字节表示。这就给程序的移植带来一定的问题，即同一个程序用不同的编译器编译可能产生不同的结果。解决该问题的方法是使用短整型（short int）或使用长整型（long int）来代替整型（int），因为短整型在所有编译程序里都是按 2 个字节来处理的。而长整型在所有编译程序里都是按 4 个字节来处理的。

（2）字符型

现实世界中要处理的数据除了数值型数据，还有大量的非数值型数据，如字符型数据。字符在微型计算机中是用 ASCII 码（详见附录 B）表示的，在内存中某个字节的内容既可能表示的是一个数值，也可能表示的是一个字符，这取决于该内存单元存放的值的类型。C++的字符型数据有 signed 和 unsigned 两种类型说明符。C++把字符当作整数，即 ASCII 码值，可以进行算术和比较运算等。

（3）实型

C++实型数据类型有 3 种：float、double 和 long double。为了计算准确，实型数据有一个有效数字的问题。一般而言，float 型占用 4 个字节，有效数字位数为 7 位；double 型占用 8 个字节，有效数字位数为 15 位；long double 型占用 8（或 10）个字节，有效数字位数为 19 位。

（4）布尔型

C++增加了一个新的数据类型——布尔型，布尔型也称为逻辑型，占 1 个字节，只有 2 个取值：false 和 true。C 语言不支持布尔型，而是把 0 作为逻辑假值，1 作为逻辑真值，在判断时，0 作为逻辑假值，任何非 0 值作为逻辑真值。

【例2-2】输出基本数据类型的长度。

程序如下：

```
//sizeof是一个运算符，它的结果是返回给定类型的长度
#include <iostream>
```

```
using namespace std;
int main()
{
  cout<<"char 型: "<<sizeof(char)<<"字节\n";
  cout<<"int 型: "<<sizeof(int)<<"字节\n";
  cout<<"float 型: "<<sizeof(float)<<"字节\n";
  cout<<"double 型: "<<sizeof(double)<<"字节\n";
  cout<<"bool 型: "<<sizeof(bool)<<"字节\n";
  return 0;
}
```

程序运行结果:

char 型: 1 字节
int 型: 4 字节
float 型: 4 字节
double 型: 8 字节
bool 型: 1 字节

2.2 常量和变量

C++的数据有两种基本形式,一种是常量(如例 2-1 的程序中用到的 3、3.141 59 等),另一种是变量(如例 2-1 的程序中用到的 r、area 等)。常量通过本身的书写和特定的约定说明该常量的类型,如 3.14、'a'等;而变量则需要遵循"先定义,后使用"的原则来进行声明。在介绍常量和变量之前,首先介绍一下 C++的符号系统。

2.2.1 C++的符号系统

1. C++的基本字符集

C++的基本字符集组成如下。
- 大小写的英文字母: A~Z, a~z
- 数字字符: 0~9
- 特殊字符: 空格 ! # % ^ & * _ (下画线) + = - ~ < > / \ ' " ; . , ( ) [ ] { }

2. 标识符

标识符是由字母、数字和下画线 3 种字符组成的字符序列,用于标识程序中的变量、符号常量、数组、函数、数据类型等操作对象的名称,分为关键字、预定义标识符、用户定义标识符 3 种。

(1) 关键字

关键字是由 C++规定的具有特定意义的标识符,通常也称为保留字。不能作为预定义标识符和用户定义标识符使用。关键字必须为小写字母。C++规定的关键字如下。

asm	auto	bad_cast	bad_typeid	bool
break	case	catch	char	class
const	const_cast	continue	default	delete

do	double	dynamic_cast	else	enum	except
explicit	extern		false	finally	float
for	friend		goto	if	inline
int	long		mutable	namespace	new
operator	private		protected	public	register
reinterpret_cast	return		short	signed	sizeof
static	static_cast		struct	switch	template
this	throw		true	try	type_info
typedef	typeid		typename	union	unsigned
using	virtual		void	volatile	while

（2）预定义标识符

预定义标识符也是具有特定含义的标识符，包括系统标准库函数名、编译预处理命令等，如 printf、define 等都是预定义标识符。

预定义标识符不属于关键字，允许用户对它们重新定义。当重新定义以后会用新定义的含义替换它们原来的含义。因此在使用中，通常习惯将它们看做保留字，而不作为用户标识符使用，以免造成理解上的混乱。

（3）用户定义标识符

用户定义标识符是命名程序中的一些实体，如函数名、变量名、类名、成员名、对象名等。C++标识符的构成规则如下：

① 标识符的字符序列仅由字母、下画线和数字构成。

② 标识符的首字符必须是字母或下画线，不能以数字开头。

③ 标识符不能是 C++ 的关键字。

④ 标识符对大小写字母敏感，即大写字母或小写字母代表不同的名称，如 MAX 和 max 是不同的标识符。

2.2.2 C++的常量

常量指在程序执行过程中不可改变的量。严格来说，常量又分成常数和符号常量。常数就是程序中使用的具体数据；而符号常量代表一个固定不变的值的名称。C++的常量具体分为整型常量、实型常量、字符常量、字符串常量和符号常量。

1. 整型常量

在 C++ 中整型常量可以采用十进制、八进制和十六进制等多种进制，例如：

- 十进制数：100、-5、0 等。
- 八进制数：073、0100 等。
- 十六进制数：0xa9、0x100 等。

C++规定八进制数是以 0 打头的整数，八进制的基本数字符号是 0~7。例如，056 就是一个合法的八进制数，086 就是一个非法的八进制数。十六进制数是以 0x（或 0X）打头的整数，十六制的基本数字符号是 0~9 和 a~f，字母的大小写不限。例如，0x5a6 就是一个合法的十六进制数，*xx*5*a*6 就是一个非法的十六进制数。

2. 实型常量

实型常量就是实数，也称浮点数。在 C++中表示实型常量有两种形式：十进制小数形式和十进制指数形式。

（1）十进制小数形式

十进制小数形式由数字和小数点组成，如 0.12、88.5、10.、.001 等，注意，实数的小数形式必须有小数点的存在。例如：

10.和 10，88.和 88 是两种不同类型的常量，前者是实型常量，后者是整型常量，它们的存储形式和运算功能均不相同。

（2）十进制指数形式

十进制指数形式又称为科学记数法。由尾数部分、E（或 e）和整数阶码组成。其中，尾数部分包括整数部分、小数点和小数部分，阶码可以带正负号。例如：

1 900 000，可写成实数指数形式为 1.9E6 或 1.9E + 6；

0.0085，可写成实数指数形式为 8.5e-3。

以下是不正确的实数指数形式。

- E2（E 前无数字，无尾数部分）。
- 12.E-3.0（阶码不能为实数）。
- 3.8e（e 后无数字，无阶码）。

在 C++中实型常量默认为 double 型，可用后缀 F（f）表示实数常量为 float 型，可用后缀 L（l）表示实数常量为 long double 型。

3. 字符常量

在 C++中字符常量又分为可视字符常量和转义字符。

- 可视字符常量：用单引号扩起来的一个字符，如'a'、'6'、'#'等。
- 转义字符：以 "\" 开头的字符序列，代表一些特殊的意义，如\n、\t 等。一些常用的转义字符及含义如表 2-2 所示。

表 2-2　　　　　　　　　　　　　常用转义字符

转义字符	含义
\a	bell（响铃）
\n	回车换行
\r	回车
\t	制表符
\v	垂直跳格
\b	Backspace
\\	\
\"	双引号
\'	单引号
\ddd	ddd 为 1~3 位八进制数
\xhh	hh 为 1~2 位十六进制数

【例 2-3】转义字符的应用举例。

程序如下。

```
#include<iostream>
using namespace std;
```

```
int main()
{
    cout<<"输出字符："<< 'a'<<'\a'<<'\n';
    cout<<"输出字符："<< 'd'<< endl;
    return 0;
}
```

程序运行结果。

输出字符：a （蜂鸣器响一声，换行）

输出字符：d

反斜杠还可以和八进制或十六进制数结合起来表示相应的 ASCII 码字符。所以例 2-3 的输出也可以使用如下两句代码替代，达到同样的结果。

```
cout<<"输出字符："<< '\x61'<<'\x07'<<'\x0a';
cout<<"输出字符："<< '\x64'<<endl;
```

4. 字符串常量

字符串常量简称字符串，它是由一对双引号括起来的字符序列。例如，"hello"、"xyz"、"345"、"A"、"\n\t"、"Good bye\n"等。

若在字符串中含有双引号（"）或反斜杠（\）等字符时，必须使用转义字符的形式表示。当用双引号括起来一个字符序列形成了一个字符串时，系统自动在其末尾加上'\0'作为字符串结束标志。对于字符串应注意以下几个方面：

（1）字符串的长度

字符串的长度为字符串中字符的个数，不包括定界符双引号，如字符串"Good bye\n"的长度为9。

（2）字符串的存储

因为在定义了一个字符串后，系统自动会在其末尾加上'\0'作为字符串结束标志，这个结束标志也占存储空间，所以字符串的存储空间一般为字符串的长度加1，如字符串"Good bye\n"所占的存储空间为10。字符串"Good bye\n"在内存中的存储形式如下。

G	o	o	d		b	y	e	\n	\0

（3）字符常量和字符串的区别

字符串"A"不等价于字符常量'A'，从表面上看，它们没有区别，但字符串有结束标志，所以字符串"A"占2字节，而字符常量'A'占1字节。

思考：字符串"I\n am a sdutent\t\0"的长度是多少？占的存储空间是多少？显示的结果是什么？

5. 符号常量

C++中提供了一个关键字 const，可用一个标识符代表一个常量。由于常量是固定的值，并且该值在程序运行过程中不能够被更改，所以要求符号常量在定义的时候必须进行初始化。定义的一般形式为

const 数据类型 常量名=初始值;

例如：

```
const int I=100;
const float PI=3.14159;
```

在 C 语言中使用编译预处理命令#define 也能够定义符号常量。这在 C++中也适用，其定义的一般形式为

#define 常量名 字符串

例如：

#define PI 3.14159

#define 属于编译预处理命令，不属于 C++语句，因而行尾不需要使用分号。同时，由于 C++是向下兼容的，因而 C 语言的程序能够在 C++的编译器下顺利运行。但是在 C++编程中，建议使用 const 替代#define 定义符号常量。

2.2.3　C++的变量

变量指在程序执行过程中可以改变其值的量。若想在程序中使用变量，必须先说明其数据类型，然后给变量起个名字。对变量进行类型说明的目的是便于为这些数据分配相应的存储空间，同时说明在处理数据时可采用何种具体的运算；否则程序无法为该变量分配对应的存储空间。对变量进行命名是为了区分不同的变量。

1. 变量的定义

定义变量的一般形式为

数据类型说明符 变量名1,变量名2,…,变量名n;

例如，定义不同类型的变量。

```
int    i;              //定义了一个整型变量 i
float  f;              //定义了一个单精度变量 f
char   ch;             //定义了一个字符型变量 ch
short  s;              //定义了一个短整型变量 s
double area,r;         //定义了两个双精度变量 area 和 r
```

2. 变量的初始化

在定义变量的同时赋初值，就称为变量的初始化。其一般形式为

一般形式1:数据类型说明符 变量名=初值;
一般形式2:数据类型说明符 变量名(初值);

我们通常，都采用一般形式 1，因为 C 语言就是这种形式，而 C 语言不包括一般形式 2。一般形式 2 还和一些其他计算机语言的数组形式相类似。

例如，变量的初始化：

```
int i=100;             //定义了一个整型变量 i 的同时赋初值100
int i(100);            //定义了一个整型变量 i 的同时赋初值100
float f=35.6;          //定义了一个单精度变量 f 的同时赋初值35.6
char ch='A';           //定义了一个字符型变量 ch 的同时赋初值字符 A
```

如果仅仅定义了某个变量而没有给它赋初值，则该变量的值是一个不确定的量（当然这样的变量是自动存储类别的变量[1]）。编程时一定要注意这一点，因为一旦疏忽，就有可能会造成程序逻辑错误。因此，在变量定义时就给它赋初值，是一个比较好的编程习惯。

---

[1] 有关变量的存储类别的概念在后续章节中介绍。

2.3 运算符和表达式

在 C++中，由于运算符比较丰富，所以构成的表达式多种多样。这些表达式的应用一方面可以使程序编写得短小简洁，另一方面还可以完成某些在其他高级程序设计语言中较难实现的运算功能。

在学习 C++的运算符时应注意以下几个方面。

（1）运算符的正确书写方法

C++的许多运算符与日常在数学公式中所见到的符号有很大差别，如取余（%）、等于（==）、逻辑与（&&）等。

（2）运算符的形式和功能

C++的运算符按运算符的操作对象个数分为单目、双目、三目等形式。有些运算符的功能很特殊，有些运算符还有所谓的"副作用"，例如：++、--等。

（3）运算符的优先级和结合性

如果一个表达式含有多个不同级别的运算符，则先进行优先级别较高的运算符的运算。如果一个表达式含有多个相同级别的运算符，则应按 C++的规定由左向右的方向顺序处理，称为左结合性，或由右向左的方向顺序处理，称为右结合性（各运算符的优先级和结合性见附录 A）。如果编程时对运算符的优先顺序没有把握，可以通过使用括号来明确其运算顺序。

下面对 C++的运算符和表达式分别进行介绍。

2.3.1 算术运算符和算术表达式

1. 算术运算符

C++提供的算术运算符如下。

- 单目运算符：+（正号）、-（负号）、++（自增）、--（自减）
- 双目运算符：+（加）、-（减）、*（乘）、/（除）、%（取余）

说明：

① /为除法运算符。注意，如果被除数和除数均为整型数据时，则结果自动取整。例如，9/4 的结果为 2，而不是 2.25（即简单地截去小数部分，且不进行四舍五入的操作）。如果运算符两侧的操作数有一个是实型数，则结果也是实型数，即为通常意义的除法。例如，9.0/4 的结果为 2.25。

② %为取余运算符，该运算符两侧的操作对象必须为整型数据，其运算结果为两个运算分量做除法运算的余数。例如，10%3 的结果为 1。取余运算符不允许对实型数进行操作。例如，12.5%3 是非法的。

③ ++（自增）、--（自减）运算符是 C++中提供的两个特殊的运算符。++表示将操作数加 1，--表示将操作数减 1。

++、--运算符既可以放在操作数的前面称为前置，如++i；又可以放在操作数的后面称为后置，如 i++。

- 前置（++i）：先自身加 1，然后再将加 1 的值作为（++i）表达式的值。

- 后置（i++）：将i作为（i++）表达式的值，然后再自身加1。

【例2-4】 自增、自减运算符的使用。

```cpp
#include<iostream>
using namespace std;
int main()
{
    int i=5;
    cout<<"i="<<i<<endl;              //结果为i=5
    cout<<"i++:"<<i++<<endl;          //结果为i++:5
    cout<<"i="<<i<<endl;              //结果为i=6
    i=5;
    cout<<"i="<<i<<endl;              //结果为i=5
    cout<<"++i:"<<++i<<endl;          //结果为++i:6
    cout<<"i="<<i<<endl;              //结果为i=6
    i=5;
    cout<<"i="<<i<<endl;
    cout<<"--i:"<<--i<<endl;
    cout<<"i="<<i<<endl;
    i=5;
    cout<<"i="<<i<<endl;
    cout<<"i--:"<<i--<<endl;
    cout<<"i="<<i<<endl;
    return 0;
}
```

从例2-4中可以看出前置（++i）和后置（i++）对于变量i而言结果是一样的，都要自增1，结果都是6；而对于表达式的值而言结果是不一样的，前置（++i）表达式的值为6，而后置（i++）表达式的值为5。对于自减运算符和自增运算符的约定是一样的，只不过是减1。

在使用自减运算符和自增运算符时，应注意以下几点。

① ++和--的运算对象只能是变量，不能是常量或表达式。例如，15++、(x+2)++均是不合法的。

② ++和--的结合方向为从右到左，即具有右结合性。例如，-a++等价于-(a++)。

③ 如果有多个运算符连续出现时，C++系统尽可能多地从左到右将字符组合成一个运算符。例如：

i+++j 等价于(i++)+j；

-i++ +-j 等价于-(i++)+(-j)。

2. 算术表达式

用算术运算符和圆（小）括号将运算对象（常量、变量、函数等）连接起来的式子称为算术表达式。例如：

```
a+8/(b+3)-'c'
5-m%100+7.8*2.3
sqrt(a)+sqrt(b)
```

在算术表达式中，运算对象可以是各种类型的数据，包括整型、实型或字符型的常量、变量及函数调用。对运算对象按照算术运算符的规则进行运算，得到的结果就是算术表达式的值。由此可见，表达式的计算过程就是求表达式值的过程。求出的值也有数据类型，它取决于参加运算的操作对象。关于表达值的类型可参见本章2.4小节。

① 当表达式中运算符优先级相同时，根据结合性决定求值顺序。C++中有左结合和右结合两种类型的运算符。C++中多数运算符都是左结合，只有单目运算符、三目运算符（条件运算符）和赋值运算符具有右结合性。参见附录A中列出的各种运算符优先级和结合性。

② 将一个数学式写为C++的表达式时应该注意：乘号"*"不能省略；圆（小）括号可以改变运算顺序，必要的时候应根据需要进行添加；有多层括号时要一律使用圆（小）括号，不能使用中括号"[ ]"或大括号"{ }"代替圆（小）括号"( )"。

例如，数学式：

$$\frac{2+a-b}{ab}$$

写成C++的表达式为(2+a-b)/(a*b)或(2+a-b)/a/b。

不能写为2+a-b/a*b、(2+a-b)/ab或(2+a-b)/a*b。

在C++中，也不允许像在数学运算式中那样，用圆点"·"代替乘号。例如，3·x是非法的。如果遇到这种情况，应该在适当的位置加上乘运算符，即写成3*x。

③ 数学中有些常用的计算可以用C++提供的标准数学库函数实现。例如，求$\sqrt{x}$可以写为sqrt(x)，求x^y可以写为pow(x,y)等。

2.3.2 赋值运算符和赋值表达式

1. 简单赋值运算符及其表达式

简单赋值运算符为"="，简称赋值号。由"="连接的式子称为赋值表达式，其一般形式为

<变量>=<表达式>

赋值表达式的功能是首先计算赋值号右边表达式的值，然后将其值赋给赋值号左边的变量。以下均为合法的简单赋值表达式：

n3=n1+n2

m=sqrt(a)+sqrt(b)

k=(i++)+(--j)

x=y=z=0

简单赋值运算符为双目运算符。简单赋值运算符的优先级仅高于逗号运算符，低于其他所有的运算符。简单赋值运算符的结合性为右结合。根据简单赋值运算符的结合性，"x=y=z=0"可理解为x=(y=(z=0))。

因为赋值表达式中赋值运算符的左边必须是变量，而不能是常量或表达式，所以以下均为不合法的简单赋值表达式：

10=a+b

x+y=0

-n=m+8

sqrt(z)=100

简单赋值表达式也有类型转换的问题。当赋值运算符两边的数据类型不同时，系统会进行自动类型转换，转换规则参见2.4节。

2. 复合赋值运算符及其表达式

复合赋值运算符是在简单赋值运算符"="前加其他双目运算符构成的。由复合赋值运算符

连接的式子称为复合赋值表达式，一般形式为

<变量> <复合赋值运算符> <表达式>

C++提供的复合赋值运算符包括+=，-=，*=，/=，%=，<<=，>>=，&=，^=，|=。它们的作用是将赋值号右边表达式的值与左边的变量值进行相应的算术运算或位运算，之后再将运算结果赋给左边的变量。例如，x+=5 等价于 x=x+5，k/=m+3 等价于 k=k/(m+3)。

以下的表达式均为复合赋值表达式：

a+=115 等价于 a = a +115；

x*= m +117 等价于 x = x*(m +117)，而与 x = x*m +117 不等价；

k%= f +11 等价于 k = k%(f +11)。

复合赋值运算符的运算优先级与简单赋值运算符同级，其结合性为右结合。复合赋值运算符这种写法，有利于提高编译效率并产生质量较高的目标代码。

2.3.3 关系运算符和关系表达式

在程序中经常需要比较两个量的大小关系，以决定程序下一步的工作。比较两个量的运算符称为关系运算符，也称为比较运算。通过对两个量进行比较，判断其结果是否符合给定的条件，若条件成立，则比较的结果为"真"，否则就为"假"。例如，若 a = 8，则 a>6 条件成立，其运算结果为"真"；若 a = -8，则 a>6 条件不成立，其运算结果为"假"。

在 C++程序中，利用关系运算能够实现对给定条件的判断，以便作出进一步的选择。

1. 关系运算符

C++提供了6种关系运算符：>（大于）、>=（大于等于）、<（小于）、<=（小于等于）、==（等于）、!=（不等于）。

说明：

① 关系运算符的优先级共分为两级，其中，前 4 种关系运算符（<，<=，>，>=）为同级运算符，后 2 种关系运算符（==，!=）为同级运算符，且前 4 种关系运算符的优先级高于后 2 种。

② 关系运算符的结合性为左结合。

③ 关系运算符的优先级低于算术运算符，高于赋值运算符。

例如：

x + y>c 等价于(x + y)>c；

n1= n2>= n3 等价于 n1= (n2>= n3)；

a−18<= b == 1 等价于((a−18)<= b) ==1。

2. 关系表达式

关系表达式是用关系运算符将两个表达式连接起来的式子，一般形式为

<表达式 1> <关系运算符> <表达式 2>

计算过程如下。

① 计算关系运算符两边表达式的值。

② 进行两个值的比较。如果是数值型数据，就直接比较值的大小，如果是字符型数据，则比较字符的 ASCII 值的大小。

③ 比较的结果为逻辑值"真"或"假"。C++中用数值"1"代表逻辑真，用数值"0"代表逻辑假，即关系表达式的运算结果不是 1 就是 0。

例如，若 a=1，b=2，c=3，则：

a>c 的值为 0，即表达式的值为"假"；

(a+b)<=(c+8)的值为 1，即表达式的值为"真"；

(a=4)>=(b=6)的值为 0，即表达式的值为"假"。

说明：

① 表达式 1 和表达式 2 可以是 C++中各种类型的合法表达式，如算术表达式、关系表达式、逻辑表达式、赋值表达式等。

例如，以下为 C++的关系表达式：

(a+b)>c

(a=100)>=(b=60)

'A'!='a'

x!=0

② 关系表达式的运算分量可以是数值型数据、字符型数据和逻辑型数据，但结果只能是逻辑型数据，即值只能是一个为"真"或"假"的逻辑值。

③ 关系表达式的计算优先级低于算术表达式，高于赋值表达式。

例如：

a+b<=c+8 等价于(a+b)<=(c+8);

a>b == m<n 等价于(a>b) == (m<n);

a=4>=(b=6)等价于 a=(4>=(b=6))。

④ 关系运算符是双目运算，具有左结合性，按照从左至右的顺序运算。一个关系表达式中含有多个关系运算符时，要特别注意它与数学式的区别。

数学式：10>x>0，表示 x 的值小于 10，大于 0（在 0~10 之间）。

关系表达式：10>x>0，表示 10 与 x 的比较结果（不是 0，就是 1），再与 0 比较。

在 C++中要表示 x 在 0~10 之间，应该使用逻辑表达式 10>x && x>0。

⑤ 关系运算符两边的运算对象的数据类型不同时，系统会自动将它们转换成相同的数据类型，之后再进行关系运算。转换规则参见 2.4 节。

⑥ 一般而言，在 C++程序中可以对实型数据进行大于或小于的比较，但通常不进行==或!=的关系运算，因为实型数据在内存中存放时有一定的误差，很难比较它们是否相等。如果一定要进行比较，可以用它们的差的绝对值去与一个很小的数（如 10^{-6}）相比，如果小于此数，就认为它们是相等的。

例如，有 x 和 y 两个实型数，比较它们是否相等的表达式是 fabs(x-y)<1e-6。当表达式的值为 1 时，即 x 与 y 之间的差值非常小，则认为它们相等，反之不相等。

2.3.4 逻辑运算符和逻辑表达式

关系表达式通常只能表达一些简单的关系，对于一些较复杂的关系不能正确表达。例如，数学表达式：x<-10 或 x>0，就不能用关系表达式表示。又如数学表达式：10>x>0，虽然也是 C++合法的关系表达式，但在 C++程序中得不到正确的结果。利用逻辑运算可以实现复杂的关系运算。

1. 逻辑运算符

C++提供了 3 种逻辑运算符，分别是逻辑与（&&）、逻辑或（||）和逻辑非（!）。

其中&&和||是双目运算符，需要两个运算分量，而逻辑非!是单目运算符，只需要一个运算分

量。无论是哪一种逻辑运算，都只能对逻辑类型的运算对象进行操作。由于C++中虽然有逻辑型数据，但不常用，因此只要运算对象的值不是0（即包括非0的所有正数和负数），就作为"逻辑真"处理，而运算对象的值是0则作为"逻辑假"处理。

表2-3列出了3种逻辑运算符的运算规则，其中a和b是运算对象，取值可以是0（代表逻辑假）或非0（代表逻辑真）；a&&b、a||b和!a各列分别给出运算对象取不同值时进行相应逻辑运算所得到的运算结果。

表2-3 逻辑运算符的运算规则

运算对象		逻辑运算结果		
a	b	a&&b	a||b	!a
非0	非0	1	1	0
非0	0	0	1	0
0	非0	0	1	1
0	0	0	0	1

2. 逻辑表达式

逻辑表达式是用逻辑运算符将表达式连接起来的式子，一般形式为

<表达式1><逻辑运算符><表达式2>

其中，表达式1和表达式2，可以是C++的算术表达式、关系表达式、逻辑表达式、赋值表达式等各种类型的表达式。

逻辑表达式的功能如下。

① 从左到右依次计算表达式的值，如果是0值就作为逻辑假，如果是非0值，就作为逻辑真。

② 按照逻辑运算符的运算规则依次进行逻辑运算，一旦能够确定逻辑表达式的值时，就立即结束运算，不再进行后面表达式的计算。逻辑运算的结果为0或1。

③ 当逻辑运算符为逻辑非"!"时，必须省略表达式1。

说明：

① 3个逻辑运算符的优先级顺序依次是逻辑非"!"、逻辑与"&&"、逻辑或"||"，其中，"!"是单目运算符，它比算术运算符的优先级高，而"&&"和"||"的优先级则低于关系运算符，高于赋值运算符。

例如，定义int a=0, b=1, c=2, d=3;，求表达式a+b&&c−d的值。

由于算术运算优先于逻辑运算，因此表达式等价于(a+b)&&(c−d)。首先求出a+b的值，结果是1；因为要进行逻辑与运算，所以还需要再求c−d的值，结果是−1（非0为逻辑真）；计算1&&−1，最终逻辑表达式的值为1。

② 逻辑非"!"具有右结合性，要写在运算对象的左边，并且仅对紧跟其后的运算对象进行逻辑非运算。

例如，定义int a=0, b=1, c=2;，求表达式!a+b>=c的值。

表达式等价于(!a)+b>=c（注意不是!(a+b)>=c），要先对a做逻辑非运算得1，再与b相加后同c比较，2>=2，因此表达式的值为1。

③ 逻辑与"&&"和逻辑或"||"具有左结合性，要严格按照从左至右的顺序依次运算。需要特别指出的是，在逻辑表达式的求解过程中，并不是所有的逻辑运算符都会被执行到。一旦计算

到某个逻辑运算符能够确定整个表达式的最终结果时，系统就不会再对其后的操作数求值了。这一特点称为逻辑表达式求解过程中的"短路"。一般称为逻辑运算的"短路性质"。

例如，a&&b&&c。

分析：由逻辑与运算符的特点可知，运算分量全为真时结果才为真，只要有一个运算分量为假则结果就为假。因此，只有当 a 的值为真时，才会对 b 的值进行运算。如果 a 的值为假，则整个表达式的值为假。同样，只有当 a&&b 的值为真时，才会对 c 的值进行运算。

例如，有以下程序段：
```
m=n=a=b=c=d=1;
(m=a>b)&&(n=c>d);
cont<<"m="<<m<<",n="<< n;
```

分析：在此程序段中，执行到语句(m=a>b)&&(n=c>d)时，先执行 a>b，结果为假，即为 0，赋值给 m=0，则 n=c>d 不再运算。因此，程序段最后输出 m=0，n=1。

例如，a‖b‖c。

分析：由逻辑或运算符的特点可知，运算分量全为假时结果才为假，只要有一个运算分量为真则结果就为真。因此，只有当 a 的值为假时，才会对 b 的值进行运算。因为，当 a 的值为真时，整个表达式的值已经为真。同样，只有当 a‖b 的值为假时，才会对 c 的值进行运算。

④ 当算术运算符、关系运算符、逻辑运算符混合运算时，需注意优先级和结合性（具体参见附录 A）。

例如：

(c>=2)&&(c<=10)　　可去掉括号写成 c>=2&&c<=10；
(!5)‖(8==9)　　　　可去掉括号写成!5‖8==9；
(x%3==0)&&(x%5==0)　可去掉括号写成 x%3==0&&x%5==0；
(c<=10)&&(!5)　　　可去掉括号写成 c<=10&&!5。

2.3.5 位运算符和位运算表达式

1. 位运算的概念

位运算是直接对二进制数进行运算，它是 C++区别于其他高级语言的又一大特色。利用这一功能，C++能够实现一些底层操作，如对硬件编程或系统调用。要注意的是，位运算的数据对象只能是整型数据（包括 int、short int、unsigned int 和 long int）或字符型数据，不能是其他的数据类型，如单精度或双精度型。C++通过位运算能够实现汇编语言的大部分功能，这种处理能力是一般其他高级语言所不具备的。

C++中包含 6 种位运算符，如表 2-4 所示。

表 2-4　　　　　　　　　　C 语言的位运算符

运算符	含义
&	按位逻辑与运算符
‖	按位逻辑或运算符
^	按位逻辑异或运算符
~	按位取反运算符
>>	右移运算符
<<	左移运算符

位运算的优先级顺序是：按位取反运算符"~"的优先级高于算术运算符和关系运算符的优先级，它是所有位运算符中优先级最高的；其次是左移"<<"和右移">>"运算符，这两个运算符的优先级高于关系运算符的优先级，但低于算术运算符的优先级；按位与"&"、按位或"|"和按位异或"^"运算符都低于算术运算符和关系运算符的优先级。

另外，这些位运算符中只有取反运算符"~"是单目运算符，其他运算符都是双目运算符。

2. 位运算符的含义及其使用

（1）按位与运算（&）

按位与运算的规则是：将参加运算的两个操作数，按对应的二进制位分别进行与运算，只有对应的两个二进制位均为 1 时，结果位才为 1，否则为 0。参与运算的数要转换成二进制的形式。例如，十进制整数 9&10=?

$$\begin{array}{r} 00001001 \\ \&\ 00001010 \\ \hline 结果\quad 00001000 \end{array}$$

按位与运算通常用来对某些位清零或保留某些位。例如，变量 x 的值是 10011010 00101011，要将变量 x 的高 8 位清零，低 8 位保留。解决办法就是将 x 的值和 0000000011111111 进行按位与运算。

$$\begin{array}{r} 1001101000101011 \\ \&\ 0000000011111111 \\ \hline 结果\quad 0000000000101011 \end{array}$$

从运算结果可以看出，操作数 x 的高 8 位与 0 进行按位与运算后，全部变为 0，低 8 位与 1 进行按位与运算后，结果为原值不变。

（2）按位或运算（|）

按位或运算的规则是：将参与运算的两数与各自对应的二进制位相或。只要对应的两个二进制位有一个为 1 时，结果位就为 1。参与运算的数要转换成二进制的形式。例如，十进制整数 38|27=?

$$\begin{array}{r} 00100110 \\ |\ 00011011 \\ \hline 结果\quad 00111111 \end{array}$$

按位或运算，可用于将数据的某些位置 1，只要与待置位上二进制数为 1，其他位为 0 的操作数进行按位或运算即可。

（3）按位非运算（~）

按位非运算就是将操作数的每一位都取反（即 1 变为 0，0 变为 1）。它是位运算中唯一的单目运算符。例如，~83=?

$$\begin{array}{r} \sim 01010011 \\ \hline 结果\quad 10101100 \end{array}$$

（4）按位异或运算（^）

按位异或运算的规则是：两个参加运算的操作数中对应的二进制位若相同，则结果为 0，若不同；则该位结果为 1。例如：

$$\begin{array}{r} 00101101 \\ \wedge\ 01100110 \\ \hline 结果\quad 01001011 \end{array}$$

可以看出，与0异或的结果还是0，与1异或的结果相当于原数位取反。利用这一特性可以实现某操作数的其中几位翻转，只要与另一相应位为1其余位为0的操作数异或即可。这比求反运算的每一位都无条件翻转要灵活。

【例2-5】编写程序实现两个整数的交换，要求不使用中间变量。

要正确完成本题，可以利用前面讲过的位运算中的异或运算来实现。

程序如下。

```
#include<iostream>
using namespace std;
int main()
{
    int a,b;
    a=36,b=88;
    a=a^b;
    b=b^a;
    a=a^b;
    cout<<"a="<<a<<",b="<<b<<endl;
    return 0;
}
```

程序运行结果：

a=88,b=36

（5）左移运算（<<）

左移运算的规则是：把"<<"左边的操作数的各二进位全部左移若干位，由"<<"右边的数指定移动的位数，高位丢弃，低位补0。例如：

int x=5,y,z;
y=x<<1;
z=x<<2;

用二进制形式表示运算过程如下。

x: 00000101（x=5）

y=x<<1: 00001010（相当于 $y=x*2^1=10$）

z=x<<2: 00010100（相当于 $z=x*2^2=20$）

从上面的例子可以看出，左移一位相当于原数乘2，左移 n 位相当于原数乘 2^n，n 是要移动的位数。在实际运算中，左移位运算比乘法要快得多，所以常用左移位运算来代替乘法运算。但要注意，如果左端移出的部分包含1，这一特性就不适用了。例如：

int x=70,y,z;
y=x<<1;
z=x<<2;

用二进制形式表示运算过程如下。

x: 01000110（x=70）

y=x<<1: 10001100（y=x*2=140）

z=x<<2: 00011000（z=24）

上例中当 x 左移两位时，左端移出的部分包含1，造成与期望的结果不相符。这是因为x*4=280已经超出8位二进制数所能表示的范围。

（6）右移运算（>>）

右移运算的规则是：把">>"左边的操作数的各二进位全部右移若干位，由">>"右边的数指定移动的位数。左端的填补分两种情况：若该数为无符号整数或正整数，则高位补 0。例如：
```
int a=11,b;
b=a>>2;
```
用二进制形式表示运算过程如下。

a: 00001011(a=11)

b=a>>2: 00000010(b=2)

若该数为负整数，则最高位是补 0 还是补 1，取决于编译系统的规定。

2.3.6 条件运算符和条件表达式

1. 条件运算符

条件运算符是由问号"?"和冒号":"两个字符组成，用于连接 3 个运算分量，是 C++中唯一的三目运算符。

2. 条件表达式

用条件运算符将运算分量连接组成的式子称为条件表达式。其中运算分量可以是任何合法的算术、关系、逻辑、赋值或条件等各种类型的表达式。

条件表达式的一般形式为

<表达式 1>?<表达式 2>:<表达式 3>

计算过程首先计算表达式 1 的值，如果为非 0，则计算表达式 2 的值，并将其作为整个条件表达式的值；否则计算表达式 3 的值，并将其作为整个条件表达式的值。

例如：

x<0? -1:1，如果 x 的值小于 0，则表达式的值为-1，否则为 1；

m>=n?max=m: max=n，如果 m 大于或等于 n，则将 m 的值赋给 max，表达式的值为 max 的值（即为 m 的值），否则将 n 的值赋给 max，表达式的值为 max 的值（即为 n 的值）。即当 m 大于 n 时，给 max 赋 m 的值，否则为 max 赋 n 的值。

说明：

① 条件运算符的优先级高于赋值运算符和逗号运算符，低于其他运算符。例如，m<n?x:a+3 等价于 m<n?x:(a+3)，而与(m<n?x:a)+3 不等价。

② 条件运算符具有右结合性。当一个表达式中出现多个条件运算符时，应该将位于最右边的"?"与离它最近的":"配对，并按这一原则正确区分各条件运算符的运算分量。例如：

w<x?x+w: x<y?x:y 与 w<x?x+w:(x<y?x:y)等价，与(w<x?x+w:x<y)?x:y 不等价；

w<x? x<y? x+w: x: y 与 w<x?(x<y?x+w:x):y 等价。

③ 条件表达式中各表达式的类型可以不一致。例如，x>=0?'A':'a'中，表达式 1 为整型，表达式 2 和表达式 3 为字符型。当表达式 2 和表达式 3 类型不同时，条件表达式值的类型取两者中精度较高的类型。

例如，m 和 n 为整型变量，表达式 m<n?3:2.5 的值的类型是双精度实型，表达式 m<n?3:'5'的值的类型是整型，当然这种情况不常出现。

2.3.7 其他运算符

1. 逗号运算符

在 C++中逗号","也是一种运算符，称为逗号运算符。 逗号运算符的优先级是所有运算符

中最低的。逗号运算符的结合性为左结合。用逗号运算符连接起来的式子，称为逗号表达式。逗号表达式的一般形式为

    <表达式 1>,<表达式 2>

由于<表达式 1>或<表达式 2>可以是 C++任意合法的表达式，当然也可以是逗号表达式，所以人们经常将逗号表达式的一般形式写为

    <表达式 1>,<表达式 2>,…,<表达式 n>

逗号表达式的求值过程是：先求表达式 1 的值，再求表达式 2 的值，以此类推，最后求表达式 n 的值，表达式 n 的值即作为整个逗号表达式的值。

【例 2-6】逗号表达式的应用。

程序如下。

```
#include<iostream>
using namespace std;
int main()
{
    int a=2,b=4,c=6,x,y;
    y=((x=a+b),(b+c));
    cout << "y=" << y <<"\n" << "x=" << x <<"\n" ;
    return 0;
}
```

程序运行结果：

y=10
x=6

从例 2-6 中可以看出：y 是整个逗号表达式的值，也就是逗号表达式中表达式 2 的值，x 是表达式 1 的值。

说明：

① 程序中使用逗号表达式，通常是要分别求逗号表达式内各表达式的值，并不一定要求整个逗号表达式的值。

② 并不是在所有出现逗号的地方都组成逗号表达式，如在变量说明中，函数参数表中的逗号只是用作各变量之间的间隔符。

2. 取地址运算符&

取地址运算符"&"是单目前缀运算符。用它构成的表达式一般形式为

&<变量名>

类似于++、--运算符，取地址运算符"&"的运算对象只能是变量，它的运算结果是变量的存储地址。

例如，程序中有定义语句：

    int m; double x;

则系统会分别为 m 和 x 分配 4 个和 8 个字节的存储区，用于存放 m 和 x 的值，其中存储区第 1 个字节的地址是变量的首地址，简称变量地址。

表达式&m 的值就是变量 m 的存储地址，&x 的值就是变量 x 的存储地址。

3. 长度运算符 sizeof

长度运算符"sizeof"也是单目前缀运算符，用它构成的表达式形式为

sizeof(数据类型标识符)

或

sizeof(变量名)

长度运算符 sizeof 的运算对象可以是变量名或数据类型标识符,它的运算结果为该变量的长度或该数据类型的长度。

例如,表达式 sizeof(int)的值就是整型数据的长度 4。又如,程序中有 double x;定义语句,则表达式 sizeof(x)的值就是双精度实型数据 x 的长度 8,与 sizeof(double)的值相同。

C++的运算符种类多、功能强、表达式类型丰富,因此具有很强的表达能力和数据处理能力,这正是 C++得以广泛应用的重要原因之一。但是从另一个角度讲,种类繁多的运算符和表达式运算又给人们的学习掌握带来一定困难,应该注意通过大量练习和上机实践加深理解。

2.4 数据类型转换

在 C++中,不同类型的分量可以进行混合运算。例如:

5+8.5*'B'-0.56e+2

这是一个合法的算术表达式,但运算符两侧的分量的数据类型不一样,有整型、双精度实型、字符型等。表面上 C++允许不同类型的分量进行混合运算,但实际上当参与同一表达式运算的各个分量具有不同类型时,在计算过程中要进行类型转换。转换的方式有两种,一种是自动类型转换,另一种是强制类型转换。

2.4.1 自动类型转换

自动类型转换就是当参与同一表达式运算的各个分量具有不同类型时,编译程序会自动将它们转换成同一类型的量,然后再进行运算。

转换的规则为:自动将精度低、表示范围小的运算分量类型向精度高、表示范围大的运算分量类型转换,以便得到较高精度的运算结果,然后再按同类型的量进行运算。由于这种转换是由编译系统自动完成的,所以称为自动类型转换,也称为隐式类型转换。转换的规则如图 2-2 所示。

图 2-2 中横向向左的箭头为必定转换的类型,即:

在表达式中有 char 或 short 型数据,则一律转换成 int 型参加运算。

例如,表达式'D'−'B'的值为 int 型;x 是 float 型,y 是 double 型,则表达式 x+y 的值为 double 型。

图 2-2 中纵向向上的箭头表示当参与运算的量的数据类型不同时要转换的方向,转换由精度低向精度高进行。如 int 型和 long 型运算时,先将 int 型转换成 long 型,然后再进行运算;float 型和 int 型运算时,先将 float 型转换成 double 型,int 型转换成 double 型,然后再进行运算。由此可见,这种由低级向高级转换的规则确保了运算结果的精度不会降低。

图 2-2 数据类型的自动转换

设有定义：int a; char ch;

则表达式 a-ch*8+388L，经过自动类型转换后，其值的类型为长整型；而表达式 a-ch*8+388.，经过自动类型转换后，其值的类型为双精度实型。

2.4.2 强制类型转换

除了自动类型转换外，C++还提供了一种强制类型转换功能，可以在表达式中通过强制转换运算符对操作对象进行类型强制转换。强制类型转换的一般形式为

（数据类型名）表达式

或

数据类型名（表达式）

其功能是把表达式的运算结果强制转换成数据类型说明符所表示的类型。

例如，(int)8.25 即将实型常量 8.25（单个常量或变量也可视为表达式）强制转换为整型常量，结果为 8。

① 强制转换运算符是单目运算符，它的运算对象是紧随其后的操作数。如果要对整个表达式的值进行类型转换，必须给表达式加圆括号。例如，(int)3.8+5.6 和 (int)(3.8+5.6) 不等价。

② 进行强制转换时，数据类型名既可用圆括号括起来，也可不用圆括号括起来，但我们一般把数据类型名用圆括号括起来。这样既清楚明了，又和 C 语言相兼容，因为 C 语言中要求数据类型名必须用圆括号括起来，否则就是非法的表示形式。

一般当自动类型转换不能实现目的时，使用强制类型转换。强制类型转换主要用在两个方面，一是参与运算的量必须满足指定的类型，如求余运算，要求运算符（%）两侧的分量均为整型量；二是在函数调用时，因为要求实参和形参类型一致，因此可以用强制类型转换运算得到一个所需类型的参数。需要说明的是，无论是自动类型转换还是强制类型转换，都只是为了本次运算的需要而对变量的数据长度进行的临时性转换，并不改变类型说明时对该变量定义的类型。

【例 2-7】强制类型转换举例。

程序如下：

```
#include<iostream>
using namespace std;
int main()
{
    float f;
    f=66.5;
    cout <<"(int)f=" << (int)f << "\n" ;
    cout <<"f=" << f <<"\n" ;
    return 0;
}
```

程序运行结果：

(int)f=66
f=66.5

从运行结果可以看出，f 仍为实型。

2.4.3 赋值表达式的类型转换

当赋值两边的运算对象数据类型不一致时，系统会自动将赋值号右边表达式的值转换成左边的变量类型之后再赋值。

赋值表达式的转换规则如下。

① 实型（float，double）赋给整型变量时，只将整数部分赋给整型变量，舍去小数部分。如 int x；执行 x=115.89 后，x 的值为 115。

② 整型（int，short int，long int）赋给实型变量时，数值不变，但将整型数据以浮点形式存放到实型类型变量中，增加小数部分（小数部分的值为 0）。如 float x；执行 x = 8 后，先将 x 的值 8 转换为 8.0，再存储到变量 x 中。

③ 字符型（char）赋给整型（int）变量时，由于字符型只占 1 个字节，整型为 4 个字节，所以 int 变量的高位补的数与 char 的最高位相同，低 8 位为字符的 ASCII 码值。如 int x; x='\102';（01000010），高位补 0，即 00000000000000000000000001000010。

④ 整型（int）赋给字符型（char）变量时，只把低 8 位赋给字符变量。

【例 2-8】整型赋给字符型举例。

程序如下：

```
#include<iostream>
using namespace std;
int main()
{
    int x=322;
    char n;
    n=x;
    cout<<"n="<<n<<"\n";
    return 0;
}
```

程序运行结果：

n=B

同样，long int 赋给 short int 变量时，也只把低 16 位赋给 short int 变量。

由此可见，当右边表达式的数据类型长度比左边的变量定义的长度要长时，将丢失一部分数据。

2.5 基本输入/输出

在 iostream 库中有一个标准输入流对象 cin 和一个标准输出流对象 cout，分别用来实现从键盘读取数据，以及将数据在屏幕输出。

2.5.1 标准输入流和标准输出流

1. 标准输入流 cin

标准输入流 cin 负责从键盘读取数据，使用提取操作符 ">>" 就可以将键盘键入的数据读入到变量中。一般形式为

cin>>变量1>>变量2>>…>>变量n;

例如：
```
int a,b;
char ch;
cin>>a>>b>>ch;
```

2. 标准输出流 cout

标准输出流 cout 负责将变量或常量中的数据输出到屏幕，使用插入操作符"<<"就可以将变量、常量或表达式的值显示在屏幕上。

例如：
```
cout<<"C++ Program.\n";
```
cout 能够自动识别<<后面的数据类型并进行显示，可以从左到右依次输出多个输出项。

【例 2-9】标准输入流 cin 和标准输出流 cout 应用。

程序如下。
```
#include <iostream>
using namespace std;
int main()
{
  int a;
  float b;
  char ch;
  cout<<"请按顺序输入1个整数、1个实数和1字符: \n";
  cin>>a>>b>>ch;
  cout<<"a="<<a<<" b="<<b<<" ch="<<ch<<endl;
  return 0;
}
```

程序运行结果：

请按顺序输入1个整数、1个实数和1字符：
<u>100 38.5a</u>↙
a=100 b=38.5 ch=a

2.5.2 I/O 流的格式控制

C++在输出时，经常需要做一些相应的设置和处理。例如，设置输出的宽度、设置填充的字符、设置输出实型数的小数位等。

1. 设置输出的宽度

设置输出的宽度，也称为设置域宽，即设置<<符号后面的数据占用的宽度。在 C++中是用库文件 iomanip 中的标准函数 setw(n)来完成的，n 为设置的域宽。例如：
```
cout<<setw(6)<<'A'<<setw(6)<< 'B'<<endl;
```
输出结果：

□□□□□A□□□□□B（注：□代表空格）

2. 设置填充的字符

设置填充的字符，即<<操作符后面的数据长度小于域宽时，使用什么字符进行填充。在 C++中是用库文件 iomanip 中的标准函数 setfill(c)来完成的，c 为填充的字符，可以是字符常量、字符变量或整型数据。例如：
```
cout<<setfill('$')<<setw(5)<<'A'<<endl;
```

输出结果：
$$$A

【例2-10】利用设置填充的字符和设置域宽输出一个图形。
程序如下。
```
#include<iostream>
#include<iomanip>
using namespace std;
int main()
{
  cout<<setfill('#')
      <<setw(2)<<'\n'
      <<setw(3)<<'\n'
      <<setw(4)<<'\n'
      <<setw(5)<<'\n'
      <<setw(6)<<'\n';
  return 0;
}
```
程序运行结果：
#
##
###
####
#####

① 除了 setw()控制外，其他控制一旦设置，则对其后的所有输入/输出产生影响。而setw()控制只对其后输出的第1个数据有效，对其他数据没有影响，如：

cout<<setw(6) <<'x'<<'y'<<endl;

输出结果：
□□□□□xy（注：□代表空格）

② setw()默认为setw(0)，意思是按实际宽度输出。如果输出的数值所占用的宽度超过setw(int n)设置的宽度，则按实际宽度输出。(注：这里的实际宽就是C++的默认宽度)

例如：
float f=880.12345;
cout<<setw(5)<<f<<endl;

输出结果：
880.123

3. 设置输出的精度

C++默认输出的实型数的有效位数为 6 位，包括整数部分和小数部分，当超过 6 位时用指数形式表示。

那么要想控制输出的数据的长度，该如何处理呢？如 float f=3.1415926;，如果直接输出 f，则显示的结果为 3.14159，如何让显示的结果为 3.14？

C++提供的 setprecision(int n)可以控制显示实型数的精度。

【例2-11】利用 setprecision()设置输出的精度。
程序如下。
```
#include<iostream>
#include<iomanip>
using namespace std;
```

```cpp
int main()
{
    float x=2/3.0;
    cout<<x<<endl;
    cout<<setprecision(0)<<x<<endl;
    cout<<setprecision(1)<<x<<endl;
    cout<<setprecision(2)<<x<<endl;
    cout<<setprecision(3)<<x<<endl;
    return 0;
}
```

程序运行结果：

0.666667
0.666667
0.7
0.67
0.667

4. 设置输出小数的位数

控制符 setiosflags(ios::fixed)是用定点方式表示浮点数的，将 setprecision(int n)和 setiosflags(ios::fixed)结合，可以使用setprecision(int n)控制小数点右边小数部分的位数。

【例2-12】利用setprecision(int n)和setiosflags(ios::fixed)结合控制小数位数。

程序如下。

```cpp
#include<iostream>
#include<iomanip>
using namespace std;
int main()
{
    float f=2/3.0;
    cout<<f<<endl;
    cout<<setiosflags(ios::fixed);
    cout<<setprecision(0)<<f<<endl;
    cout<<setprecision(2)<<f<<endl;
    cout<<setprecision(3)<<f<<endl;
    return 0;
}
```

程序运行结果：

0.666667
1
0.67
0.667

2.6 C++的语句类型

一个C++程序可以由若干个源程序文件构成，一个源程序文件可以由若干个函数、编译预处理命令及一些变量的定义构成。在整个程序中有且仅有一个主函数，即main()函数。函数体中包括数据定义和执行两部分。执行部分就是C++的可执行语句序列，程序的功能主要是靠执行语句序列来实现的。C++语句分为说明性语句和可执行语句。

2.6.1 说明性语句

说明性语句是对程序中使用的变量、数组、类、函数等操作对象进行定义、声明的描述语句，它只起说明作用，用于说明程序中使用的操作对象的名称和数据类型等，并不产生可执行的二进制代码。

【例 2-13】各种说明性语句举例。

```
//定义若干个不同类型的变量
int i,j;
float f1,f2;
double x1,x2;
char c1,c2;
//定义两个整型数组 a 和 b
int a[100],b[100];
//函数声明，max()是一个整型函数，有两个整型形参
int max(int,int);
//定义一个 Clock 类和该类的对象 MyClock
class Clock
{
    public:
        void SetTime(int NewH, int NewM, int NewS);
        void ShowTime();
    private:
        int Hour,Minute,Second;
};
class Clock MyClock;
```

2.6.2 可执行语句

一个 C++程序的功能主要是靠执行语句序列来实现的。C++的可执行语句又分为表达式语句、控制语句，复合语句等。

1. 表达式语句

表达式语句是 C++中最基本的语句，程序中对操作对象的运算处理大多通过表达式语句来实现。在 C++任意合法的表达式后面加一个分号，就构成了一个表达式语句。一般形式为

表达式;

【例 2-14】表达式语句举例。

```
i=0;            //赋值表达式加分号构成赋值语句
i++;            //自增运算表达式加分号构成算术表达式语句
a+=b+c;         //复合赋值表达式加分号构成赋值语句
3+5;            //3+5 表达式加分号构成算术表达式语句
```

注意，位于尾部的分号";"是语句中不可缺少的部分，任何表达式都可以加上分号构成语句。执行表达式语句就是计算表达式的值。

例 2-14 中，i=0 不是一个语句而是一个表达式，加上分号之后则构成一个赋值语句；3+5 是一个表达式，加上分号之后构成一个语句，该语句执行了 3+5 的运算，在 C++中是合法的，但由于该语句并没有将 3+5 的计算结果 8 赋给任何变量，所以该语句并无实际意义，但它是一个合法的表达式语句。表达式语句中使用最多的是赋值语句和函数调用语句。

（1）赋值语句

赋值语句是由赋值表达式加上分号构成的表达式语句。一般形式为

变量=表达式;

在赋值语句的使用中需要注意以下几点。

① 赋值符"="右边的表达式也可以又是一个赋值表达式，形式如下：

变量=变量=…=表达式；

例如，a=b=c=d=5;是一个合法的赋值语句。按照赋值运算符的右结合性，该语句实际上等效于：d=5; c=d; b=c;a=b;。

② 复合赋值表达式也可构成赋值语句。如 a+=a=2;,是一个合法的赋值语句。该语句实际上等效于：a=2; a=a+a;。

③ 在变量说明中给变量赋初值和赋值语句是有区别的。给变量赋初值是变量说明的一部分，赋初值变量与其后的其他同类型变量之间用逗号分开，而赋值语句则必须用分号结尾。

④ 在变量定义中，不允许连续给多个变量赋初值。

非法的变量说明：int a=b=c=5;（错误，变量初始化不能连续赋值）

应该写为： int a=5,b=5,c=5;（正确）

赋值语句允许连续赋值：a=b=c=5;（正确）

⑤ 赋值表达式和赋值语句的区别是，赋值表达式是一种表达式，它可以出现在任何允许表达式出现的地方，而赋值语句则不能。例如：

if((a=b)>0) c=a;是正确的；

if((a=b;)>0) c=a;是错误的，因为 if 的条件只能是表达式，而不允许出现语句。

（2）函数调用语句

函数调用加上分号";"就构成了一个函数调用语句。它的作用是执行一次函数调用。一般形式为

函数名(实参表)；

例如：

sin(x);   //调用 C++ 系统标准库函数，求 sinx
max(a,b,c);   //调用自定义函数，求 a,b,c 中的最大值

关于函数的更多内容将在第 5 章中介绍。

2. 控制语句

控制语句用于控制程序的流程，以实现程序的各种结构。C++有以下 3 类控制语句。

（1）条件判断语句

条件语句：if()……else……

多分支选择语句：switch()……

（2）循环语句

while 语句：while()……

do…while 语句：do ……while()

for 语句：for ()……

（3）转向语句

无条件转向语句：goto

结束本次循环语句：continue

终止执行 switch 或循环语句：break

函数返回语句：return

3. 复合语句

把多个语句用括号{ }括起来组成的一个语句称为复合语句，又称为分程序或语句块。在语法上将复合语句看成是一条语句，而不是多条语句。例如：

```
{    u= -b/2*a;
     v=sqrt(x*x-4*a*c)/(2*a);
     x1=u+v;
     x2=u-v;
}
```

上面的程序段是一个复合语句。复合语句内的各条语句都必须以分号";"结尾，注意，在右大括号"}"外不需加分号。组成一个复合语句的语句数量不限，如：

```
{    char c;
     c=66;
     cout << c;
}
```

也是一个复合语句，输出字符"B"。

从这个例子中可以看出，在复合语句中不仅有执行语句，还可以说明变量。复合语句组合多个子语句的能力及采用分程序定义局部变量的能力是C++的重要特点，它增强了C++语言的灵活性，同时还可以按层次使变量作用域局部化，使程序具有模块化结构。

本章小结

本章对C++的基本数据类型、运算符和表达式进行了详细的介绍，同时对C++程序中使用的基本字符集、标识符和关键字等概念进行了具体说明。C++的基本字符集是指程序中允许使用的各种符号；数据类型是指程序中允许使用的数据形式，对数据的处理则通过表达式运算实现。本章内容是C++语言的基础，是后续章节学习的前提。对于本章的学习，应注意以下几个方面。

（1）标识符

关键字是C++系统定义的标识符，在程序中代表固定含义，不允许另作它用。关键字均为小写字母。用户定义标识符用于为变量、符号常量、函数等操作对象命名。

（2）基本数据类型

C++中可以使用整型、实型和字符型等基本类型数据，且都是以常量或变量的形式出现。

在C++中，整型常量有十进制、八进制和十六进制3种表示形式。实型常量有小数形式和指数形式两种表示形式。字符常量是用单引号括起的一个可视字符或转义字符。字符串常量是用双引号括起来的字符序列，存储时系统会自动在其末尾加字符串结束标志'\0'，因此字符串常量所占存储空间大小等于字符串长度加1。

变量必须遵守"先定义，后使用"的原则。变量可通过初始化进行赋值。

（3）运算符和表达式

C++的运算符包括算术、关系、逻辑、赋值、条件、逗号、位运算符等。当表达式中含有多个运算符时，应该按照它们的优先级和结合性进行运算，才能得到正确的运算结果。任何一个表达式最终经过运算都有一个值。

（4）数据类型转换

表达式中运算对象的数据类型不同时，系统会自动将低精度类型数据转换成高精度类型数据后再进行求值。由于所有的 char 和 float 类型数据都必须转换成 int 和 duoble 类型后再求值，故表达式的值的类型不可能是 char 和 float 类型。

使用类型转换运算符可以将运算对象的值强制转换成需要的数据类型。

习　题

一、单项选择题

1. 下面为合法的 C++语句的是（　　）。
   A. #define MY 100　　B. a=25;　　C. a=b=100　　D. /*m=100;*/
2. 下面叙述中，正确的是（　　）。
   A. C++中所有的标识符都必须小写
   B. C++中关键字必须小写，其他标识符不区分大小写
   C. C++中所有的标识符都不区分大小写
   D. C++中关键字必须小写，其他标识符区分大小写
3. 下面标识符中不合法的用户标识符是（　　）。
   A. float　　B. _123　　C. Sun　　D. XYZ
4. 下面数据中不是 C++常量的是（　　）。
   A. E-3　　B. 074　　C. '\0'　　D. "a"
5. 下面不正确的转义符是（　　）。
   A. '\n'　　B. '\"'　　C. '\18'　　D. '\0'
6. 设 t 是 double 类型变量，表达式 t=1,t+2,t++的值是（　　）。
   A. 4.0　　B. 3.0　　C. 2.0　　D. 1.0
7. 若变量均已正确定义并赋值，下面合法的表达式是（　　）。
   A. (float) a=b+7　　B. a=7+b+c,++a　　C. int (12.3%4)　　D. a=a+2=c+b
8. 设 a 是整型变量，下面不能正确表达数学关系式 10<a<15 的 C++表达式是（　　）。
   A. 10<a<15　　B. a==11||a==12||a==13||a==14
   C. a>10 && a<15　　D. !(a<=10)&&!(a>=15)
9. 能够正确表示 "a 不等于 0 为真" 的关系表达式是（　　）。
   A. a=0　　B. a≠0　　C. a　　D. !a
10. 设有 int a=04,b;变量定义，则表达式 b=a<<2 的值是（　　）。
    A. 1　　B. 4　　C. 8　　D. 16

二、填空题

1. C++的标识符只能由字母、数字和_____3 种字符组成。
2. 在 C++中，字符串常量"How␣are␣you?\nI␣am␣fine."的长度是_____个字节（其中␣表示空格），它在内存中存储需要占用_____个字节的存储空间。
3. 定义字符变量 ch，并使它的初值为数字字符'8'的变量定义语句是　①　、　②　、　③　。（要求初值用 3 种形式表示。）
4. 若定义 float x=70.3;，则表达式(long)x*'A'+38.5 的值是_____类型。
5. 若定义 int a=3,b=2,c;，则表达式 c=b*=a-1 的值为_____。

6. 表达式 9/2*2==9*2/2 的值是_____。
7. 表达式(!10>3)?2+4:1,2,3 的值是_____。
8. 若定义了 int a=1,b=15;并执行了--a&&b++;语句后，b 的值为_____。
9. 表达式 10||20||30 的值是_____。
10. 表达式 10&0xd+06 的值是_____。

三、程序的读题

阅读如下程序，并试写出运行结果。

1. ```
   #include<iostream>
   using namespace std;
   int main()
   {
     int i=6, j=8, m=i+++j;
     cout<< "i=" << i <<"j=" << j <<"m="<< m << endl;
     return 0;
   }
   ```

2. ```
   #include<iostream>
   using namespace std;
   int main()
   {
     double f=3.14159;
     int n;
     n=(int)(f+10)%3;
     cout<< "n="<< n<< endl
     return 0;
   }
   ```

3. ```
   #include<iostream>
   using namespace std;
   int main()
   {
     char s[ ]= "ab\n\\\'\r\b";
     cout<< strlen(s)<<endl;
     return 0;
   }
   ```

4. ```
   #include<iostream>
   using namespace std;
   int main()
   {
     int a=2, b=4, c=6, x, y;
     y=(x=a+b),(b+c);
     cout<<"y="<< y <<"x="<< x << endl;
     return 0;
   }
   ```

5. ```
   #include<iostream>
   using namespace std;
   int main()
   {
     int i, j, x, y;
     i=5; j=7;
     x=++i;
     y=j++;
     cout<<"i="<< i <<"j="<< j <<"x="<< x<<"y="<< y << endl;
     return 0;
   }
   ```
   ```

第 3 章 C++控制语句

【本章内容提要】

第 3 章主要讨论 C++语言中结构化程序设计的各种控制语句,对于顺序结构程序设计,通过实例讲解顺序结构程序的结构;对于分支结构程序设计,讨论分支结构的两种控制语句及使用;对于循环结构程序设计,分别讨论 3 种循环控制语句的功能及应用、循环嵌套、多重循环程序设计及跳转语句的功能应用。

【本章学习重点】

通过本章的学习,了解顺序程序的基本结构,掌握顺序结构程序设计方法。掌握 if 语句的格式和功能,掌握 if 嵌套的概念和应用,掌握 switch 语言的格式和功能,能够灵活运用各种分支结构进行综合程序设计。掌握循 3 种环控制语句的格式及在程序设计中的应用,掌握循环嵌套的概念和多重循环程序设计方法,能够运用 3 种基本结构进行综合程序设计。

3.1 顺序结构程序设计

计算机程序通常是由若干条语句组成的,从执行方式上看,从第 1 条语句到最后一条语句完全按顺序执行,是简单的顺序结构;若在程序执行过程当中,根据用户的输入或中间结果去执行若干不同的任务则为选择结构;如果在程序的某处,需要根据某个条件重复地执行某项任务若干次或直到满足或不满足某条件为止,这就构成循环结构。

经证明,任何复杂的问题都可以用顺序、选择和循环 3 种基本算法结构来描述,通常一个大的程序可能是顺序、选择和循环 3 种结构的组合。

程序的 3 种基本结构有以下共同点。

① 都是只有一个入口和一个出口。
② 结构内的每一条语句都有机会被执行。
③ 结构内没有死循环。

如果一个程序仅包含这 3 种基本结构,则称该程序是结构化程序。

结构化程序中限制使用无条件转移语句(goto),每个结构仅有一个入口和一个出口,因此它的逻辑结构清晰、可读性好、易于维护。

程序设计中应该注意掌握结构化设计方法:自顶向下、逐步细化每个功能,采用模块化、结构化的原则和方法进行设计。面对一个大型应用系统,设计时需从上向下划分为多个功能模块,每个模块再细分为若干个子模块,然后分别对每个模块进行程序编写,且每个模块的程序一般是由 3 种基本结构组成。

结构化程序设计由顺序、选择和循环 3 种基本结构组成,其中顺序结构是最简单的一种程序结构。

顺序结构程序是按照语句的先后顺序依次执行。一般而言,顺序结构的算法中应包括几个基本步骤:确定求解过程中使用的变量、变量类型和变量的值;按算法进行运算处理;输出处理结果。各步骤的逻辑顺序关系如图 3-1 所示。

编写 C++程序时一定要注意语句的逻辑顺序。要先定义变量并为变量赋值,然后再使用变量进行运算处理。使用未定义的变量会产生编译错误;使用已定义但未赋值的变量通常会得到不正确的运行结果。

【例 3-1】输入圆的半径,计算并输出圆的周长和面积。

分析:已知圆的半径,求圆的周长和面积,可以使用下面的公式:

$$length = 2\pi r$$
$$area = \pi r^2$$

本题涉及 3 个变量即 r、length、area,它们都是单精度(或双精度)实型变量。由于 C++基本字符集中没有包含 π 这个符号,所以编程时不能直接使用它。正确的方法就是设置一个符号常量,如 PI,并用 define 编译预处理命令将它定义为 3.141 59,这样程序中使用 PI 就等价于使用 3.141 59。此外,由于题目中并没有给定 r 的值,因此应该使用 cin 为 r 赋值。该算法如图 3-2 所示。

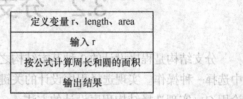

图 3-1 顺序结构程序的一般算法　　图 3-2 计算圆周长和面积的算法

程序如下。
```cpp
#include<iostream>
#define PI 3.14159
using namespace std;
int main()
{ float r, length, area;
  cin>>r;
  length = 2*PI*r;
  area=PI*r*r;
  cout << "length=" << length << "area=" << area << endl;
  return 0;
}
```
程序运行结果(带下画线的字符表示输入的数据,✓表示按回车键,下同):

<u>3.5</u>✓
length=21.9911 area=38.4845

【例 3-2】数据交换。从键盘输入 x、y 的值,输出交换以后的值。

分析:在计算机中进行数据交换,如交换变量 x 和 y 的值,能不能只用下面两个赋值语句?

　　x=y; y=x;

回答是否定的,因为当执行第 1 个赋值语句后,变量 y 的值覆盖了变量 x 原来的值,即 x 的原值已经丢失,再执行第 2 个赋值语句就无法达到将两个变量的值相互交换的目的。正确的方法是借助于中间变量 c 来保存 x 的原值,交换过程用连续 3 个赋值语句实现:

　　c=x; x=y; y=c;

执行 c=x;后，将 x 的值保存在 c 中；再执行 x= y;,将 y 的值赋给 x；最后执行 y=c;,将 c 中保存的 x 的原值赋给 y，算法如图 3-3 所示。

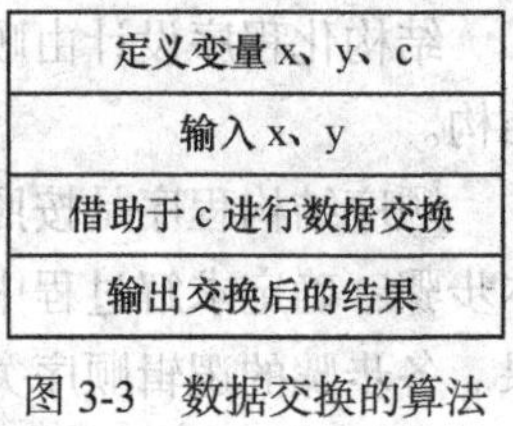

程序如下。

```
#include<iostream>
using namespace std;
int main()
{
    int x,y,c;
    cout <<"Input x,y:";
    cin>>x>>y;
    cout <<"\n"<<"before exchange: x="<<x<<" y="<<y<<endl;
    c=x; x=y; y=c;
    cout <<"\n"<<"after exchange: x="<<x<<" y="<<y<<endl;
    return 0;
}
```

| 定义变量x、y、c |
| 输入x、y |
| 借助于c进行数据交换 |
| 输出交换后的结果 |

图 3-3　数据交换的算法

程序运行结果：

```
Input x,y:100 200✓
before exchange: x=100 y=200
after exchange: x=200 y=100
```

3.2　分支结构程序设计

分支结构是程序设计的 3 种基本结构之一，通过判断给定条件是否成立，从给出的多种可能中选择一种操作。实现选择程序设计的关键就是要理清条件与操作之间的逻辑关系。本节主要讨论用 C++实现选择结构程序设计的方法。

C++提供了两种实现选择的语句：if 条件语句和 switch 多分支选择语句。其中，if 语句又分为 3 种结构。在程序设计过程中，应根据各语句的结构特点，灵活应用。应当注意选择是有条件的，在程序设计中，条件通常是用关系表达式或逻辑表达式表示的。关系表达式可以进行简单的关系运算，逻辑表达式则可以进行复杂的关系运算。同时还应该注意，在 C++中数值表达式和字符表达式也可以用来表示一些简单的条件。

3.2.1　if 分支语句

用 C++求解实际问题时，经常会遇到需要进行判断的情况。例如，求 $y=|x|$，当 $x⩾0$ 时，$y=x$；当 $x<0$ 时，$y=-x$；像这样根据条件判断其后的操作，在 C++中可以使用条件语句来实现。

C++中，if 条件语句有 3 种结构形式，分别是 if 结构；if...else 结构；if...else 嵌套结构。

1. if 语句的 3 种形式

if 语句是条件语句，它通过对给定条件的判定，决定是否执行给定的操作。

（1）简单分支结构

简单分支结构的一般格式为

if（表达式）语句A;

其中，表达式表示的是一个条件，必须用圆括号括起来；语句 A 一般称为内嵌语句。

该语句执行过程是：首先计算表达式的值，若为非 0（条件成立），就执行语句 A，然后执行 if 后面的后续语句；否则，直接执行 if 后面的后续语句。其算法如图 3-4 所示。

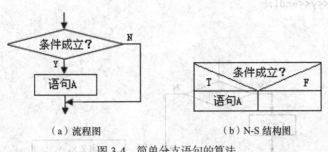

(a) 流程图　　　　　　　　(b) N-S 结构图

图 3-4　简单分支语句的算法

 简单分支结构只有在条件为真（表达式的值为非 0）时，才执行给定的操作，如果条件为假（表达式的值为 0），则不执行任何操作。

【例 3-3】将 a，b 两数中的大数放入 b 中。

分析：两数比较，要么 a>b，要么 a<b，为前者时，需将 a 的值放入 b 中（即执行 b=a;赋值操作）。程序如下。

```
#include <iostream>
using namespace std;
int main()
{
  float a,b;
  cout <<"Input a,b:";
  cin>>a>>b;
  if (a > b) b=a ;
  cout <<"a,b 的大数是: "<<b<<endl;
  return 0;
}
```

程序运行结果：

Input a,b:38.6 -56.7↙
a,b 的大数是: 38.6

【例 3-4】设 x 与 y 有如下函数关系，试根据输入的 x 值，求出分段函数 y 的值。

$$y = \begin{cases} x-7 & (x>0) \\ 2 & (x=0) \\ 3x^2 & (x<0) \end{cases}$$

分析：依题意可知，当 $x>0$ 时，$y=x-7$；当 $x=0$ 时，$y=2$；当 $x<0$ 时，$y=3*x*x$。其算法如图 3-5 所示。

程序如下。

```
#include<iostream>
using namespace std;
int main()
{
  float x,y;
  cout <<"Input x:";
  cin>>x;
  if (x>0) y =x-7;
  if (x == 0) y =2;
  if (x < 0) y =3*x*x;
```

```
    cout <<"y="<<y<<endl;
    return 0;
}
```

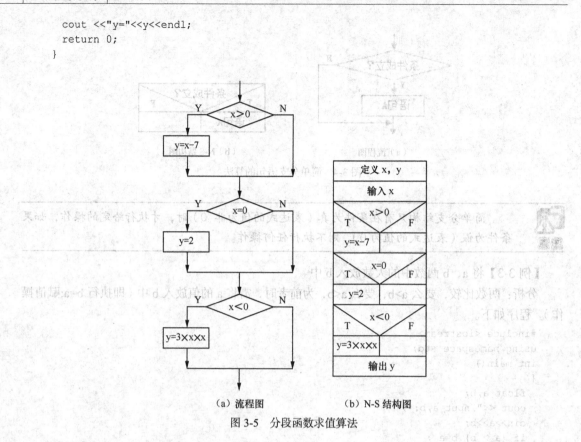

（a）流程图　　　　　　（b）N-S 结构图

图 3-5　分段函数求值算法

程序运行结果：

第 1 次运行时，给变量 x 输入 2.8。

```
Input x:2.8✓
y=-4.2
```

第 2 次运行时，给变量 x 输入 -3.5。

```
Input x: -3.5✓
y=36.75
```

（2）双分支结构

双分支结构的一般格式为

if (表达式)语句 A；

else 语句 B；

其中，表达式指的是一个条件；语句 A 称为 if 的内嵌语句，语句 B 称为 else 的内嵌语句。该语句执行过程是：首先计算表达式的值，若为非 0（条件成立），就执行语句 A，之后跳过语句 B，执行后续语句；否则，跳过语句 A，执行语句 B，之后执行后续语句。即无论条件是否成立一定会执行语句 A 或语句 B 中的一个，且只能执行其中之一。其算法如图 3-6 所示。

 双分支结构可在条件为真或假时，执行不同的操作。

例如：

```
if (x>y)max=x; else max=y;
```

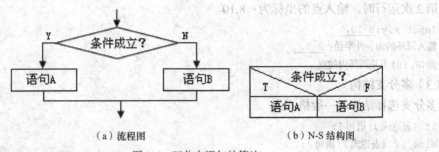

(a)流程图　　　　　　　　　　(b)N-S结构图

图3-6　双分支语句的算法

该语句的作用是：如果x的值大于y的值，则将x的值赋给max，否则，将y的值赋给max。这条语句执行的结果是将x和y中的大值赋给max。

【例3-5】判断某点（x,y）是否在如图3-7（a）所示的圆环内。

分析：判断点（x,y）是否在圆环内，只需看它是否满足条件 $a^2 \leq (x^2+y^2) \leq b^2$ 即可。其算法如图3-7（b）所示。

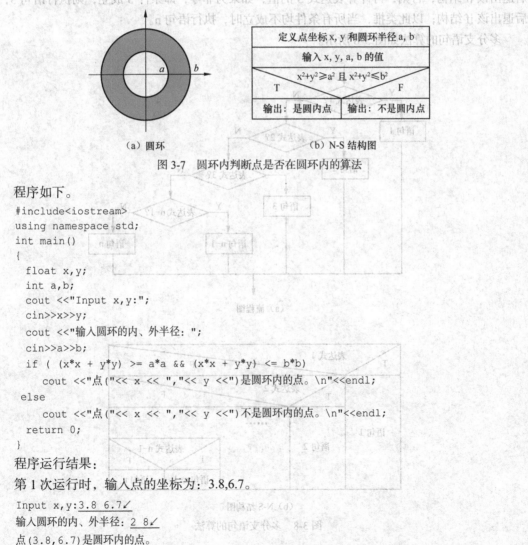

（a）圆环　　　　　　　　　　（b）N-S结构图

图3-7　圆环内判断点是否在圆环内的算法

程序如下。

```cpp
#include<iostream>
using namespace std;
int main()
{
  float x,y;
  int a,b;
  cout <<"Input x,y:";
  cin>>x>>y;
  cout <<"输入圆环的内、外半径: ";
  cin>>a>>b;
  if ( (x*x + y*y) >= a*a && (x*x + y*y) <= b*b)
     cout <<"点("<< x << ","<< y <<")是圆环内的点。\n"<<endl;
  else
     cout <<"点("<< x << ","<< y <<")不是圆环内的点。\n"<<endl;
  return 0;
}
```

程序运行结果：

第1次运行时，输入点的坐标为：3.8,6.7。

Input x,y:3.8 6.7↙
输入圆环的内、外半径：2 8↙
点(3.8,6.7)是圆环内的点。

第 2 次运行时，输入点的坐标为：8,10。

```
Input x,y:8 10↙
输入圆环的内、外半径: 2 8↙
点(8,10)不是圆环内的点。
```

（3）多分支结构

多分支选择结构的一般格式为

```
if (表达式 1)语句 1;
else if (表达式 2)语句 2;
else if (表达式 3)语句 3;
…
else if (表达式 n-1)语句 n-1;
else 语句 n;
```

该语句执行过程是：先计算表达式 1 的值，如果为非零，即条件 1 成立，则执行语句 1，之后退出该 if 结构；否则，再计算表达式 2 的值，如果为非零，即条件 2 成立，则执行语句 2，之后退出该 if 结构；否则，再计算表达式 3 的值，如果为非零，即条件 3 成立，则执行语句 3，之后退出该 if 结构；以此类推，当所有条件均不成立时，执行语句 n。

多分支语句的算法如图 3-8 所示。

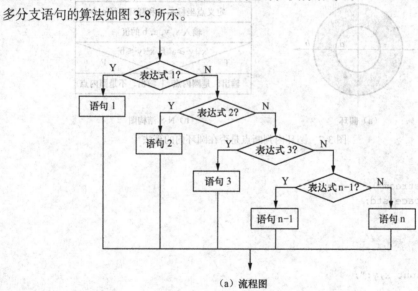

（a）流程图

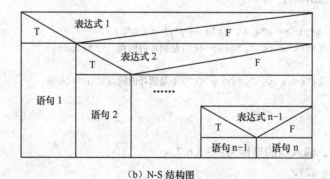

（b）N-S 结构图

图 3-8 多分支语句的算法

多分支结构是在条件成立时执行指定的操作,条件不成立时,进一步判断下一步条件。

【例3-6】 用多分支结构求解例3-4,算法如图3-9所示。

```
#include<iostream>
using namespace std;
int main()
{
  float x,y;
  cout <<"Input x:";
  cin>>x;
  if (x>0)
    y=x-7;
  else if (x==0)
    y=2;
  else
    y 3*x*x;
  cout <<"y="<<y<<endl;
  return 0;
}
```

程序运行结果:
Input x:2.8↙
y=-4.2

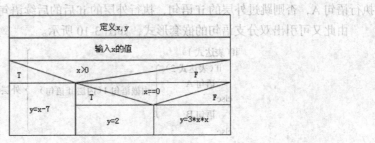

图3-9 多分支求解分段函数算法

2. if 语句的说明

① 在3种形式的 if 语句中,表达式一般为关系表达式或逻辑表达式,程序在执行到该语句时,先计算表达式的值,然后判断该值,若为0,则为假,说明条件不成立;若为非0,则为真,说明条件成立;根据条件是否成立,再决定执行相应的内嵌语句。例如:

```
if (x>0) cout << " x > 0\n";
```

当x>0时,输出"x > 0"。

② 在 C++中,通常是用"非0"的代表真,用"0"代表假。因此,条件表达式可以是任意的数值类型,如整型、实型等。例如:

```
int x;
cin >>x;
if (x)                    //此处的条件表达式就是一个整型表达式,它等价于x!=0
  cout <<"x 不等于0";
else
  cout <<"x 等于0";
```

③ 在3种形式的 if 语句中,表达式后的语句均为内嵌语句,故分号不可省略。同时,内嵌语句是由单个语句组成,如果内嵌语句为多个语句时,应以复合语句的形式出现,即将多个语句用大括号括起来。

例如，将 a，b 两数中的大数放入 a 中。
```
if (a<b)
    {x=a;a=b;b=x;}
```
④ 程序在书写时，常采用缩进格式进行书写，以突出程序的结构，便于阅读和修改。
⑤ 可用条件表达式完成分支结构程序。

条件表达式的运算过程与双分支的 if 语句执行过程相同，但它不能完全取代双分支的 if 语句。例如：
```
if (a > b)x=a;
else x=b;
```
可用条件表达式代替：
```
x=a>b? a:b
```

3.2.2 if 语句的嵌套

如果 if 语句中的内嵌语句又是一个或多个 if 语句，则称为 if 语句的嵌套。一般形式为

　　　　　　if(表达式1) if(表达式2)语句A

该形式为简单分支 if 语句的嵌套，内嵌语句本身又是一个简单分支 if 语句。程序在执行时先计算表达式 1 的值，如果为非零，即条件 1 成立；再计算并判断表达式 2，当条件 2 成立时，才执行语句 A，否则跳过外层的 if 语句，执行外层的 if 后的后续语句。

由此又可引出双分支语句的嵌套形式，如图 3-10 所示。

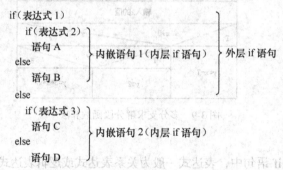

图 3-10 双分支语句的嵌套形式示意图

在 if 语句的嵌套结构中，应当注意如下几点。
① else 后面的 if 语句可以是各种格式的 if 语句，此时就等价于多分支语句。
② if 和 else 之间内嵌的 if 语句可以是一个双重或多重分支 if 语句，此时内嵌的 if 语句可以不用大括号括起。
③ 如果 if 和 else 之间内嵌的 if 语句是一个简单 if 语句，则必须用大括号将其括起来。
例如：
```
if (表达式1)
    { if (表达式2) 语句1 }
else 语句2
```
若不加大括号，该程序段的结构为
```
if (表达式1)
    if (表达式2)
        语句1
```

```
    else
        语句 2
```
上面两段语句的判断意义完全不同。

在多个 if...else 的嵌套中,如果没有使用大括号,C++规定从最内层开始,else 总是与它上面最近的还没有配对的一个 if 配对。

例如:
```
if (表达式 1) if (表达式 2) 语句 A else 语句 B else 语句 C
```
等价于
```
if (表达式 1)
   if (表达式 2)
      语句 A
   else
      语句 B
else
   语句 C
```

④ 内层的选择结构必须完整地嵌套在外层的选择结构内,两者不允许交叉。

⑤ 程序嵌套的层次,不可过多。在一般情况下多使用 if...else...if 语句,少使用 if 语句的嵌套结构,以使程序更便于阅读理解。

【例 3-7】任意输入 3 个数,按由大到小的顺序输出。

方法 1:

分析:设 3 个数分别为 a、b、c,将数两两比较,其算法如图 3-11 所示。

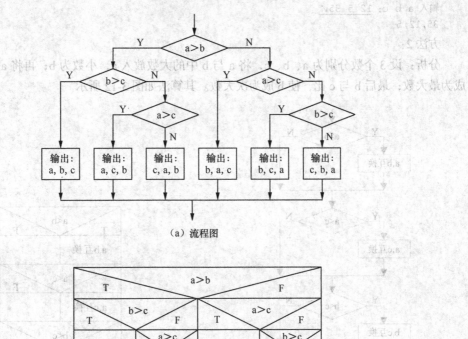

图 3-11 3 个数排序输出的分支嵌套算法

程序如下。

```cpp
#include<iostream>
using namespace std;
int main()
{
    int a, b, c;
    cout <<"输入 a b c:";
    cin >>a >>b >>c;
    if (a > b)
      if (b > c)
        cout << a<<","<<b <<"," << c<<"\n";
      else if (a > c )
        cout << a<<","<<c <<"," << b<<"\n";
    else
        cout << c<<","<<a <<"," << b<<"\n";
    else
      if (a > c)
        cout << b<<","<<a <<"," << c<<"\n";
      else if (b>c)
        cout << b<<","<<c <<"," << a<<"\n";
      else
        cout << c<<","<<b <<"," << a<<"\n";
    return 0;
}
```

程序运行结果：
输入 a b c: <u>12 5 35</u>✓
35,12,5

方法 2：

分析：设 3 个数分别为 a、b、c，将 a 与 b 中的大数放入 a，小数为 b；再将 a 与 c 比，使 a 成为最大数；最后 b 与 c 比，使 b 成为次大数。其算法如图 3-12 所示。

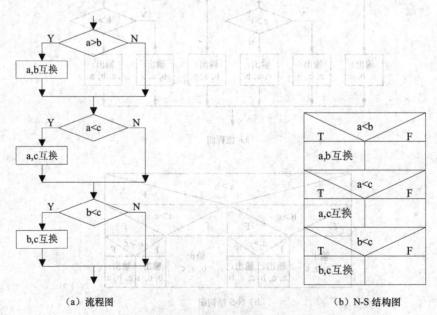

(a) 流程图　　　　　　　　　　　　(b) N-S 结构图

图 3-12　3 个数排序输出的简单 if 结构算法

程序如下。
```cpp
#include<iostream>
using namespace std;
int main()
{
    int a, b, c,k;
    cout <<"输入 a b c: ";
    cin >>a >>b >>c;
    if (a<b)
      {k=a;a=b;b=k;}
    if (a<c)
      {k=a;a=c;c=k;}
    if (b<c)
      {k=b;b=c;c=k;}
    cout << a<<","<<b <<"," << c<<"\n";
    return 0;
}
```
程序运行结果：

输入 a b c: 12 5 35↙
35,12,5

3.2.3 switch 语句

C++提供了一个用于多分支的 switch 语句，用它来解决多分支问题十分方便有效。switch 语句也称开关语句，其形式如下。

```
switch(表达式)
{
    case <常量表达式1>:[语句1;][break;]
    case <常量表达式2>:[语句2;][ break;]
    ...
    case<常用表达式n-1>:[语句n-1;][break;]
    [default:语句n;]
}
```

switch：关键字。其后用大括号括起的部分称为 switch 的语句体。"表达式"可以是整型表达式、字符表达式、枚举表达式等。

case：关键字。常量表达式应与 switch 后的表达式类型相同，且各常量表达式的值不允许相同。每个 case 后面可以有单个语句，多个语句，也可无语句。

default：关键字。整个该选项可省略，也可出现在 switch 语句体内的任何位置。

break：退出 switch 语句。break 语句用于结束当前 switch 语句，跳出 switch 语句体，执行 switch 后面的语句。当遇到 switch 语句的嵌套时，break 只能跳出当前一层 switch 语句体，而不能跳出多层 switch 的嵌套语句。

程序在执行到 switch 语句时，首先计算表达式的值，然后将该值与 case 关键字后的常量表达式的值逐个进行比较。一旦找到相同的值，就从该位置开始执行该 case 及其后面的语句，直到遇到 break 语句或 switch 语句的结束端，才会退出 switch 语句。若未能找到相同的值，就执行 default 选项中的语句 n。

例如，下面程序段的功能是，根据考试成绩的等级输出百分制分数段。

```
switch(grade)
{
    case 'A' : cout <<"85 ~ 100\n";
    case 'B' : cout <<"70 ~ 84\n";
    case 'C' : cout <<"60 ~ 69\n";
    case 'D' : cout << "不及格\n";
    default : cout <<"错误!\n" ;
}
```

若 grade ='B'，程序在执行到 switch 语句时，按顺序与 switch 的语句体逐个比较。当在 case 中找到与 grade 相匹配的'B'时，由于没有 break 语句，程序将从 case 'B':开始，向后顺序执行，输出结果为

70 ~ 84
60 ~ 69
不及格
错误!

显然，这不是我们所需要的结果。而在上面的 switch 语句体中加入 break 语句后：

```
switch (grade)
{
    case 'A' : cout <<"85 ~ 100\n"; break;
    case 'B' : cout <<"70 ~ 84\n"; break;
    case 'C' : cout <<"60 ~ 69\n"; break;
    case 'D' : cout <<"不及格\n"; break;
    default : cout <<"错误!\n";
}
```

此时若 grade 的值不变，则只输出：70～84。

说明：

① switch 后面的表达式必须用圆括弧括起来，switch 的语句体必须用大括号括起来，其作用是将各 case 和 default 子句括在一起，让计算机将多分支结构视为一个整体。

② case 和 default 的冒号后面如果有多条语句，则不需要用大括号括起来，程序流程会自动按顺序执行 case 后所有的语句；case 和常量表达式之间必须有空格。

③ 表达式的值可以是整型或字符型，如果是实型数据，系统会自动将其转换成整型。而每个 case 中的常量表达式值不能是实型数据。

④ 同一个 switch 语句中，任意两个 case 的常量表达式值不能相同。

⑤ switch 语句中若没有 default 分支，则当找不到与表达式的值相匹配的常量表达式的值时，不执行任何操作；default 语句可以写在语句体的任何位置，也可以省略。

⑥ C++允许 switch 语句嵌套使用，而内层和外层 switch 语句的 case 中，或者两个并列的内层 switch 语句的 case 中，允许含有相同的常量值。

⑦ 多个 case 可以共同使用一个语句序列，例如：

```
switch(month)
{
    case 1:
    case 3:
    case 5:
    case 7:
    case 8:
    case 10:
```

```
    case 12: days=31; break;
    case 2: days=28; break;
    case 4:
    case 6:
    case 9:
    case 11: days=30; break;
    default: days=0; cout<<"error!\n";
}
```

在上例中,若 month=5,与 case 中的 5 匹配,由于该分支中没有语句,因而顺序向下执行直至 days=31; break; 退出。在这里,month 为月份,当其值为 1、3、5、7、8、10、12 时,给 days 赋 31(因为 1 月、3 月等月份为 31 天),当其值为 4、6、9、11 时,给 days 赋 30(因为 4 月、6 月等月份为 30 天)。

3.3 循环结构程序设计

循环结构也称为重复结构,是程序设计 3 种基本结构之一。利用循环结构进行程序设计,一方面降低了问题的复杂性,减少了程序设计的难度;另一方面也充分发挥了计算机自动执行程序、运算速度快的特点。

所谓循环就是重复地执行一组语句或程序段。在程序中,需反复执行的程序段称为循环体,用来控制循环进行的变量称为循环变量。在程序设计过程中,要注意程序循环条件的设计和在循环体中对循环变量的修改,以免陷入死循环。在实际应用中根据问题的需要,可选择用简单循环或多重循环来实现循环,并要处理好各循环之间的依赖关系。

C++提供了 3 种循环语句,即 while 语句、do…while 语句和 for 语句。

3.3.1 while 语句

while 语句用来实现"当型"循环结构。其格式如下。

while (表达式) 语句

其中:表达式的作用是进行条件判断,一般为关系表达式或逻辑表达式;语句是 while 语句的内嵌语句,C++只默认为一个语句,如果是多个语句,则需要用大括号括起来构成复合语句。

当程序执行到 while 语句时,先计算表达式的值,如果为非 0,条件成立,则执行 while 语句中的内嵌语句,然后再计算表达式的值,再进行条件判断……。当表达式的值为 0,条件不成立时,跳出循环,执行 while 的后续语句。while 循环的算法如图 3-13 所示。

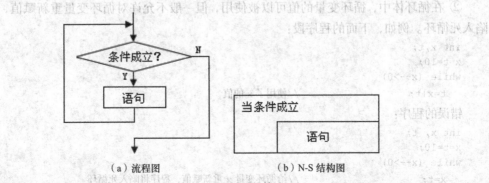

图 3-13 while 循环的算法

while 语句的特点是，先判断条件（表达式），再执行循环体（循环体语句）。

【例3-8】编写程序，求100个自然数的和。即 sum = 1 + 2 + 3 + … + 100。

分析：寻找加数与求和的规律。

加数——设变量 n 存放加数，从1变到100，每循环一次，使 n 增1，直到 n 的值超过100。n 的初值设为1。

求和——设变量 sum 存放和，循环求 sum = sum + n。

程序如下。

```
#include<iostream>
using namespace std;
int main()
{
    int n,sum;
    n=1;
    sum=0;
    while (n<=100)
     { sum=sum+n;
       n++;
     }
    cout <<"sum="<<sum<<"\n";
    return 0;
}
```

程序运行结果：

sum=5050

说明：

① while 语句的作用是当条件成立时，执行内嵌语句（即循环体）。为此，在 while 的内嵌语句中应该增加对循环变量进行修改的语句，使循环趋于结束，否则将使程序陷入死循环。例如，下面的程序段：

```
x=10;
while (x>0)
   cout << x;              //因为没有更改x的值，所以x的值永远大于0，陷入死循环
```

应改为

```
x=10;
while (x>0)
   {cout << x;
    x--;                   //因为更改x的值，所以x的值被减到0时，结束循环
   }
```

② 在循环体中，循环变量的值可以被使用，但一般不允许对循环变量重新赋值，以免程序陷入死循环。例如，下面的程序段：

```
int x,t;
x=t=10;
while (x-->0)
   t=x+t;                  //使用了x的值
```

错误的程序：

```
int x, t;
x=t=10;
while (x-->0)
   x=t;                    //给循环变量x重新赋值，程序将陷入死循环
```

③ 内嵌语句可以为空语句，也可以为一个语句，或者是一个复合语句。
例如，为空语句时：
```
while (x);                //循环体为空语句，分号不能省
```
为单语句时：
```
x = 0;
while(x<10)
   x++;                   //循环体为一个语句
```
为复合语句时：
```
int s, t, x;
t=x=10;
while (x>0)
{
   s=x+t;                 //循环体为多个语句时，必须写成复合语句
   x--;
}
```
④ 若条件表达式只用来表示等于零或不等于零的关系时，条件表达式可以简化成如下形式：
while (x!=0) 可写成 while (x);
while (x==0) 可写成 while (!x)。

3.3.2 do…while 语句

do…while 语句也可用来实现程序的循环，其格式为
do
　　语句
while (<表达式>);

其中，语句与表达式的作用同 while 语句。当程序执行到 do…while 语句时，先执行内嵌语句（循环体），再计算表达式的值，当表达式的值为非 0（条件成立）时，返回 do 重新执行内嵌语句，如此循环，直到表达式的值为 0（条件不成立）为止，才退出循环。do…while 循环的算法如图 3-14 所示。

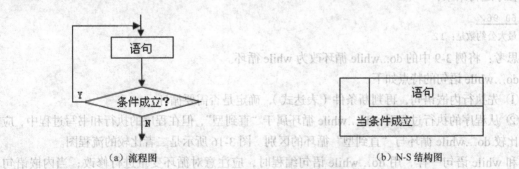

(a) 流程图　　　　　　　　　　(b) N-S 结构图
图 3-14　do…while 循环的算法

例如：
```
i=10;
do
   i--;
while (i>=0);
cout << " i= "<<i<<endl;
```

在程序段中，变量 i 的初值为 10。执行 do 语句时，先执行内嵌语句 i--，自减后，i 的值为 9；再判断条件 i>=0 成立，则继续执行内嵌语句 i--后，条件依旧成立，依此类推，直至 i 的值为-1，条件不再成立为止，退出循环。此时，输出 i 的值为-1。在 do...while 语句中，是先执行循环体，再判断条件的。注意，在 do...while 语句中，while 的条件后有一个分号。

【例 3-9】用辗转相除法求 m 和 n 的最大公约数。

分析：
- 求 m 和 n 相除的余数 r。
- 将 m←n，将 n←r，并判断 r（或 n）。
- 如果 r≠0，再重复求余数，直到 r 等于 0 时结束循环。
- 结束循环后，注意 m 为最大公约数，因为在循环体中将 n←r。

其算法如图 3-15 所示。

程序如下。

```cpp
#include<iostream>
using namespace std;
int main()
{
    int m,n,r;
    cin>>m>>n;
    do
    { r=m%n;
      m=n;
      n=r;
    }while(r!=0);
    cout << "最大公约数是：" << m <<"\n";
    return 0;
}
```

程序运行结果：

60 96↙
最大公约数是：12

思考：将例 3-9 中的 do...while 循环改为 while 循环。

do...while 语句的特点如下。

① 先执行内嵌语句，再判断条件（表达式），确定是否需要循环。

② 从程序的执行过程看，do...while 循环属于"直到型"，但在程序的执行和书写过程中，应注意比较 do...while 循环与"直到型"循环的区别。图 3-16 所示是二者比较的流程图。

和 while 语句一样，用 do...while 语句编程时，应注意对循环变量进行修改；当内嵌语句包含一个以上语句时，应用复合语句表示；do...while 语句以 do 开始，以 while 条件后的分号结束。

【例 3-10】某班有 N 个学生，已知他们参加某次考试的成绩（0~100 间的整数），求全班同学的平均成绩。

分析：平均成绩等于全班成绩的和除以总人数。要求从键盘输入全班总人数和每个同学的成绩。

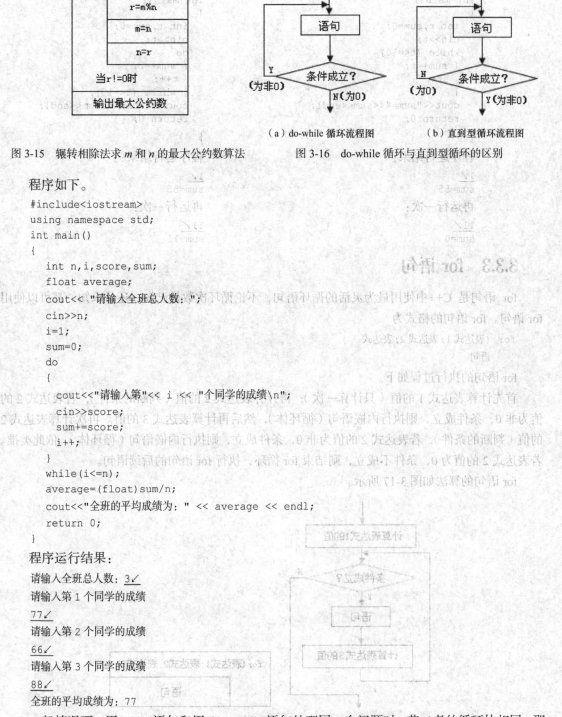

图 3-15 辗转相除法求 m 和 n 的最大公约数算法　　图 3-16 do-while 循环与直到型循环的区别

程序如下。
```cpp
#include<iostream>
using namespace std;
int main()
{
    int n,i,score,sum;
    float average;
    cout<<"请输入全班总人数：";
    cin>>n;
    i=1;
    sum=0;
    do
    {
        cout<<"请输入第"<< i <<"个同学的成绩\n";
        cin>>score;
        sum+=score;
        i++;
    }
    while(i<=n);
    average=(float)sum/n;
    cout<<"全班的平均成绩为: " << average << endl;
    return 0;
}
```

程序运行结果：
请输入全班总人数：3✓
请输入第 1 个同学的成绩
77✓
请输入第 2 个同学的成绩
66✓
请输入第 3 个同学的成绩
88✓
全班的平均成绩为: 77

一般情况下，用 while 语句和用 do...while 语句处理同一个问题时，若二者的循环体相同，那么结果也相同。但当 while 语句的条件一开始就不成立时，两种循环的结果是不同的。

【例3-11】两种循环的结果不同的举例。

(1)
```
//while 语句
#include<iostream>
using namespace std;
int main()
{
    int t,sum=0;
    cin>>t;
    while (t<=10)
    { sum+=t;
      t++;
    }
    cout<<"sum="<<sum<<endl;
    return 0;
}
```
程序运行结果：

1✓
sum=55

再运行一次：

11✓
sum=0

(2)
```
//do…while 语句
#include<iostream>
using namespace std;
int main()
{
    int t,sum=0;
    cin>>t;
    do
    { sum+=t;
      t++;
    } while (t<=10);
    cout<<"sum="<<sum<<endl;
    return 0;
}
```
程序运行结果：

1✓
sum=55

再运行一次：

11✓
sum=11

3.3.3 for 语句

for 语句是 C++中使用最为灵活的循环语句，不论循环次数是已知，还是未知，都可以使用 for 语句。for 语句的格式为

```
for (表达式1;表达式2;表达式3)
    语句
```

for 语句的执行过程如下。

首先计算表达式 1 的值（只计算一次）；再计算表达式 2 的值（判断的条件），若表达式 2 的值为非 0，条件成立，则执行内嵌语句（循环体），然后再计算表达式 3 的值。再次计算表达式 2 的值（判断的条件），若表达式 2 的值为非 0，条件成立，则执行内嵌语句（循环体），依此类推。若表达式 2 的值为 0，条件不成立，则结束 for 循环，执行 for 语句的后续语句。

for 语句的算法如图 3-17 所示。

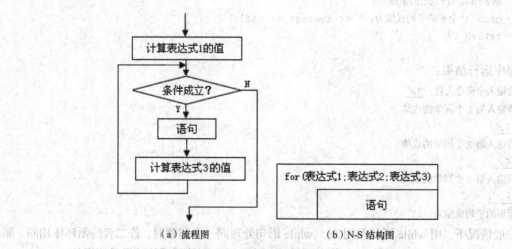

(a) 流程图　　　　(b) N-S 结构图

图 3-17 for 循环的算法

【例3-12】按每行输出5个数的形式输出Fibonacci数列的前20项。

分析：Fibonacci数列的前几项是：1，1，2，3，5，8，13，21，34，…此数列的变化规律为

$$f_n = \begin{cases} 1 & (n=1) \\ 1 & (n=2) \\ f_{n-1}+f_{n-2} & (n>2) \end{cases}$$

这是一种递推算法，应采用循环实现，其算法如图3-18所示。
- 设变量f1、f2和f3，并为f1和f2赋初值1，令f3 = f1 + f2得到第3项。
- 将f1←f2，f2←f3，再求f3 = f1 + f2得到第4项。
- 依此类推求第5项、第6项……

程序如下。

```
#include<iostream>
#define N 20
using namespace std;
int main()
{
    int i,f1,f2,f3;
    f1=f2=1;
    cout << "\t" << f1 << "\t" << f2;
    for (i=3; i<=N; i++)
        { f3=f1+f2;
          f1=f2;
          f2=f3;
          cout << "\t" << f3;
          if (i%5==0) cout <<"\n";
        }
    return 0;
}
```

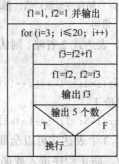

图3-18　输出Fibonacci数列的算法

程序运行结果：

```
    1       1       2       3       5
    8       13      21      34      55
    89      144     233     377     610
    987     1597    2584    4181    6765
```

【例3-13】求n!，即计算p=1*2*3*…*n的值。

分析：求阶乘与求累加的运算处理过程类似，只要将"+"变为"*"即可。
- 乘数i，初值为1，终值为n（n是循环控制终值，需要从键盘输入）。
- 累乘器p，每次循环令p = p*i。

程序如下。

```
#include<iostream>
using namespace std;
int main()
{
    int i,n,p=1;
    cout <<"输入n: ";
    cin >> n;
    for (i=1;i<=n;i++)
        p = p * i;
    cout << n <<"!=" << p <<"\n";
```

```
    return 0;
}
```
程序运行结果：
输入 n: 5✓
5!=120

通过上面的举例，我们对 for 语句已经有了一定的了解，下面进一步对 for 语句进行说明：

① 在 for 语句中，表达式 1 通常是用来给循环变量赋初值的；表达式 2 是用来对循环条件进行判断的；表达式 3 通常是用来对循环变量进行修改的。因此，for 语句也可以写成如下形式：

  for (循环变量赋初值；循环条件；循环变量增值)
    语句

② 表达式 2 省略，则认为表达式 2 始终为真，程序会陷入死循环，因此表达式 2 最好不省略。例如：

  for(i=0;; i ++)s+=i;

等价于

  for(i=0; 1; i++)s+=i;

③ 3 个表达式可以全部或部分省略，但需在适当的位置对循环条件进行设置，对循环变量进行修改，防止程序进入死循环，注意 ";" 不可省略。例如：

  for(; ;)语句

- 如果省略表达式 1，则应该在 for 语句之前给循环变量赋值。例如：

```
    i=1;                                    //对循环变量赋初值
    for ( ; i<=100; i++) sum+=i;
```

- 如果省略表达式 2（即不判断循环条件），循环将无终止的进行。为避免死循环，应该在循环体中包含能够改变程序执行流程的语句。例如：

```
    for (i=1; ; i++)
    { sum+=i;
      if (i>=100) break;                    //设置循环条件
    }
```

- 如果省略表达式 3，则循环体中应有使循环趋于结束的操作。例如：

```
    for(i=1; i<=100;)
    { sum+=i;
      i++;                                  //修改循环变量
    }
```

- C++的 for 语句书写灵活，表达式 1 和表达式 3 可以是一个简单表达式，也可以是一个逗号表达式；可以与循环变量有关，也可以与循环变量无关。

例如：

```
    for (i=0, sum=0;i<=10; i++)             //表达式 1 为逗号表达式
    {
      sum+=i;
    }
```

又如：

```
    for (x=0, y=0; x+y<=10; x++, y++)       //表达式 1，表达式 3 均为逗号表达式
      s=x+y;
```

表达式过多会降低程序的可读性，因此建议编写程序时，小括号内仅包含能对循环进行控制

的表达式,其他的操作尽量放在循环体外或循环体内去完成。

3.3.4 3种循环语句的比较

3种循环都可以对同一个问题进行处理,一般情况下,3种循环语句可以互换,其中while语句与do...while语句等价。表3-1列出了3种循环语句的区别。

表3-1 3种循环语句的区别

	for(表达式1;表达式2;表达式3) 语句	while(表达式) 语句	do {语句 }while(表达式);
循环类别	当型循环、计数循环	当型循环	直到型循环
循环变量初值	一般在表达式1中	在while之前	在do之前
循环控制条件	表达式2非0	表达式非0	表达式非0
提前结束循环	break	break	break
改变循环条件	一般在表达式3中	循环体中用某条语句	循环体中用某条语句

【例3-14】用while语句编写例3-10。
```
#include<iostream>
using namespace std;
int main()
{
   int n,i,score,sum;
   float average;
   cout<<"请输入全班总人数: ";
   cin>>n;
   i=1;
   sum=0;
   while(i<=n)
   {
     cout<<"请输入第"<<i<<"个同学的成绩\n";
     cin>>score;
     sum+=score;
     i++;
   }
   average =(float)sum/n;
   cout<<"全班的平均成绩为: "<<average<<endl;
   return 0;
}
```
说明:

① 3种循环中for语句功能最强大,使用最多,任何情况的循环都可以使用for语句实现。for语句可以等价于如下形式的while语句:

  表达式1;
  while(表达式2)
  { 语句;
   表达式3;
  }

② 当循环体至少执行一次时，do…while 语句与 while 语句等价。如果循环体可能一次也不执行，则只能使用 while 语句或 for 语句。

3.3.5 循环嵌套

如果在一个循环内完整地包含另一个循环结构，称为多重循环或循环嵌套。嵌套的层数可以根据需要而定，嵌套一层称为双重循环，嵌套两层称为三重循环。

上面介绍的几种循环控制结构可以相互嵌套，下面是几种常见的双重嵌套形式。

① for(...)
　{...
　　for(...)
　　{...
　　}
　}

② for(...)
　{...
　　while (...)
　　{...
　　}
　}

③ while (...)
　{...
　　for(...)
　　{...
　　}
　}

④ while (...)
　{...
　　while (...)
　　{...
　　}
　}

⑤ do
　{...
　　for(....)
　　{...
　　}
　} while (...);

⑥ do
　{...
　　do
　　{...
　　} while (...);
　} while (....);

【例 3-15】打印由数字组成的如下所示的金字塔图案。

```
        1
       222
      33333
     4444444
    555555555
   66666666666
  7777777777777
 888888888888888
99999999999999999
```

分析：打印图案一般可由多重循环实现，外循环用来控制打印的行数，内循环控制每行的空格数和字符个数。

程序如下。

```cpp
#include<iostream>
using namespace std;
int main()
{
    char c=48;
    int i, k, j;
    for(i=1;i<=9;i++)                    //外循环控制打印行数
      {for(k=1;k<=10-i;k++)              //每行起始打印位置
          cout << " ";
       for (j= 1 ; j<= 2* i-1 ; j++)     //内循环控制打印个数
          cout <<(char)(c+i);            //打印内容数字字符'1'~'9'
       cout << "\n";                     //换行
```

}
　　return 0;
}

思考：如果将 cout<<(char)(c+i); 语句改为 cout<<c+i;语句可以吗？

3.3.6　break 和 continue 语句

1. break 语句

格式：break;

作用：在循环结构中，可从循环体内跳出循环体，提前结束该层循环，继续执行后面的语句。

例如：
```
for (i=5; i<=10; i++)
{
   cout <<"i="<<i<<endl;
   break;
}
```

break 语句只能在 switch 语句和循环体中使用。当 break 语句在循环体中的 if 语句体内时，其作用是跳出本层循环体。在多层嵌套结构中，break 语句只能跳出一层循环，而不能跳出多层循环。

3 种循环语句的循环体中使用 break 语句的算法，如图 3-19 所示。

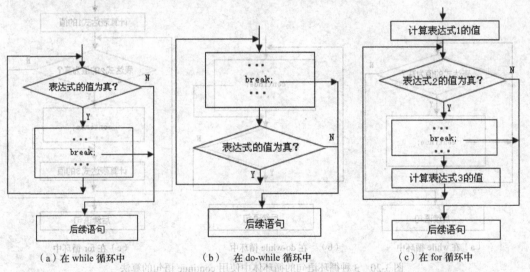

　　(a) 在 while 循环中　　　　(b) 在 do-while 循环中　　　　(c) 在 for 循环中

图 3-19　3 种循环语句的循环体中使用 break 语句的算法

【例 3-16】3 种循环语句的循环体中，应用 break 语句示例。

① 在 while 循环中，应用 break 语句。程序段如下。
```
int x,n=0,s=0;
while (n<20)
  { cin >>x;
   if (x<0) break;
   s+=x; n++;
  }
```

② 在 do...while 循环中，应用 break 语句。程序段如下。
```
int x,n=0,s=0;
do
```

```
    { cin >>x;
      if (x<0) break;
      s+=x; n++;
    } while (n<20);
```

③ 在 for 循环中，应用 break 语句。程序段如下。

```
int x,n=0,s=0;
for (n=0; n<20; n++)
    { cin >>x;
      if (x<0) break;
      s+=x;
    }
```

思考：请自行分析并说明这几个程序段的功能。

2. continue 语句

格式：continue;

作用：结束本次循环，不再执行 continue 语句之后的循环体语句，直接使程序返回循环条件，判断是否提前进入下一次循环。

在不同的循环控制语句中使用 continue 时需注意，对于 while 及 do...while 循环，要立即判断表达式的值；对于 for 循环，则是计算表达式 3 后接着判断表达式 2。

3 种循环语句的循环体中使用 continue 语句的算法，如图 3-20 所示。

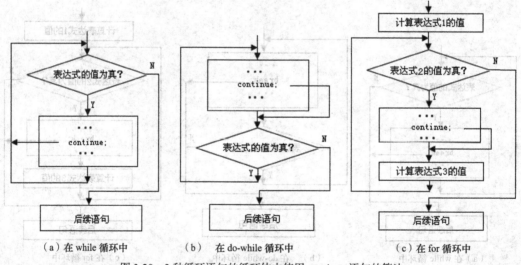

（a）在 while 循环中　　（b）在 do-while 循环中　　（c）在 for 循环中

图 3-20　3 种循环语句的循环体中使用 continue 语句的算法

【例 3-17】3 种循环语句的循环体中，应用 continue 语句示例。

① 在 while 循环中，应用 continue 语句。程序段如下。

```
int x,n=0,s=0;
while (n<20)
    { cin >>x;
      if (x<0) continue;
      s+=x; n++;
    }
```

② 在 do...while 循环中，应用 continue 语句。程序段如下。

```
int x,n=0,s=0;
do
```

```
    { cin >>x;
      if (x<0) continue;
    s+=x; n++;
    } while (n<20);
```

③ 在 for 循环中，应用 continue 语句。程序段如下。

```
int x,n=0,s=0;
for (n=0; n<20; n++)
    { cin >>x;
      if (x<0) continue;
    s+=x;
    }
```

【例 3-18】任意输入 6 个数，找出其中的最大数和最小数。

分析：由于最大数、最小数的位置无法确定，因此，设第 1 个数为最大数、最小数，然后将其余 5 个数分别与最大数、最小数进行比较即可。

程序如下。

```
#include <iostream>
using namespace std;
int main()
{
    int max,min,x,n;
    cout<<"请输入第 1 个数：";
    cin>>x;
    max=min=x;
    for(n=2;n<=6;n++)
    {cout<<"请输入第"<<n<<"个数：";
    cin>>x;
    if (x>max) {max=x;continue;}
    if (x<min) min=x;
    }
    cout <<"最大数为：" <<max<<"\t 最小数为："<<min<<endl;
    return 0;
}
```

程序运行结果：

请输入第 1 个数：100↙
请输入第 2 个数：34↙
请输入第 3 个数：-76↙
请输入第 4 个数：-32↙
请输入第 5 个数：10↙
请输入第 6 个数：98↙
最大数为：100　最小数为：-76

在例 3-18 中，当(x >max)为真时，执行 continue 语句后，结束本次循环，即在该次循环中，不执行循环体语句 if(x<min) min=x，转而直接执行 n++，再判断是否进入下次循环。只有当(x >max)为假时，才会执行循环体语句 if (x<min) min=x。

　　continue 语句只结束本次循环，并不终止整个循环的执行；而 break 语句则是结束整个循环，程序从循环中跳出。

3.4 程序举例

【例3-19】 判断一个给定的数 m 是否为素数。如果是则输出 "Yes"；不是，则输出 "No"。

分析：素数指除了能被 1 和自身整除外，不能被其他整数整除的自然数。判断一个整数 m 是否为素数的基本方法是：将 m 分别除以 2，3，…，m-1，若都不能整除，则 m 为素数。

设置循环控制变量 j 去除 m，算法如图 3-21 所示。

程序如下。

```
#include<iostream>
using namespace std;
int main()
{
    int j,m;
    cout<<"请输入一个整数：";
    cin>>m;
    if (m==0||m==1)
      cout<<"No\n";
    else
      {for (j=2; j<=m-1; j++)
       if (m%j==0) break;
       if (j>=m)
        cout << "Yes\n";
       else
        cout << "No\n";
      }
    return 0;
}
```

说明：

① 程序执行时有两种情况退出循环，一种是 m 不能被所有 j 整除，j 从 2 遍历到 m-1，循环正常终止，此时 j 的值为 m；另一种是 m 能被某个 j 整除，执行 break 语句退出循环，此时 j 的值一定是小于等于 m-1。因此循环结束时根据 j 的值就可以判断它是否为素数。

② 为了提高效率，减少循环次数，可以对算法进行改进，令循环变量 j 的终值为 m/2 或 sqrt(m)。这样退出循环时，判别 j>m/2 或 j>sqrt(m) 即可判定 m 是否为素数。

③ 也可以设置一个标志变量 flag，开始时赋初值为 1，在循环中只要 m%j 等于 0，就将 flag 置 0 后退出循环。循环退出后根据 flag 的值是否为 1 判定 m 是否为素数。

思考：如何输出 100～200 的所有素数？

【例3-20】 哥德巴赫猜想之一是，任何一个不小于 6 的偶数都可以表示为两个素数之和。例如，6 = 3 + 3，8 = 3 + 5，10 = 3 + 7 等，试编程验证。

分析：设 n 为大于等于 6 的任一偶数，将其分解为 n1 和 n2 两个数，使得 n1 + n2 = n，分别判断 n1 和 n2 是否为素数，若都是，则为一组解。若 n1 不是素数就不必再检查 n2 是否为素数。先从 n1=3 开始，直到 n1=n/2 为止。算法如图 3-22 所示，试验证 6～100 的所有偶数。程序代码如下。

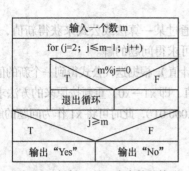

图 3-21 判断 m 是否为素数的算法

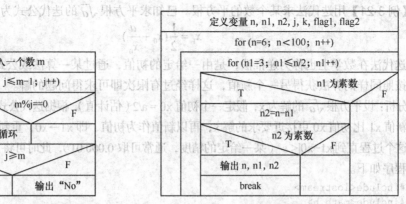

图 3-22 哥德巴赫猜想验证的算法

```
#include<iostream>
#include<math.h>
using namespace std;
int main()
{
  int n, n1, n2, j, k, flag1, flag2;
  for (n=6; n<100; n+=2)
    {
    for (n1=3; n1<=n/2; n1++)
        { flag1=1;
          k=sqrt(n1);
          for (j=2; j<=k; j++)
          if (n1%j==0) {flag1=0; break;}
          if (!flag1) continue;
          n2=n-n1;
          flag2=1;
          k=sqrt(n2);
          for (j=2; j<=k; j++)
            if (n2%j==0) {flag2=0; break;}
          if (flag2)
             { cout<< n<<"="<< n1<<"+"<<n2<<"\t\t";
               break;
             }
        }
    }
  cout<<"\n";
  return 0;
}
```

程序运行结果：

6=3+3	8=3+5	10=3+7	12=5+7	14=3+11
16=3+13	18=5+13	20=3+17	22=3+19	24=5+19
26=3+23	28=5+23	30=7+23	32=3+29	34=3+31
36=5+31	38=7+31	40=3+37	42=5+37	44=3+41
46=3+43	48=5+43	50=3+47	52=5+47	54=7+47
56=3+53	58=5+53	60=7+53	62=3+59	64=3+61
66=5+61	68=7+61	70=3+67	72=5+67	74=3+71
76=3+73	78=5+73	80=7+73	82=3+79	84=5+79
86=3+83	88=5+83	90=7+83	92=3+89	94=5+89
96=7+89	98=19+79			

【例3-21】用迭代法求某个数的平方根。已知求平方根 $\sqrt{a}$ 的迭代公式为

$$x_1 = \frac{1}{2}(x_0 + \frac{a}{x_0})$$

迭代法在数学上也称为递推法，是由一给定的初值，通过某一算法或公式来获得新值，再由新值按照同样的算法获得另一个新值，这样经过有限次即可求得问题的解。

分析：设平方根 $\sqrt{a}$ 的解为 x，假定一个初值 x0 = a/2（估计值），根据迭代公式得到一个新的值 x1，这个新值 x1 比初值 x0 更接近要求的解 x；再以新值作为初值，即 x1→x0，重新按原来的方法求 x1，重复这个过程直到|x1-x0|< ε（某一给定的精度，通常可取 0.000 01），此时可将 x1 作为问题的解。

程序如下。

```cpp
#include<iostream>
#include<math.h>
using namespace std;
int main()
{
    float x,x0,x1,a;
    cout << "请输入一个正整数: ";
    cin >> a;
    if (fabs(a)<1e-5)   x=0;
    else if (a<0)  cout<< "data error\n";
    else
    { x0=a/2;
      x1=0.5*(x0+a/x0);
      while (fabs(x1-x0)>1e-5)
      {x0=x1;
       x1=0.5*(x0+a/x0);
      }
      x=x1;
    }
    cout<<a<<"的平方根为: "<<x<<endl;
    return 0;
}
```

思考：本例中，if 语句在处理 a 等于 0 的情况时，为什么不用 a == 0 判断，而改用 fabs(a)<1e-5？读者也可以用此程序求得的结果与直接调用 C++库函数 sqrt(a)获得的结果进行对比。

本章小结

从程序执行的流程来看，程序可分为 3 种最基本的结构：顺序结构、分支结构以及循环结构。

1. 顺序结构

顺序结构是程序的基本部分，它主要完成一个程序的"叙述"功能。

2. 分支结构

C++提供的多种形式的分支语句以实现分支结构。if 语句有简单分支、双重分支和多重分支 3 种格式。switch 语句用于实现多择一结构。

if 语句的内嵌语句如果包含多条语句，则必须用大括号将它们括起来。if 语句嵌套时，如果 if 和 else 的个数不同，则 else 总是和离它最近的 if 配对使用。如果要改变这种配对关系，必须用大括号进行调整。

3. 循环结构

C++提供了3种循环控制语句：while 语句、do-while 语句和 for 语句。while 语句和 for 语句要先计算判断表达式的值，然后决定是否执行循环体，因此循环体可能一次也不执行；do-while 语句则先执行循环体，再计算判断表达式的值，因此循环体至少被执行一次。一般情况下，3 种循环语句可以相互替换。

循环体中又包含了循环语句被称为循环嵌套，也称多重循环。多重循环执行时，外层循环每执行一次，内层循环都需要循环执行多次。

break 和 continue 语句都能实现循环流程的转移控制。其中 continue 语句只能用在循环语句中，break 语句还可以用在 switch 语句中以实现程序的选择控制。

习　　题

一、单项选择题

1. 下面语句中，错误的是（　　）。
   A. m=c>a<b;
   B. int x=y=9;
   C. k=x,y>0;
   D. w++==-m?0:1;

2. 已知 int a=8,b=10,c=16;，执行下面的程序段后 a、b、c 的值是（　　）。
   ```
   if (a>b) c=a; a=b; b=c;
   ```
   A. 8，10，6
   B. 10，10，16
   C. 10，16，8
   D. 10，16，16

3. 执行以下程序，输出结果为（　　）。
   ```
   #include<stdio.h>
   void main()
   {   int a=10,b=0;
       if (a==10)
          a=a+1;b=b+1;
       else
          a=a+4;b=b+4;
       cout << a <<", " << b;
   }
   ```
   A. 11，1
   B. 14，1
   C. 14，4
   D. 有语法错误

4. 以下关于 switch 语句的叙述中，错误的是（　　）。
   A. switch 语句允许嵌套使用
   B. 语句中必须有 default 部分，才能构成完整的 switch 语句
   C. 只有与 break 语句结合使用，switch 语句才能实现程序的选择控制
   D. 语句中各 case 与后面的常量表达式之间必须有空格

5. 下面程序段的内循环体共执行（　　）次。
   ```
   for (i=5; i; i--)
      for (j=0; j<4; j++)
         {…}
   ```
   A. 15
   B. 16
   C. 20
   D. 25

6. 下面叙述中，正确的是（　　）。

　　A. do…while 语句构成的循环不能用其他语句构成的循环代替

　　B. do…while 语句构成的循环只能用 break 语句退出

　　C. 用 do…while 语句构成的循环，在 while 后的表达式为 0 时结束循环

　　D. 用 do…while 语句构成的循环，在 while 后的表达式为非 0 时结束循环

7. 以下程序段中由 while 构成的循环执行的次数为（　　）。

```
int k=0; while (k=1) k++;
```

　　A. 执行 1 次　　　　　　　　　　　　B. 一次也不执行

　　C. 无限次　　　　　　　　　　　　　D. 有语法错，不能执行

8. 对 for(表达式 1; ;表达式 3){…} 可以理解为（　　）。

　　A. for(表达式 1;0;表达式 3){…}　　　B. for(表达式 1;1;表达式 3){…}

　　C. for(表达式 1;表达式 1;表达式 3){…}　D. for(表达式 1;表达式 3;表达式 3){…}

9. 下面叙述中，正确的是（　　）。

　　A. continue 语句的作用是结束整个循环的执行

　　B. 在 for 循环中，不能使用 break 语句跳出循环

　　C. 只能在循环体内和 switch 语句体内使用 break 语句

　　D. 在循环体内使用 break 语句与使用 continue 语句的作用相同

二、编程题

1. 输入一个小于 6 位的整数，判断它是几位数，并按照相反的顺序（即逆序）输出各位上的数字。例如，输入的整数为 3 856，则输出为 6 583。

2. 输入某学生的考试成绩，如果在 90 分以上，输出 "A"；80～89 分输出 "B"；70～79 分输出 "C"；60～69 分输出 "D"；60 分以下输出 "E"。

3. 输入一行字符，分别统计其中的英文字母、数字、空格和其他字符的个数。

4. 利用随机函数 rand() 产生 10 个整数，输出这 10 个数，并输出它们中的最大值、最小值和平均值。

5. 编一个程序，输出所有水仙花数。所谓水仙花数是指一个 3 位数，其各位数字立方和等于该数字本身。例如，$153=1^3+5^3+3^3$。

6. 计算 π 的近似值，π 的计算公式为

$$\pi = 2 \times \frac{2^2}{1\times 3} \times \frac{4^2}{3\times 5} \times \frac{6^2}{5\times 7} \times \cdots \times \frac{(2n)^2}{(2n-1)\times(2n+1)}$$

要求：精度为 0.00 001，并输出 n 的大小。

第4章 数组

【本章内容提要】

本章介绍一维数组、二维数组和字符数组的概念和应用。讨论的内容包括数组的定义、数组元素的赋值和引用,并通过实例介绍数组在数据处理中的简单应用。

【本章学习重点】

本章的重点在于数组的定义和数组元素的引用、字符数组定义和使用、字符串的处理和相关的处理函数及数组应用中的常用算法。

4.1 概 述

首先,通过一个例题介绍数组使用的必要性。

【例4-1】编写程序,从键盘输入一个小于6位的正整数,判断它是几位数,并按照相反的顺序输出各位上的数字,例如输入1234,输出为4321。

思路:使用if...else语句实现程序的选择控制。定义5个整型变量a、b、c、d、e,记录从各位取出的数字,使用连续求商取余的方法。判断一个数是多少位的正整数,根据5个变量的值,即各位上的数字值确定。然后,使用switch语句,根据位数不同,分别按低到高顺序输出对应的数字。

程序如下。

```
#include<iostream>
using namespace std;
int main()
{int a,b,c,d,e,h; long n;
cout<<"Input n:";
cin>>n;
a=(int)(n/10000);
b=(int)(n%10000/1000);
c=(int)(n%1000/100);
d=(int)(n%100/10);
e=(int)(n%10);
if(a!=0)h=5;
else if(b!=0)h=4;
else if(c!=0)h=3;
else if(d!=0)h=2;
else h=1;
cout<<n<<"是"<<h<<"位数"<<endl;
switch(h)
```

```
        { case 5:
            cout<<"逆序输出为:"<<e<<d<<c<<b<<a<<endl; break;
          case 4:
            cout<<"逆序输出为:"<<e<<d<<c<<b<<endl; break;
          case 3:
            cout<<"逆序输出为:"<<e<<d<<c<<endl;break;
          case 2:
            cout<<"逆序输出为:"<<e<<d<<endl;break;
          case 1:
            cout<<"逆序输出为:"<<e<<endl;break;
        }
        return 0;
    }
```

说明：从上面例子可以看出，程序算法思路比较简单，但实现时使用普通的整型变量，出现了很多重复的代码，在C++中，可以将具有相同类型的若干变量按有序的形式组织起来，方便处理比较复杂的数据。这些按序排列的同类数据元素的集合称为数组。

使用数组和循环实现例4-1，可以使程序变得简洁，实现相同的功能。代码如下：

```
#include<iostream>
using namespace std;
int main()
{
    int n,m[6],k,i, j=0;
    cout<<"Input n:";
    cin>>n;
    k=n;
    while(n!=0)
      { m[j]=n%10;
        n=n/10;
        j++; }
    cout<<k<<"是"<<j<<"位数"<<endl;
    cout<<"逆序输出为:";
    for(i=0; i<j; i++)
        cout<<m[i];
    cout<<endl;
    return 0;
}
```

在C++中，数组属于构造数据类型。数组是用一个名字表示的一组同类型的数据，这个名字就称为数组名。为了区分数组中不同的数据，把存放不同数据的变量用下标来区分，因此数组中的每个变量又叫下标变量或数组元素。一个数组可以分解为多个数组元素，这些数组元素可以是基本数据类型或是构造类型，不同类型的数据按一定的规则分别构成数值数组、字符数组、指针数组、结构数组等各种类别数组。本章介绍数值数组和字符数组。

4.2 一维数组

4.2.1 一维数组定义和初始化

C++中的数组也必须遵循"先定义后使用"的原则，对数组的定义就是要说明数组的类型、名称和大小，即数组元素个数和数组结构的确定。

一维数组的定义形式为

类型说明符 数组名[常量表达式];

说明：

① 类型说明符是任一种基本数据类型或构造数据类型，说明数组中每一个元素的类型。

② 数组名是用户定义的数组标识符，书写规则应符合标识符的书写规定。

③ 方括号中的常量表达式表示数据元素的个数，也称为数组的长度，不能出现变量。

例如：

```
int iarray[20];
```

它定义了一个一维数组 iarray，int 表示数组 iarray 中每一个元素都是整型的，数组名为 iarray，数组有 20 个元素。

```
float fb[5],fc[30];    说明实型数组 fb，有 5 个元素，实型数组 fc，有 30 个元素。
char ch[40];           说明字符数组 ch，有 40 个元素。
```

再例如，下面定义也是正确的：

```
const int N=3;
float fscore1[N], fscore2[N];
int inum[10+N];
char cc[26];
```

④ 数组元素是组成数组的基本单元。数组下标从 0 开始，因此，若定义 int ia[5];，则 ia 数组的 5 个元素是：ia[0]、ia[1]、ia[2]、ia[3]、ia[4]。它们是存放在一片连续的内存单元中的，如图 4-1 所示，存放数组在内存中，两个相邻元素间没有空闲单元。数组的首地址就是 ia[0]的地址。数组名也代表数组的首地址，即 ia 的值与 ia[0]的地址值相同。

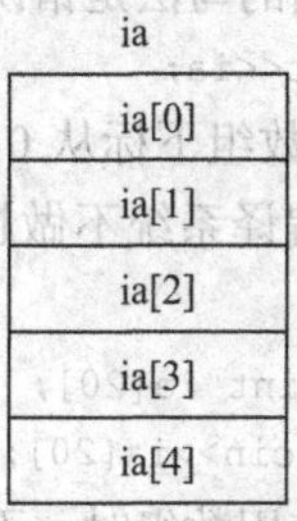

图 4-1 内存中一维数组 ia 的存放

在定义数组时给数组元素赋初值称为数组的初始化。对于没有初始化的数组，有两种情况：一种是全局数组和静态数组，其定义类似于全局变量和静态变量，也就是在函数外部定义的，或加上 static 修饰的数组，其元素初值全为 0；另一种是局部数组，就是在一个函数内定义的数组，其数组元素的初值是不确定的。

一维数组的初始化有 3 种情况。

一种是全部数组元素赋初值，初值元素个数与数组大小相等。

例如：

```
int ia[5]={1,2,3,4,5};
```

ia[0]的值为 1，ia[1]的值为 2，…，ia[4]的值为 5。

全部数组元素赋初值时，可以省略数组长度，例如：

```
int ia[ ]={1,2,3,4,5};
```

系统根据初值的个数确定 ia 数组的长度为 5，上面两种形式等价。

另一种是，部分数组元素赋初值，初值个数少于数组元素的个数时，系统将后面没赋初值的元素自动赋 0 值，例如：

```
int ia[5]={1,2,3};
```

ia[0]的值为 1，ia[1]的值为 2，ia[2]的值为 3，其余元素的值为 0。

还有一种情况，就是初值的个数多于数组元素的个数时，编译系统会给出出错信息。

4.2.2 一维数组元素的引用

数组元素是一种在定义数组时确定的具体数据类型的变量,一维数组中的每个元素是用一个下标来区分的,一般形式为

数组名[下标表达式]

其中"下标表达式"应是整型常量或整型表达式。下标表示了元素在数组中的顺序号。

例如:

```
ia[20];
ia[i]++;
ia[i++];
```

都是正确的。

说明:

① 下标用方括号"[ ]"括起,"[ ]"是下标运算符,例如,ia[0]表示 ia 数组中的第 0 号元素。
② 在 C++中只能逐个地使用下标变量,而不能一次引用整个数组。

例如,输出有 20 个元素的数组必须使用循环语句逐个输出各下标变量:

```
int ia[20];
for(i=0; i<20; i++)
    cout<<ia[i]);
```

而不能用一个语句输出整个数组。

下面的写法是错误的:

```
cout<<ia;
```

③ 数组下标从 0 开始,称为下界,数组的最大下标,称为上界,等于数组长度减 1。但由于 C++编译系统不做越界检查,因此如果引用的数组元素超出数组范围就会破坏其他变量的值。

例如:

```
int ia[20];
cin>>ia[20];                    //下标越界
```

在使用数组时,不能同时对数组整体操作,只能对数组元素单独使用,因此通常数组的操作是与 for 循环相联系,遍历数组中的每一个元素,实现数组的输入、输出和整体操作,这也是数组能够大量处理相同类型数据的优势所在。

【例 4-2】一维数组的输入和输出。

思路:数组长度为常量 N。由于一维数组元素只有一个下标,因此用一个 for 循环就可以控制一维数组元素的下标变化,从而实现一维数组的输入/输出。

程序如下。

```
#include<iostream>
using namespace std;
const int N=5;
int main()
{
float fscore[N];
    cout<<"输入数组:";
for(int i=0; i<N; i++)
    cin>>fscore[i];
cout<<"输出数组:";
for(i=0; i<=N-1; i++)
    cout<<fscore[i]<<" ";
```

```
cout<<endl;
return 0;
}
```
运行情况如下:
输入数组:<u>11.1 22.2 33.3 44.4 55.5</u>↙
输出数组:11.1 22.2 33.3 44.4 55.5

说明:本例中用第 1 个循环语句给 fscore 数组各元素输入数据,然后用第 2 个循环语句输出数组元素。for 语句可以省略表达式 3 改为:
```
for(int i=0; i<N;)
    cin>>fscore[i++];
```
在下标表达式中使用了表达式 i++,用以修改循环变量。C++允许用表达式表示下标。请思考如果将第 2 个循环语句做如下修改,程序实现的功能是什么?
```
for(i=N-1; i<=0;)
    cout<<fscore[i--]<<" ";
```

4.3 二维数组

一维数组一般表示一个向量,只有一个下标。而多维数组则具有多个下标,最常用的是二维数组,二维数组的元素有两个下标,一个是行下标,另一个是列下标。实际上一个二维数组表示的是一个二维表格,它用来存放一组同一类型的有规律地按行和列排列的数据。

4.3.1 二维数组定义和初始化

二维数组定义的一般形式为

数据类型标识符 数组名[常量表达式1][常量表达式2];

其中"常量表达式1"表示二维数组的行数,"常量表达式2"表示二维数组的列数。例如:
```
float fx[2][3];
```
定义一个名为 fx 的 2 行 3 列数组,共有 6 个元素,二维数组的行、列下标均从 0 开始,数组元素分别为 fx[0][0],fx[0][1],fx[0][2],fx[1][0],fx[1][1],fx[1][2],每个元素都是 float 类型。

说明:

① 上面定义的二维数组 fx 的数组元素在内存中也占用连续的存储空间,分配如图 4-2 所示。

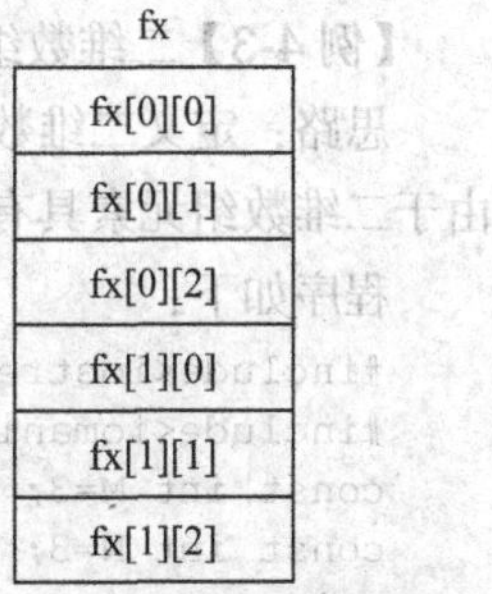

② 二维数组实际上是"数组的数组",它以行和列的形式出现,实际上还是一个一维数组,只不过数组的每个元素的类型不是整型、实型或字符型,而是另外一个数组。可以把二维数组的一行看作是一个一维数组。同一维数组相同,二维数组名代表二维数组的首地址,也是地址常量。C++存储多维数组的方式使其具有很大的方便性。通过使用下标,无需过多考虑表的物理存储方式,也可以对其进行操作。例如上面定义的二维数组 fx 可以看成一个 2×3 的表格,和一维数组每个元素相邻存储的情况不同,表格是数组的数组,数组名指向整个表格的首地址。一维数组的 2 个元素是 fx[0],fx[1]。每一个元素则是其对应的一维数组的首地址。这种强大的 C++表格存储方法,对于编制高级程序很有益处。

fx
fx[0][0]
fx[0][1]
fx[0][2]
fx[1][0]
fx[1][1]
fx[1][2]

图 4-2 内存中二维数组 fx 的存放

二维数组的初始化也有下面3种情况。

一种情况是全部赋初值，按行赋初值，例如 int ia[2][3]={{11,12,13},{14,15,16}};

内层2个大括号分别赋给第1行的元素，ia[0][0]=11，ia[0][1]=12，ia[0][2]=13和第2行的元素，ia[1][0]=14，ia[1][1]=15，ia[1][2]=16。

也可以将内层的大括号省略，系统会按初值的顺序赋值给对应的元素，

例如：int ia[2][3]={11,12,13,14,15,16};

将所有的初值写在一对大括号中，按照元素在内存中的排列顺序给数组元素赋初值。

另一种情况是给部分元素赋初值，例如： int ia[2][3]={{11},{14}};

同样，内层2个大括号分别赋给第1行的元素和第2行的元素，但是部分赋值，即只对第1行的第1列的元素赋初值，即：ia[0][0]=11 和第2行的第1列元素 ia[1][0]=14，其余元素的值自动为0。

数组初始化时，数组行的长度可以省略，但列的长度不能省略。例如：

int ia[][3]={{11},{12,13}};

在最外面一对大括号中有两个大括号，表明 ia 数组有两行，因此行长度为2。内存分配如图4-3所示。

ia[0][0]	11
ia[0][1]	0
ia[0][2]	0
ia[1][0]	12
ia[1][1]	13
ia[1][2]	0

图4-3 初始化示意图

第3种情况，是初值的个数多于数组元素的个数，会编译出错。

4.3.2 二维数组元素的引用

二维数组元素的表示形式为

数组名[行下标表达式][列下标表达式];

其中"行下标表达式"和"列下标表达式"应是整型常量或整型表达式。

例如：

```
int ia[3][4];
ia[0][0]=0;
a[0][1]=a[0][0]+1;
a[i][j]++;
```

【例4-3】二维数组数据输入和输出。

思路：定义二维数组 M 行 N 列，与一维数组类似，二维数组输入和输出也是使用循环语句，由于二维数组元素具有两个下标，因此需要使用双重循环，即循环嵌套来实现。

程序如下：

```
#include<iostream>
#include<iomanip>
const int M=3;
const int N=3;
using namespace std;
int main()
{
    int ia[M][N];
    int i,j;
    cout<<"输入数组："<<endl;
    for(i=0;i<M;i++)
        for(j=0;j<N;j++)
```

```
                cin>>ia[i][j];
        cout<<"输出数组: "<<endl;;
        for(i=0;i<M;i++)
            {
                for(j=0;j<N;j++)
                    cout<<setw(8)<<ia[i][j];
                cout<<endl;
            }
        cout<<endl;
        return 0;
}
```
程序运行情况如下：
输入数组：
  11 22 33↙
  44 55 66↙
  77 88 99↙
输出数组：
  11   22   33
  44   55   66
  77   88   99

4.4 字符数组与字符串

前面我们讨论的主要是整型数组和实型数组，它们存放的是数值型数据。本节将讨论字符数组和字符串。字符数组用来存放字符型数据，数组中的每一个元素存放一个字符。通常，C++用字符数组存放字符串。

一个字符数组中可以存放若干个字符。字符数组的定义和字符数组元素的输入、输出与整型数组、实型数组类似。字符数组除了可以存放字符型数据外还可以存放字符串。

字符串常量是用一对双引号括起来的字符序列，字符串在内存中的存放形式，是按串中字符的排列次序顺序存放，每个字符占 1 字节，并在末尾添加'\0'作为结尾标记。C++的基本数据类型变量中，没有字符串变量，使用字符型数组来存放字符串。

4.4.1 字符数组的定义和初始化

字符数组的定义与前面给出的一维和二维数值型数组定义形式相同。例如：
char c[8];
c 数组是一维字符数组，它可以存放 8 个字符或一个长度不大于 7 的字符串。
再如：
char a[4][15];
a 数组是一个二维的字符数组，可以存放 60 个字符或 4 个长度不大于 14 的字符串。
字符数组初始化时，可以使用字符常量赋初值或用字符串常量赋初值。
例如：
char c1[6]={ 'H', 'e', 'l', 'l', 'o', '\0'};

则 c1[0]= 'H', ..., c1[4]= 'o', c1[5]= '\0'。c1 数组中存放的是一个字符串。

再例如：

```
char c2[7]={"Hello"};或 char c2[7]= "Hello";
```

则 c2[0]= 'H', ..., c2[4]= 'o', c2[5]= '\0', c2[6]= '\0'。c2 数组中存放的是一个字符串。

再如：

char c3[3][6]={"Hello","C++","world"};c3 数组有 3 行，每行存放一个字符串如图 4-4 所示。

初始化时长度也可以省略，例如：

```
char c[]="Hello C++ world!";
```

此时 c 数组长度为 17，b[16]= '\0'，存放的是一个字符串。

H	e	l	l	o	\0
C	+	+	\0	\0	\0
w	o	r	l	d	\0

图 4-4 多个字符串在内存中的存放

4.4.2 字符数组的引用

字符数组，实际上是 1 字节的整数数组。处理字符数组的方法与处理其他数组相同，但当存放字符串时，则可以整体引用，在操作时更方便。

1. 对字符数组元素的引用

对字符数组元素的引用与整型、实型数组元素的引用类似。通过一个例题来说明。

【例 4-4】编写程序，输出 ASCII 码表中的可视字符。

思路：ASCII 码表中共有 128 个字符包括：95 个对应于键盘上能输入并可显示输出的 95 个字符，编码值为 32~126。定义字符数组 c，大小为 95，通过循环将各数组元素赋值，并输出各数组元素。

程序如下：

```
#include<iostream>
#include<iomanip>
using namespace std;
int main()
{   char c[95];
    int i;
    for(i=0;i<95;i++)
        c[i]=i+32;                //将 95 个可视字符的 ASCII 值赋给 c[i]
    for(i=0;i<95;i++)
        cout<< setw(2)<<c[i];
    cout<<endl;
    return 0;
}
```

2. 对字符数组的整体引用

通常数组只能够整体定义和初始化，在程序中使用时只能单独的使用每个数组元素，但当数组中存放的是字符串时，可以引用整个数组。

（1）输出字符串

例如：

```
char c[]="Hello\0C++ world!";
cout<<c;                         //c 是数组名，代表数组的首地址
```

输出结果为：

Hello

输出字符串时,数组名代表字符串的首地址,是起始输出字符位置,遇到结束标志'\0'输出停止,顺序输出首地址和'\0'之间元素中的字符。

(2)输入字符串

例如:
```
char c[8];
cin>>c;
```
输入:

Hello↙

c数组中存放字符串"Hello",其中c[0]='H',…,c[4]='o',c[5]='\0',但数组元素c[6]和c[7]中的值是不确定的,这与初始化时不同,请读者注意。

再如:
```
char c1[10],c2[10],c3[10];
cin>>c1>>c2>>c3;
```
输入:

Hello C++ world!

3个字符串用空格隔开,分别赋给c1、c2和c3 3个数组。同样数组中未赋值的元素,内容也是不确定的。

字符串整体输入/输出时:
① 输出字符串时,输出项是字符数组名,输出时遇到'\0'结束,输出字符不包括"\0";
② 输入多个字符串时,以空格符分开,因此,在一个字符串中不能包含有空白符。

例如:
```
char c[15];
cin>>c;
```
输入:

C++ program↙

c数组中存放的是字符串"C++",即c[0]='C',c[1]='+',c[2]='+',c[3]='\0',忽略后面的字符,数组中其他元素内容不确定。

要将包含空格符在内的字符串"C++ program"输入到c数组中,还可以用字符串输入函数。此外,系统还提供求字符串长度、比较字符串大小、字符串连接和字符串复制等字符串处理函数。相关的字符串处理函数的使用参见附录C。

【例4-5】输入一个字符串,输出这个字符串,以及输入字符的数目。

程序如下:
```
#include<iostream>
using namespace std;
int main()
{
    int n=0 ,i;
    char chArray[30];
    cin>>chArray;
    for(i=0;chArray[i]!= '\0';i++)
        {
            cout<<chArray[i];
            n++;
```

```
        cout<<endl;
        cout<<"输入的字符数是: "<<n<<endl;
        return 0;
}
```

说明：例 4-5 中输入是整体引用，输出是单个使用数组元素。请思考，for 循环中的控制条件 chArray[i]!='\0'，用 chArray[i]来代替，可以吗？

4.5 数组应用举例

4.5.1 一维数组应用举例

【例 4-6】降序排列输出键盘输入的 8 个整数，并把键盘输入的另一个整数按顺序插入已排好序的数组中，并输出。

思路：

① 输入数据：用 1 个 for 语句输入 8 个元素的初值。

② 排序：在第 2 个 for 语句中又嵌套了一个循环语句，用于排序。排序采用逐个比较的方法进行。在第 i 次循环时，把第 i 个元素的下标 i 赋予 p，而把该下标变量值 ia[i]赋予 q。然后进入内循环，从 ia[i+1]起到最后一个元素止逐个与 ia[i]作比较，有比 ia[i]大者则将其下标送 p，元素值送 q。一次循环结束后，p 即为最大元素的下标，q 则为该元素值。若此时 i 不等于 p，说明 p、q 值均已不是进入内循环时所赋之值，则交换 ia[i]和 ia[p]之值。此时 ia[i]为已排序完毕的元素。输出该值之后转入下一次循环。对 i+1 以后各个元素排序。

③ 插入数据：把欲插入的数与数组中各数逐个比较，当找到第 1 个比插入数小的元素 i 时，该元素之前即为插入位置。然后从数组最后一个元素开始到该元素为止，逐个后移一个位置。最后把插入数赋予元素 i 即可。如果被插入数比所有的元素值都小则插入最后位置。具体实现方法，首先对数组 ia 中的 8 个数从大到小排序并输出排序结果。然后输入要插入的整数 n。再用 1 个 for 语句把 n 和数组元素逐个比较，如果发现有 n>ia[i]时，则由一个内循环把 i 以下各元素值顺次后移一个单元。后移应从后向前进行（从 ia[8]开始到 ia[i]为止）。后移结束跳出外循环。插入点为 i，把 n 赋予 ia[i]即可。如所有的元素均大于被插入数，则并未进行过后移工作。此时 i=8，结果是把 n 赋予 ia[8]。最后 1 个循环输出插入数后的数组各元素值。

程序如下。

```
#include<iostream>
#include<iomanip>
using namespace std;
int main()
{
    int i,j,p,q,s,ia[9],n;
    /*输入数组并排序输出*/
    cout<<"输入 8 个整数:";
    for(i=0;i<8;i++)
        cin>>ia[i];
    for(i=0;i<8;i++)
    {
```

```
            p=i;q=ia[i];
            for(j=i+1;j<8;j++)
            if(q<ia[j]) { p=j;q=ia[j]; }
            if(i!=p)
               {s=ia[i];
                ia[i]=ia[p];
                ia[p]=s; }
        }
    cout<<"降序排列:";
    for(i=0;i<8;i++)
        cout<<ia[i]<<" ";
    cout<<endl;
    /*插入输入数据*/
    cout<< "输入待插入数据: ";
    cin>>n;
    for(i=0;i<8;i++)
        if(n>ia[i])
        { for(s=7;s>=i;s--) ia[s+1]=ia[s]; break;}
        ia[i]=n;
    cout<< "插入数据后数组: ";
    for(i=0;i<=8;i++)
        cout<<ia[i]<<" ";
    cout<<endl;
    return 0;
}
```

程序运行情况如下：

输入8个整数：1 3 2 8 6 7 4 9↙

降序排列：9 8 7 6 4 3 2 1

输入待插入数据：5↙

插入数据后数组：9 8 7 6 5 4 3 2 1

4.5.2 二维数组应用举例

【例4-7】编程序，输出如下格式的图形。

```
              1
            1   2   1
          1   3   3   1
        1   4   6   4   1
      1   5  10  10   5   1
```

思路：定义一个行数和列数的二维数组，通过循环将第0列和行列均相等的数组赋值为1，再通过双重循环和数据的规律计算得出相关元素的值，而后打印输出。

程序如下：

```
#include<iostream>
#include<iomanip>
using namespace std;
int main()
{
int m,n;
int j;
int a[6][6];
```

```
    for(m=0;m<6;m++)
        a[m][0]=a[m][m]=1;
    for(m=1;m<6;m++)
        for(n=1;n<m;n++)
            a[m][n]=a[m-1][n-1]+a[m-1][n];
    for(m=0;m<6;m++)
    {
        for(j=5;j>m;j--)
            cout<<"  ";
        for(n=0;n<=m;n++)
            cout<<setw(4)<<a[m][n];
        cout<<endl;
    }
    return 0;
}
```

【例4-8】用一个二维表格可以表述2名同学的4门计算机成绩，如表4-1所示。打印输出该表格。

表4-1　　　　　　　　　　　　　　2名同学的4门成绩表

学号	C	C++	VB	VFP
1001	88	99	80	90
1002	66	77	70	60

思路：将表格存入一个二维数组，并按表格的行列格式实现表格的分行打印。为了在输出中增添描述性标题，在首行数值打印之前打印行标题，在首列数值打印之前打印列标题。

程序如下：

```
#include<iostream>
#include<iomanip>
using namespace std;
int main()
{
    int iscore[2][4];                                    //存放成绩表
    int i,j,row,col;
    for(i=0;i<2;i++)
        for(j=0;j<4;j++)
            cin>>iscore[i][j];
    cout<<"学号\tC\tC++"<<"\tVB\tVFP\n";                 //打印行标题
    for(row=0;row<2;row++)                               //打印表格
    {
        if(row==0)
            cout<<"1001\t";                              //打印列标题
        else
            cout<<"1002\t";                              //打印列标题
        for(col=0;col<4;col++)
            cout<<iscore[row][col]<<"\t";                //打印表内容
```

```
            cout<<"\n";
        }
    return 0;
}
```

程序运行结果：

88 99 80 90↙
66 77 70 60↙

输出带标题的二维表格：

学号	C	C++	VB	VFP
1001	88	99	80	90
1002	66	77	70	60

说明：表格的数据输入也可以在说明表格时为元素赋值。通常使用来自磁盘上的数据文件。不管使用什么方法存储多维数组的数值，都可以使用循环嵌套遍历每个元素。

4.5.3 字符数组应用举例

【例4-9】编写程序，实现字符串连接。

```
#include<iostream>
using namespace std;
int main()
{
    int i=0,j=0,m=0;
    char c[3][50]= {"Hello ","C++ " , "world!"};
    cout<< "c0: "<<c[0]<<endl;
    cout<< "c1: "<<c[1]<<endl;
    cout<< "c2: "<<c[2]<<endl;
    while(c[0][m]!='\0') m++;
    for(i=1;i<3;i++)
    {
        while(c[i][j]!= '\0')
        {
            c[0][m]=c[i][j];
            j++;
            m++;
        }
        j=0;
    }
    c[0][m]= '\0';
    cout<<c[0]<<endl;
    return 0;
}
```

运行输出：
Hello C++ world!

说明：① 例中 while(c[0][m]!= '\0') m++;可以改为：while(c[0][m]) m++;
② 例中 while(c[i][j]!= '\0')
      { c[0][m]=c[i][j]; j++; m++;}
可以改为：while(c[0][m++]=c[i][j++]);

4.5.4 综合应用举例

【例4-10】编写一个猜数字的游戏。

要求：通过两种提示，数值和位置都猜对（用A表示）的数字的数目和数值正确而位置不正确（用B表示）的数字的数目。例如：2A3B，其中"2"表示数值和位置都猜对的数字的个数；"A"代表数值和位置都猜对了；"3"表示数值猜对，但位置不对的数字的个数；"B"代表输入的数字的数值正确，但位置不正确。用户根据每次结果猜测4个数字的数字和顺序。

思路：首先定义两个数组，一个数组存放待猜的4个数字，然后将用户所猜的数字存入另一个数组，要求输入4个不相等的数字，程序比较两组数字的数字和位置对应关系。程序流程如图4-5所示。

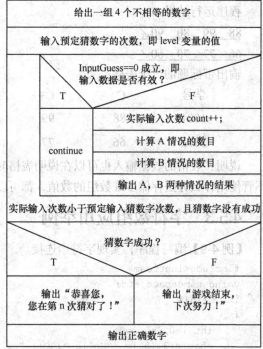

图4-5 猜数字游戏流程图

程序如下：

```
#include<iostream>
#include <stdlib.h>
using namespace std;
int main()
{
    int a[4]={1,0,9,7};
    int b[4];
    int count, rightDigit, rightPosition,level,InputGuess;
    int i,j, m,k;
    cout<<"输入您要猜的次数：";
    cin>>level;
    count=0;
    do
    {
        cout<<"\n"<< level<<"次中第"<<count+1<<"次\n";
        cout<<"请输入 4 个不同的数字：\n";
    /*输入所猜数字*/
    for(i=0;i<4;i++)
        cin>>b[i];
    if(b[0]==b[1]||b[0]==b[2]||b[0]==b[3]||b[1]==b[2]||b[1]==b[3]||b[2]==b[3])
    {
        cout<<"4 个数字要求不相同, 请重新输入\n";
        InputGuess= 0;
    }
    else
    {
        InputGuess= 1;
    }
    if(InputGuess==0)   continue;
    count++;
```

```
/*判断位置和数值都正确*/
rightPosition=0;
for(j=0;j<4;j++)
{
   if(a[j]==b[j])
       rightPosition=rightPosition+1;
}
/*判断数字正确,但位置不正确*/
rightDigit=0;
for(m=0;m<4;m++)
 { for(k=0;k<4;k++)
     if(b[m]==a[k])
        rightDigit=rightDigit+1;
   }
rightDigit=rightDigit-rightPosition;
cout<<rightPosition<<"A"<<rightDigit<<"B\n";
}
while(count<level&&rightPosition!=4);
if(rightPosition==4)
   cout<<"恭喜,您第"<<count<<"次猜对了!\n";
else
   cout<<"游戏结束,下次努力!\n";
   cout<<"正确的数字为:"<<a[0]<<a[1]<<a[2]<<a[3]<<endl;
return 0;
}
```

请思考:将猜数字改为猜字母,如何改写程序?(要求定义数组实现功能)

本章小结

本章介绍了数组的基本知识。

(1)数组的定义和数组元素的引用。详细介绍了一维数组和二维数组的定义、初始化与数组元素的引用方法。

(2)字符数组与字符串。介绍了字符数组的定义、初始化、赋值方法,以及使用字符数组存放字符串的概念。

(3)数组应用的常用算法。包括一维和二维数组的输入/输出,排序,字符数组的输入/输出、字符串的操作等。

习 题

一、单项选择题

1. 若有说明 int a[3][4];,则 a 数组元素的非法引用是( )。
   A. a[0][2*1]   B. a[1][3]   C. a[4-2][0]   D. a[0][4]
2. 在 C++语言中,引用数组元素时,其数组下标的数据类型允许是( )。
   A. 整型常量   B. 整型表达式

C. 整型常量或整型表达式　　　D. 任何类型的表达式
3. 以下不正确的定义语句是（　　）。
   A. double x[5]={2.0,4.0,6.0,8.0,10.0};　　B. int y[5]={0,1,3,5,7,9};
   C. char c1[]={'1','2','3','4','5'};　　D. char c2[]={'\x10','\xa','\x8'};
4. 对以下说明语句的正确理解是（　　）。
   int a[10]={6,7,8,9,10};
   A. 将 5 个初值依次赋给 a[1]至 a[5]
   B. 将 5 个初值依次赋给 a[0]至 a[4]
   C. 将 5 个初值依次赋给 a[6]至 a[10]
   D. 因为数组长度与初值的个数不相同，所以此语句不正确
5. 若有说明：int a[][4]={0,0};，则下面不正确的叙述是（　　）。
   A. 数组 a 的每个元素都可得到初值 0
   B. 二维数组 a 的第一维大小为 1
   C. 当初值的个数能被第二维的常量表达式的值除尽时，所得商数就是第一维的大小
   D. 只有元素 a[0][0]和 a[0][1]可得到初值，其余元素均得不到确定的初值
6. 以下能对二维数组 c 进行正确的初始化的语句是（　　）。
   A. int c[3][]={{3},{3},{4}};　　B. int c[][3]={{3},{3},{4}};
   C. int c[3][2]={{3},{3},{4},{5}};　　D. int c[][3]={{3},{},{3}};
7. 以下不能对二维数组 a 进行正确初始化的语句是（　　）。
   A. int a[2][3]={0};　　B. int a[][3]={{1,2},{0}};
   C. int a[2][3]={{1,2},{3,4},{5,6}};　　D. int a[][3]={1,2,3,4,5,6};
8. 阅读下面程序，则程序的功能是（　　）。

```
#include<iostream>
using namespace std;
int main()
{
    int c[]={23,1,56,234,7,0,34},i,j,t;
    for(i=1;i<7;i++)
    {
        t=c[i];j=i-1;
        while(j>=0 && t>c[j])
        {c[j+1]=c[j];j--;}
        c[j+1]=t;
    }
    for(i=0;i<7;i++)
    cout<<c[i]<<'\t';
    putchar('\n');
    return 0;
}
```

   A. 对数组元素的升序排列　　B. 对数组元素的降序排列
   C. 对数组元素的倒序排列　　D. 对数组元素的随机排列
9. 下列选项中错误的说明语句是（　　）。
   A. char a[]={'t','o','y','o','u','\0'};　　B. char a[]={"toyou\0"};
   C. char a[]="toyou\0";　　D. char a[]='toyou\0';

10. 下述对 C++字符数组的描述中，不正确的是（　　）。
   A. 字符数组的下标从 0 开始
   B. 字符数组中的字符串可以进行整体输入/输出
   C. 可以在赋值语句中通过赋值运算符 "=" 对字符数组整体赋值
   D. 字符数组可以存放字符串
11. 以下二维数组 c 的定义形式正确的是（　　）。
   A. int c[3][]　　　B. float c[3,4]　　　C. double c[3][4]　　　D. float c(3)(4)
12. 已知：int c[3][4];，则对数组元素引用正确的是（　　）。
   A. c[1][4]　　　B. c[1.5][0]　　　C. c[1+0][0]　　　D. 以上表达都错误
13. 若有以下语句，则正确的描述是（　　）。
   char a[]="toyou";
   char b[]={'t','o','y','o','u'};
   A. a 数组和 b 数组的长度相同　　　B. a 数组长度小于 b 数组长度
   C. a 数组长度大于 b 数组长度　　　D. a 数组等价于 b 数组

二、填空题
1. 若有说明：int a[][3]={1,2,3,4,5,6,7};，则 a 数组第一维的大小是_____。
2. 设有数组定义：char array[]="China";，则数组 array 所占的空间为_____字节。
3. 假定 int 类型变量占用 4 字节，其有定义：int x[10]={0,2,4};，则数组 x 在内存中所占字节数是_____。
4. 下面程序的功能是输出数组 s 中最大元素的下标，请填空。
```
#include<iostream>
using namespace std;
int main()
{
   int k, p,s[]={1, -9, 7, 2, -10, 3};
   for(p =0, k =p; p< 6; p++)
       if(s[p]>s[k]) _____
   cout<< k<<endl;
   return 0;
}
```
5. 下面程序是删除输入的字符串中字符'H'，请填空。
```
#include<iostream>
using namespace std;
int main()
{
  char s[80];
  int i,j;
  gets(s);
  for(i=j=0;s[i]!='\0';i++)
    if(s[i]!='H')
        {_____}
  s[j]='\0';
  puts(s);
  return 0;
}
```
6. 已知：char a[20]= "abc",b[20]= "defghi";，则执行 cout<<strlen(strcpy(a,b));语句后的输出结

果为_____。

7. 有如下定义语句：int aa[][3]={12,23,34,4,5,6,78,89,45};，则45在数组aa中的行列坐标各为_____。

8. 若二维数组a有m列，则计算任一元素a[i][j]在数组中相对位置的公式为 (假设a[0][0]位于数组的第一个位置上)_____。

9. 定义如下变量和数组：
   int k;
   int a[3][3]={9,8,7,6,5,4,3,2,1};
则语句 for(k=0;k<3;k++)   cout<<a[k][k]; 的输出结果是_____。

10. 已知：char a[15],b[15]={"I love china"};，则在程序中能将字符串I love china赋给数组a的语句是_____。

三、读程序写结果

1. 写出以下程序的输出结果。
```
#include<iostream>
using namespace std;
int main()
{
    char arr[2][4];
    strcpy(arr[0],"you");
    strcpy(arr[1],"me");
    arr[0][3]='&';
    cout<<arr[0]<<endl;
    return 0;
}
```

2. 写出以下程序的输出结果。
```
#include<iostream>
using namespace std;
int main()
{
    char a[]={'a', 'b', 'c', 'd', 'e', 'f', 'g','h','\0'};
    int i,j;
    i=sizeof(a);
    j=strlen(a);
    cout<< i <<","<<j<<endl;
    return 0;
}
```

3. 写出以下程序的输出结果。
```
#include<iostream>
using namespace std;
int main()
```

```
    {
      int i;
      int a[3][3]={1,2,3,4,5,6,7,8,9};
      for(i=0;i<3;i++)
          cout<<a[2-i][i];
      return 0;
    }
```

4. 写出以下程序的输出结果。
```
#include<iostream>
using namespace std;
int main()
{
    char a[30]="nice to meet you!";
    strcpy(a+strlen(a)/2,"you");
    cout<<a<<endl;
    return 0;
}
```

5. 写出以下程序的输出结果。
```
#include<iostream>
using namespace std;
int main()
{
    int k[30]={12,324,45,6,768,98,21,34,453,456};
    int count=0,i=0;
    while(k[i])
    {
        if(k[i]%2==0||k[i]%5==0)
            count++;
        i++;
    }
    cout<< count <<","<<i<<endl;
    return 0;
}
```

6. 写出以下程序的输出结果。
```
#include<iostream>
using namespace std;
int main()
{
    char a[30],b[30];
    int k;
```

```
        gets(a);
        gets(b);
        k=strcmp(a,b);
        if(k>0)   puts(a);
        else if(k<0)   puts(b);
        return 0;
    }
    输入 love↙
        China↙
    输出结果是?
```

四、编程题

1. 编程实现功能：删去一维数组中所有相同的数，使之只剩一个。数组中的数已按由小到大的顺序排列，函数返回删除后数组中数据的个数。

例如，若一维数组中的数据是：

2 2 2 3 4 4 5 6 6 6 6 7 7 8 9 9 10 10 10

删除后，数组中的内容应该是：

2 3 4 5 6 7 8 9 10。

2. 编程实现功能：从键盘上输入若干个学生的成绩，当输入负数时表示输入结束，计算每位学生的平均成绩，并输出低于平均分的学生成绩。

3. 编程实现功能：对从键盘上输入的两个字符串进行比较，然后输出两个字符串中第一个不相同字符的 ASCII 码值之差。例如，输入的两个字符串分别为 abcdefg 和 abceef，则输出为-1。

4. 编程实现功能：求二维数组周边元素之和。

5. 编程求出 3 阶方阵的两条对角线上元素之和。

6. 编程序求 Fibonacci 数列的前 10 项，并按每行 3 个数的格式输出该数列。Fibonacci 数列的定义为：

$$f_n = \begin{cases} 1 & (n=1) \\ 1 & (n=2) \\ f_{n-1} + f_{n-2} & (n>2) \end{cases}$$

第5章 函数与预处理

【本章内容提要】

C++程序设计中，函数是对数据一组相关的操作过程。一个过程是对一个完整的数据集合的处理过程，基于函数的程序设计就是基于过程的程序设计。从结构或者本质上讲，函数是C++程序的基本单位。不同的函数组织形式形成多样的程序设计方法，在数据结构简单的情况下，多样的函数设计就是基于函数的程序设计。本章介绍函数的基本定义与调用、C++中的几个特殊函数和函数模板以及编译预处理命令的功能。

【本章学习重点】

本章的重点在于对函数的定义、调用及声明。函数是实现算法的基本单位，函数的设计和使用是学习程序设计必须掌握的基本知识。此外，变量的存储类型以及标识符的作用域等概念，也是必须掌握的基本知识。

5.1 概 述

5.1.1 函数简介

函数是C++程序的基本单位。从结构上或者本质上讲，设计程序就是设计函数。从主函数开始到程序运行结束，都是函数在起作用。不同的函数组织形式形成多样的程序设计方法，在数据结构简单的情况下，多样的函数设计就是基于函数的程序设计。

对于C++中函数的学习要注意与过程概念的区分。函数构建了C++程序，C++函数是一个过程体，有些函数具有输入参数和返回值，类似数学函数的自变量和函数值；还有一些函数没有返回值和调用结果，表现得像一个纯粹的过程。C++中函数的作用更倾向于后者，不只是简单的对于给定数据计算后返回一个函数值。C++程序设计中，函数参数很多是指向数据流的窗口，或者数据集合以及一组相关操作，即对象，而不只是简单的某种类型的数据。完成一个过程，就是完成了数据集合的处理。一个过程就是一个完整的数据集合的处理，C++中的函数包含了一切数据操作过程，因此，可以说C++的函数涵盖了更广义的过程，基于函数的程序设计就是基于过程的程序设计。

通常，在开发和维护大型的C++程序时，函数显得更为重要。设计中将整个程序分为若干个程序模块，每个模块用来实现一个特定的功能，这就是结构化程序设计或者称为模块化设计的思想。具体来讲，程序设计中的模块化设计指把一个复杂的问题按功能或按层次分成若干个模块，即将一个大任务分成若干个子任务，对应每一个子任务编写一个子程序。在C++中，子程序是由函数来实现的。C++中的模块以函数的形式实现。函数是具有一定功能又经常使用的相对独立的代码段。无论是面向过程的程序设计还是面向对象的程序设计，函数都是一种实现一定模块功能的重要形式，它是C++程序中功能相对独立的基本单位。每个函数内可包含若干个C++语句。

设计程序就是设计函数，一个C++程序可以由一个主函数（main()函数）和若干子函数构成。主函数是程序执行的开始点，由主函数调用子函数，子函数还可以再调用其他子函数。从主函数开始到程序运行结束，都是函数在起作用。

由编程者自己编写的函数，称为自定义函数。编程者在处理具体问题时，根据需要将程序中多处使用的实现一定功能的特定代码段定义成函数。在同一个程序中，一个函数只能定义一次，但在程序中可以多次调用它。

例如，输出如下信息。

```
************************************
          Welcome to Beijing
************************************
```

不使用函数，编程如下。

```
#include<iostream>
using namespace std;
int main()
{
    cout<<"************************************ "<<endl;
    cout<<"     Welcome to Beijing "<<endl;
    cout<<"************************************ "<<endl;
    return 0;
}
```

使用函数完成程序如下。

```
#include<iostream>
using namespace std;
void print_line()
{ cout<<"************************************ "<<endl;}
void print_text()
{ cout<<"     Welcome to Beijing "<<endl;}
int main()
{
    print_line();
    print_text();
    print_line();
    return 0;
}
```

print_line()函数在主函数中被调用了两次，如果需要输出更多行的星号（*）线，可以直接调用print_line()实现，函数使用的优势体现得十分明显。

5.1.2 函数的种类

可以从多种角度对函数进行分类。

（1）从用户使用的角度。

① 标准函数（即库函数）。库函数是由系统提供的。这些函数包括了常用的数学函数、字符和字符串处理函数以及输入/输出函数等。在程序中可以直接调用它们。附录C列出了C++的部分库函数。

② 用户自定义函数。用户根据需要，可以自己定义一个函数，在程序中多次调用它。本章将详细介绍如何定义函数和调用函数。

（2）函数的定义形式。

① 有参函数。在主调（用）函数和被调（用）函数之间通过参数进行数据传递，被调函数的运行结果依赖于主调函数传过来的数据。

② 无参函数。在调用无参函数时，主调函数不需要将数据传递给无参函数。无参函数一般用来执行指定的一组操作，如 print_line()。

5.2 函数定义及调用

函数的使用与变量的使用遵循相同的规则，即"先定义，后使用"，本节介绍函数的定义形式和函数的使用方法，即函数调用。

5.2.1 函数的定义

每一个函数都是一个具有一定功能的语句模块，模块的结构和语句结构在 C++语言中有确定的形式，即函数定义，其一般格式为

函数类型 函数名(形式参数表)
{
函数体
}

下面通过一个简单的函数例子，具体说明函数定义的形式。

【例 5-1】编写一个函数 cube()，计算整数的立方。

分析：将计算整数的立方用 cube()函数实现，计算整数的立方，在主调函数中循环调用函数 cube()完成。

程序如下。

```
#include<iostream>
using namespace std;
int cube(int y);            //函数原型声明
int main()
{
    int x;
    cin>>x;
    cout<<x<<"的立方是： "<<cube(x)<<endl;
    return 0;
}
int cube(int y )            //函数定义
{
    return y*y*y;
}
```

程序运行结果：
5✓
5 的立方是：125

该程序由两个函数组成：主函数 main()和自定义函数 cube()。程序从 main()函数开始执行。

当从键盘上输入5赋给变量x后,系统调用cube()函数,程序转到cube()函数执行;cube()函数中的变量y接收主函数中的变量x传来的数据5,执行return语句后,程序返回到主函数去执行,并将x的立方值125作为cube()函数的值输出,主函数结束。

说明:

① 函数定义的第一行"int cube(int y)"被称为函数的首部。C++中,常量、变量以及表达式有类型,函数也有类型,函数的类型决定了函数返回值的类型。当需要函数向主调函数返回一个值时,可以使用return语句,将需要返回的值返回给主调函数。需要注意的是,由return语句返回的值的类型必须与函数类型一致。例如,cube()函数的类型为整型,y*y*y也是整型的。若省略函数的类型,系统默认其为整型。例如,上面定义可以写成 cube(int y){…},结果是一样的。函数也可以不返回任何值,这样的函数应将其类型定义为void类型(空类型)。由于void类型的函数没有返回值,因此,函数调用只能以独立的函数调用语句出现。例如,有函数定义:

```
void converTemperature(float temperature,char temperatureType)
{
    …
}
```

若有语句:

```
    t= converTemperature(temperature, temperatureType);
```

系统会产生编译错误。

② 函数名是该函数体(独立代码段)的外部标识符,当函数定义之后,编程者即可通过函数名调用函数(执行函数体代码段)。函数名是用户定义的标识符,要符合标识符的命名规则。

③ 函数名后圆括号中的形式参数表(以下简称形参表),具有如下形式:

类型名1 形式参数1,类型名2 形式参数2,…,类型名n 形式参数n

其中:"类型"是各个形式参数的数据类型标识符,"形式参数"为各个形式参数的标识符,也是用户定义的标识符。形式参数表示主调函数和被调函数之间需要交换的信息。形式参数表从参数的类型、个数和排列顺序上规定了主调函数和被调函数之间信息交换的形式。如果函数之间没有需要交换的信息,也可以没有形参,圆括号中可以写void或为空,即无参函数,但圆括号不能省略。

④ 用大括号括起来的部分称为函数体。函数体是实现函数功能的代码部分,分为说明性语句和可执行语句两个部分,说明性语句包括变量定义和函数的声明等,除形参和全局变量外,所有在函数中用到的变量都要在大括号中先定义再使用。可执行语句用于完成函数功能。从组成结构看,函数体是由程序的3种基本控制结构即顺序、选择、循环结构组合而成的。本例中,函数cube()的形参y被赋成主调函数中x的值,然后计算y*y*y,将结果返回给main()。

大括号中也可以为空,但大括号本身不能省略,这种函数被称为空函数。例如:

```
float f()
{ }
```

空函数在结构化程序设计中有较多应用。结构化程序设计的思想是"自顶向下,逐步细化"。在软件开发初期,先把一个大的任务划分成若干个模块,再将每一个模块用一个或多个函数来实现。无论是主函数还是自己定义的函数都是相对独立的,若某个函数要调用的函数不是自己编写,或该函数还没有编写,可以先把该函数定义为空函数。这样,既不影响整个程序的结构完整又能单独进行调试。调用空函数实际上什么也不做,待该函数开发完成(函数体中有语句)后调用它才有实际意义。

⑤ C++语言规定，不能在函数体内定义函数，即函数不能嵌套定义，函数（包括主函数）都是相对独立的。

⑥ 程序中语句：int cube(int);是函数 cube()的原型声明，凡是函数定义在函数调用之后时，都要先作函数原型声明，这将在 5.2.5 小节中介绍。

5.2.2 函数的调用

如果一个函数调用另外一个函数，程序就转到另一个函数去执行，称为函数调用。

函数调用的一般形式为

函数名(实参表列)

在调用函数时，函数名后圆括号中的参数称为实际参数（以下简称实参）。如果调用无参函数，圆括号内为空。如果有多个实参，则各参数间用逗号隔开。

在 C++中，把函数调用也看作一个表达式。因此凡是表达式可以出现的地方都可以出现函数调用。例如：

```
welcome();
if(iabs(a)<min)min=iabs(a);
s=min(c, min(a, b));
```

【例 5-2】求 1~100 的累加和。

程序如下。

```
/*例 5-2 求 1~100 的累加和, 使用无参函数*/
#include<iostream>
using namespace std;
int sum100()
{
    int i,t=0;
    for (i=1; i<=100; i++)
        t+=i;
    return t;
}
int main()
{
    cout<< "1~100 的累加和: "<< sum100()<<endl;
    return 0;
}
```

程序运行结果：

1~100 的累加和：5050

sum100()是无参函数，也可以定义一个有参函数，程序如下。

```
/*例 5-2 求 1~100 的累加和, 使用有参函数*/
#include<iostream>
using namespace std;
int sum(int x)
{
    int i,t=0;
    for (i=1; i<=x; i++)
      t+=i;
    return t;
}
int main()
```

```
    int x;
    cin>>x;
    cout<< "1~"<<x<<"的累加和: "<<sum(x)<<endl;
    return 0;
}
```
程序运行结果：

50✓
1~50 的累加和：1275

从这个例子可以看出，无参函数的运行结果不依赖于主调函数中的数据，而有参函数的运行结果与实参传给形参的值有直接关系。如果实参的值是 50，则调用 sum()函数求得的是 1~50 的累加和。

5.2.3 函数参数传递与返回值

函数的参数传递有两种形式：值传递和地址传递。

1. 函数的参数传递

（1）值传递

在 C++中进行函数调用时，参数的作用是将主调函数中的数据传递给被调函数，实际上就是将实参的值赋给形参，这是一种"值传递"方式。当函数调用结束后，形参的值无论是否发生变化，都不会将值赋给实参。因此，这是一种"单向值传递"，即只能将实参值传给形参，不能将形参值回传给实参。

【例 5-3】编写一个程序，将主函数中的两个变量的值传递给 swap()函数中的两个形参，交换两个形参的值。

程序如下。

```
#include<iostream>
using namespace std;
void swap(int x, int y)
{
    int z;
    z=x; x=y; y=z;
    cout<<"x= "<<x<<endl;
    cout<<"y= "<<y<<endl;
}
int main()
{
    int a=100,b=200;
    swap(a,b);
    cout<<"a= "<<a<<endl;
    cout<<"b= "<<b<<endl;
    return 0;
}
```

程序运行结果：

x=200
y=100
a=100
b=200

在主函数中调用 swap()函数，将实参 a 的值 100 传递给形参 x，将实参 b 的值 200 传递给形参 y；在 swap()函数中将 x 和 y 的值交换，然后返回主函数。由于形参的值不会回传给实参，因此，在主函数中输出 a 的值仍然为 100，b 的值仍然为 200。

有关形参和实参的进一步说明如下。

① 在未出现函数调用时，形参不占用内存中的存储单元。只有在发生函数调用时才给形参分配内存单元。函数调用结束后，形参所占的内存单元被释放。实参与形参在内存中位于不同的存储单元，它们的名字可以相同也可以不相同。

② 实参可以是常量、变量或表达式，但要求它们有确定的值。在调用时将实参的值赋给形参变量。

③ 实参与形参类型要一致，即实参与相对应的形参的类型应相同，但字符型与整型可以兼容。例如，实参是整型或字符型表达式，与它相对应的形参可以是整型变量或字符型变量，但一定要注意，字符型和整型的数值范围不同。在数据传递时，整型数据传递给字符型变量的值的范围必须是 0～255，否则形参的值与实参的值有可能不同（形参变量截取实参的低 8 位数据）。

④ 实参与形参的个数必须相等。在函数调用时，实参的值赋给与之相对应的形参。

（2）地址传递

地址传递实质也是将实参的值赋给形参，只是这时所赋的值是一个变量或数组的地址，形参必须是能够接收地址的变量，即指针变量。实参为数组名是典型的地址传递。

若实参是数组名，由于数组名是数组的首地址，因此，与它相对应的形参必须是数组名或指针变量。数组做函数参数包括两种情况，一种是数组元素做函数参数，由于数组元素相当于一个变量，因此数组元素可以做函数的实参，传递给形参的是数组元素的值，属于值传递；另一种是数组名做函数参数，用数组名做函数的实参，传递的是数组的首地址，此时形参也应定义为数组形式，形参数组的长度可以省略。

【例 5-4】用冒泡法将 10 个整数排序。

程序如下。

```
#include<iostream>
#include<iomanip>
using namespace std;
void printa(int b[10])
{
    int i;
    for (i=0; i<10; i++)
        cout<< setw(5)<<b[i];
    cout<<endl;
}
void sort(int b[ ], int n)
{
    int i,j,t;
    for (i=1; i<n; i++)
        for (j=0; j<n-i; j++ )
            if (b[j]>b[j+1])
            { t=b[j];b[j]=b[j+1];b[j+1]=t; }
}
int main()
{
    int a[10] = {10,21,62,96,57,81,44,31,72,35};
    cout<<"排序前: "<<endl;
    printa(a);
```

```
    sort(a,10);
    cout<<"排序后: "<<endl;
    printa(a);
    return 0;
}
```

程序运行结果:
```
排序前:
    10  21  62  96  57  81  44  31  72  35
排序后:
    10  21  31  35  44  57  62  72  81  96
```

这个程序由 3 个函数构成，主函数调用 printa()函数，输出数组中所有元素的值。主函数调用 sort()函数，将数组中 10 个整数排序。

主函数调用 printa()函数时，实参是数组名 a，形参是同类型的数组 b。形参 b 虽然也是数组名，但 C++编译系统将它处理成一个可以接收地址值的特殊变量（即指针变量）。b 接收实参 a 传过来的值，即 a 数组的首地址。在内存中，地址是唯一的，a 数组的首地址和 b 数组的首地址相同，因此 a 数组和 b 数组实际上是同一个数组，它们在内存中占据同一段存储空间。注意，绝对不能理解为将 a 数组中各个元素的值传递给了 b 数组。

同样，主函数调用 sort()函数时，将实参 a 传递给形参 b。假设 a 数组的首地址是 3000，则 b 数组的首地址也是 3000，如图 5-1 所示。在 sort()函数中对 b 数组中的 10 个数排序后，b 数组中元素的值发生了变化，实际上 a 数组的值也随之发生了变化，如图 5-2 所示。

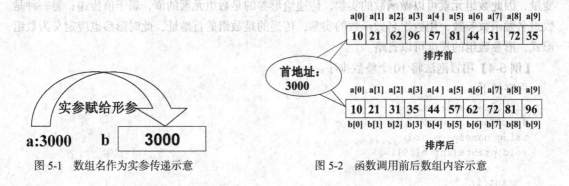

图 5-1　数组名作为实参传递示意　　　　图 5-2　函数调用前后数组内容示意

　　不是 sort()函数返回主函数后将 b 数组的值返回给了 a 数组。切记，参数传递总是单向的，且总是实参传递给形参。

思考：下面程序能否实现排序功能，如果不修改主程序结构，如何修改 swap()函数的实参和形参以及函数中的语句？

```
#include<iostream>
#include<iomanip>
using namespace std;
void swap(int b[],int j);
void printa(int b[]);
main()
{
    int a[10]={10,21,62,96,57,81,44,31,72,35};
    int i,j;
    cout<<"排序前: "<<endl;
```

```
        printa(a);
        for (i=1; i<10; i++)
         for (j=0; j<10-i; j++ )
            if (a[j]>a[j+1])
               swap(a[j],a[j+1]);
        cout<<"排序后: "<<endl;
        printa(a);
    }
    void printa(int b[10])
    {
        int i;
        for (i=0; i<10; i++)
            cout<<setw(5)<<b[i];
        cout<<endl;
    }
    void swap(int x, int y)
    {
        int t;
        t=x;
        x=y;
        y=t;
    }
```

2. 函数的类型与函数的返回值

（1）函数的类型

在定义一个函数时首先要定义函数的类型，例如：

`int cube(int){…}`

cube()函数的类型为整型。C++中，常量、变量以及表达式有类型，函数也有类型，函数的类型决定了函数返回值的类型。若省略函数的类型，系统默认其为整型。

函数也可以不返回任何值，如前面的 print_line()函数，这样的函数应将其类型定义为 void 类型（空类型）。由于 void 类型的函数没有返回值，因此，函数调用只能以独立的函数调用语句出现。若有语句：

`a=print_line();`

系统会产生编译错误。这样就可避免错误地使用无返回值的函数。

（2）函数的返回值

假如要计算 16 的平方根，可以调用求平方根的标准函数 sqrt(16)，得到的结果是 4。这个结果就是平方根函数 sqrt(16)的函数值，也被称为函数的返回值。函数的返回值是通过 return 语句带回到主调函数的。

return 语句的格式为

`return(表达式);`

或

`return;`

return 语句的功能是终止函数的运行，返回主调函数，若有返回值，将返回值带回主调函数。

说明：

① return 语句中的表达式可以带括号也可以不带括号，若函数没有返回值，return 语句可以省略。函数执行到最后一个大括号自动返回主调函数。

② return 语句中的表达式类型一般应和函数的类型一致，如果不一致，系统自动将表达式类型转换为函数类型。

【例 5-5】计算并输出圆的面积。

程序如下。

```
#include<iostream>
using namespace std;
s(int r)
{ return 3.14*r*r; }
int main()
{
    int r,area;
    cin>>r;
    area= s(r);
    cout<< "圆的面积: "<< area <<endl;
    return 0;
}
```

程序运行结果：

  3✓
  圆的面积: 28

说明：在主函数中调用 s()函数，函数的返回值通过 s()函数中的 return 语句获得。return 语句将被调函数 s()中的表达式 3.14*r*r 的值带回主调函数中去，并在返回主函数后将它赋给变量 area。由于省略了 s()函数的类型，系统默认它是 int 型，调用 s()函数得到一个 int 类型的数据。函数的返回值由实型自动转换为整型。

5.2.4 函数的嵌套调用

C++不允许函数嵌套定义，即在定义一个函数时，其函数体内不能包含另一个函数的定义。但 C++的函数可以嵌套调用，即被调用的函数又去调用一个函数来完成所需的功能，如图 5-3 所示 main()函数调用 function1()、function2()和 function3()函数，而 function1()函数又去调用 function4()和 function5()函数。这种层次结构有利于形成结构化的程序设计。

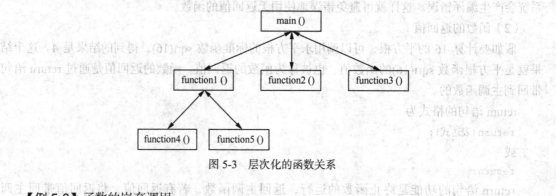

图 5-3　层次化的函数关系

【例 5-6】函数的嵌套调用。

程序如下。

```
#include<iostream>
using namespace std;
sub2(int n)
```

```
{return n+1;}
sub1(int n)
{
   int i,a=0;
   cout<<"sub1()函数输出："<<endl;
   for(i=n;i>0;i--)
   {
     a+=sub2(i);
     cout<< sub2(i)<<endl;
   }
     return a;
}
int main()
{
   int n=3;
   cout<<"主函数输出："<< sub1(n)<<endl;
   return 0;
}
```

程序运行结果：

    sub1()函数输出：

    4

    3

    2

    主函数输出：9

说明：例 5-6 中主函数调用 sub1()函数，sub1()函数又调用 sub2()函数，sub1()函数既是被调函数又是主调函数。当主函数调用 sub1()函数后，程序流程转到 sub1()函数执行；当 sub1()函数调用 sub2()函数时，程序流程转到 sub2()函数执行。当 sub2 函数执行到 return 语句时返回到主调函数 sub1()的调用点，接着执行 sub1()函数；在 sub1()函数执行到 return 语句时返回到主函数，接着执行主函数。函数的嵌套调用关系如图 5-4 所示。

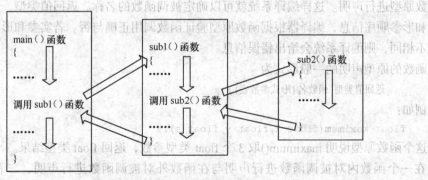

图 5-4 函数的嵌套调用关系图示

下面再举两个函数嵌套调用的例子。

【例 5-7】编程求 $n^1+n^2+n^3+n^4+n^5+n^6+n^7+n^8+n^9+n^{10}$，$n=1,\ 2,\ 3,\ \cdots$

程序如下。

```
#include<iostream>
using namespace std;
int fun2(int n,int i)        //定义函数求各项的值
{
```

```
        int m=n;
        while(--i>0)
        m=m*n;
        return m;
}
long fun1(int n)            //定义函数求各项和,即表达式的值
{
        long sum=0;int i;
        for(i=1;i<=10;++i)
         sum+=fun2(n,i);
        return sum;
}
int main()
{
        int n;
        cout<<"输入一个正整数:"<<endl;
        cin>> n;
        cout<<"表达式的值是:"<<fun1(n)<<endl;
        return 0;
}
```

程序运行结果:

输入一个正整数:

5✓

表达式的值是:12207030

5.2.5 函数原型声明

在程序中使用的变量要先定义后使用,对被调用的函数也要先定义后使用,即被调函数的定义要出现在主调函数的定义之前。如果被调函数在主调函数之后定义,则应在主调函数之前对被调函数原型进行声明。这样编译系统就可以确定被调函数的名称、返回值类型、形参个数、形参类型和形参顺序信息,编译器根据函数原型验证函数调用正确与否。若实参和形参类型不一致或个数不相同,则编译系统会给出错误信息。

函数的原型声明的一般形式为

返回值类型 函数名(形式参数表);

例如:

```
float maximum(float x,float y,float z);
```

这个函数原型说明 maximum()取 3 个 float 类型参数,返回 float 类型结果。

在一个函数内对被调函数进行声明与在函数外对被调函数进行声明,二者的位置是有区别的。如果一个函数只被另一个函数所调用,在主调函数中声明和在函数外声明等价。如果一个函数被多个函数所调用,可以在所有函数的定义之前对被调函数进行声明,这样,在所有主调函数中就不必再对被调函数声明了。C++程序中必须按照规定进行函数原型的声明,否则就会出现编译错误。

【例 5-8】计算并输出两个数的和、差、积及商。

程序如下。

```
#include<iostream>
#include<iomanip>
```

```
using namespace std;
int main()
{
    float calc(float x,float y,char opr);
    float a,b;  char opr;
    cout<<"输入四则运算表达式:";
    cin>>a>>opr>>b;
    if(opr=='+'||opr=='-'||opr=='*'||opr=='/')
        cout<<setw(5)<<setprecision(4)<<a<<opr
            <<setw(5)<<setprecision(4)<<b<<"="
            <<setw(5)<<setprecision(4) <<calc(a,b,opr)<<endl;
    else
        cout<<"非法运算符! "<<endl;
    return 0;
}
float calc(float x,float y,char opr)
{
    switch(opr)
    {   case '+': return(x+y);
        case '-':return(x-y);
        case '*':return(x*y);
        case '/':return(x/y);
    }
}
```

程序运行结果：

输入四则运算表达式：<u>1.234+4.321</u>✓
1.234+4.321=5.555

说明：由于被调函数 calc()的定义出现在主调函数 main()之后，函数类型为 float，因此，在 main()函数中要对 calc()函数进行声明。

5.3 C++中的特殊函数

C++中的函数相对于 C 语言中的函数有一些扩展，下面介绍 3 种 C++中的特殊函数，它们在 C 语言中是没有的。

5.3.1 重载函数

重载函数是函数的一种特殊情况。为方便使用，C++允许几个功能类似的函数同名，但这些同名函数的形式参数必须不同，称这些同名函数为重载函数。各重载函数形式参数的不同指参数的个数、类型或顺序不同。

例如：

```
int max(int a, int b) { retun a>b?a :b; }
double max(double a, double b)  { return a>b?a :b; }
```

这是两个不同的函数，只是因同名而形成重载函数。

C++的这种编程机制给编程者带来很大的方便：不需要为功能相似、参数不同的函数选用不同的函数名，同时增强了程序的可读性。下面是一个重载函数的程序。

【例5-9】已知下列公式：

$$f(x,y) = \begin{cases} x^2 + y^2 & x \geq 0, y \geq 0 \\ x^2 & x \geq 0, y < 0 \\ 0 & x < 0 \end{cases}$$

编程求 $f(x,y)$ 的值，程序在主函数中实现 x、y 值的输入及结果的输出，计算功能实现使用重载函数。

程序如下。

```cpp
#include<iostream>
using namespace std;
float fun(float x,float y);
float fun0(float x);              //重载函数
float fun0(float x,float y);      //重载函数
int main()
{
    float x,y;
    cout<<"请按顺序输入f(x,y)中的x和y: ";
    cin>>x>>y;
    cout<<"f("<<x<<","<<y<<")="<<fun(x,y);
    cout<<endl;
    return 0;
}
float fun (float x,float y)
{
    if(x<0)
      return 0;
    else if(y<0)
      return fun0(x);
    else
      return fun0(x,y);
}
float fun0(float x)
{
    return(x*x);
}
float fun0(float x,float y)
{
    return(x*x+y*y);
}
```

程序运行结果：

请按顺序输入f(x, y)中的x和y: 2 3↵
f(2, 3)=13

说明：编译器是根据函数调用时实际参数的类型选择匹配的重载函数执行，上面程序中 fun0(x) 调用，编译器选择一个形式参数的 fun0(float x) 函数，同样，fun0(x,y) 调用，会选择 fun0(float x,float y) 函数执行。

重载函数常用于实现功能类似而所处理的数据类型不同的问题，如上面的例子是利用重载函数分别求 x^2 和 $x^2 + y^2$。更显著的应用，如两个复数的四则运算与两个实数的四则运算，内容不同，但运算名称相同，很适合用重载函数实现。

尽管重载函数机制给编程者带来了方便，但在使用重载函数时需要注意下面3点：

① 编译器不以形式参数的标识符区分重载函数。
例如：
```
int fun(int a, int b);
int fun(int x, int y);
```
编译器认为这是同一个函数声明两次，编译时出错。
② 编译器不以函数类型区分重载函数。
例如：
```
float fun(int x,int y);
int fun(int x,int y);
```
编译器同样认为它们是同一个函数声明两次，编译时出错。
③ 不应该将完成不同功能的函数写成重载函数，破坏程序的可读性。

5.3.2 内联函数

函数调用时，系统首先要保存主调函数的相关信息，再将控制转入被调函数，这些操作增加了程序执行的时间开销。C++提供的内联函数形式可以减少函数调用的额外开销（时间空间开销），特别是一些常用的、短小的函数适合采用内联函数形式。例如，可以将 5.3.1 节中例 5-9 中的重载函数 fun0()写成内联函数形式。

【例 5-10】使用内联函数编写例 5-9。
```
#include<iostream>
using namespace std;
inline float fun0(float x)
{
    return(x*x);
}
inline float fun0(float x,float y)
{
    return(x*x+y*y) ;
}
float fun(float x,float y)
{
    if(x<0)
        return 0;
    else if(y<0)
        return fun0(x);
    else
        return fun0(x,y);
}
int main()
{
    float x,y;
    cout<<"请按顺序输入 f(x,y)中的 x 和 y: " ;
    cin>>x>>y;
    cout<<"f("<<x<<","<<y<<")="<<fun (x,y) ;
    cout<<endl;
    return 0;
}
```

内联函数之所以能够减少函数调用时的系统空间和时间开销,是因为系统在编译程序时就已经把内联函数的函数体代码插入到相应的函数调用位置,成为主调函数内的一段代码,可以直接执行,不必再转换流程控制权。这样的结构,自然节省了时间和空间开销,但使得主调函数代码变长。一般只把短小的函数写成内联函数。

① 内联函数体不能包含循环语句、switch 语句。
② 内联函数的定义必须放在它第 1 次被调用之前,如果仅仅在声明函数原型时加上关键字 inline,并不能达到内联的效果。

5.3.3 具有默认参数值的函数

具有默认参数值的函数也是 C++的一种特殊的函数形式,允许函数的形式参数有默认值。例如,下面计算 x^2+y^2 的程序段:

```
float fun(float x=0, float y=0)
{
    return(x*x+y*y);
}
```

函数 fun()即是一个有默认参数值的函数,其形参 x 的默认值为 0,y 的默认值也为 0。

调用具有默认参数值的函数时,如果提供实际参数值,则函数的形参值取自实际参数;如果不提供实际参数值,函数的形参采用默认参数值。例如,调用 fun()函数:

```
#include<iostream>
using namespace std;
int main()
{   float x,y=10;
    cout<<"f("<<x<<","<<y<<")="<<fun (x,y) ;
    cout<<endl;
    return 0;
}
```

上例中,调用 fun()函数使用的是默认值,返回 10 的平方 100;如果不使用默认值函数,因为 x 没有赋初值,结果是不确定的。

在编写带默认形参值的函数时,应注意:

① 默认参数值函数如果有多个参数,而其中只有部分参数具有默认值,默认值的定义必须遵守从右到左的顺序,即这些具有默认值的参数应该位于没有默认值形参的后面。

② 如果函数在被调用之后定义,就必须在函数原型中指定默认值;如果函数在被调用之前定义,形参的默认值既可在函数原型中指定,也可在定义函数时指定。但是这两种情况都不能在声明函数原型和定义函数时指定默认值,即使其值一样也不可以。在给形参赋默认值时,应该知道这个默认值可以是任意复杂的表达式,甚至函数调用。

例如,下面的函数声明是正确的:

```
int fun(int a=2, int b=0, int c=4);
int fun(int a, int b=0, int c=4);
```

而下面的函数声明是错误的:

```
int fun(int a, int b=0, int c);
int fun(int a=2, int b, int c=4);
```

5.4 函数模板

模板是 C++中的通用程序模块。在这些程序模块中有一些数据类型是不具体的，或者说是抽象的。当这些抽象的数据类型更换为不同的具体数据类型以后，就会产生一系列具体的程序模块。

这些抽象的数据类型称为"参数化类型"(parameterized types)。

C++中的模板包括函数模板和类模板。函数模板会产生一系列参数类型不同的函数。类模板则会产生一系列不同参数的类。函数模板实例化后产生的函数，称为模板函数。类模板实例化后产生的类，称为模板类。本节介绍函数模板。

5.4.1 函数模板的定义

函数模板是函数重载概念的发展和延伸。利用函数重载的概念，可以用同一个函数名，定义许多功能相近而参数表不同的函数。这样，就不必为这些功能相近的函数分别使用不同的函数名，为编程带来了方便。但是，每个重载函数都是要具体定义的。也就是说，并没有减少定义函数的工作量。

函数模板好像是一个函数发生器。当使用具体的数据类型取代模板中的参数化类型后，就得到一个个具体的函数。一个函数模板就可以取代许多具体的函数定义，因此使用模板可以大大地减少编程的工作量。

函数模板定义的一般格式为

template <typename 参数化类型名 1, … ,typename 参数化类型名 n>
函数返回类型 函数名(形式参数列表)
{函数体}

说明：

template 和 typename 为关键字，尖括号<>内声明所使用的"参数化类型名"。参数化类型名可以使用任何标识符，并不限定只能使用一个字符。参数化类型可以用于定义函数返回值类型和函数中的自动变量的类型。在定义函数模板时，参数化类型名可以不止一个，类型名之间用逗号隔开。

模板的其余部分和一般的函数定义的格式完全相同。只是在函数定义时可以使用参数化类型来代表各种具体的数据类型。

【例 5-11】函数模板的定义和使用：定义和使用确定 3 个数据的求和函数模板。
程序如下。

```
#include<iostream>
using namespace std;
template<typename T1,typename T2,typename T3>
T1 sum_value(T1 x, T2 y, T3 z)
{return x+y+z;}
int main()
{
    char a='0'; int b=1; double c=3.2;
```

```
cout<<sum_value(a,b,c)<<endl;
cout<<sum_value(b,a,c)<<endl;
cout<<sum_value(c,b,a)<<endl;
return 0;
}
```
程序运行结果：
```
4
52
52.2
```
说明：

在这个例子中，调用了 3 次函数模板。调用的方式和一般的函数完全相同。但是，两者的处理方式是不同的。调用函数模板时，在程序编译时使用实参生成一个相应类型的实例化的模板函数。相应的模板函数的原型可以写为

```
char sum_value(char x,int y,double z);
int sum_value(char x,int y,double z);
double sum_value(char x,int y,double z);
```

在这个例子中，参数化类型名 T1 作为函数类型，决定函数返回值的数据类型，同时定义为函数第 1 个形参 x 的数据类型。主函数中传递过来的第 1 个实参的数据类型会作为函数的类型，因此第 1 个结果按照字符型数据输出；第 2 个结果按照整型数据输出；第 3 个结果按照双精度实型数据输出。

5.4.2 重载函数模板

C++函数调用时实参和形参之间是可以进行类型自动转换的。对于函数：

```
int sum_value (int x,int y,int z)
{return x+y+z;}
```

由于参数可以自动转换，以下的函数调用都是合法的：

```
sum_value (2,4.4,'a');
```

只是函数调用的返回值都是整型数据，有时会丢失一些数据信息。例如，上面调用的结果是 103，而不是 103.4。可以使用重载函数模板解决这样的问题，如例 5-11 定义的函数模板。

但是函数模板不支持参数的自动转换。对于函数模板：

```
template<typename T1 >
T1 sum_value(T1 x, T1 y, T1 z)
{return x+y+z;}
```

如果用以下的方式来调用：

```
cout<<sum_value(2,3.2,21)<<endl;
```

在编译时会出现编译错误。也就是参数 T1，不可以既是整型，又是实型。

要解决这样的问题，就需要函数模板和一般的函数联合使用，即需要函数模板和非模板函数的重载。

函数模板和非模板函数重载，可以解决函数模板不支持参数自动转换的问题，即需要为这样的参数专门编写相应的非模板函数，并和已经定义的函数模板形成重载的关系。

例如，需要为 sum_value(2, 3.2, 21) 单独定义对应类型变量的比较函数如下。

```
int sum_value(int x,float y,int z)
{return x+y+z;}
```

这样就形成了函数模板和非模板函数的重载。

```
template<typename T1>
T1 sum- value(T1 x, T1 y, T1 z)
```
和
```
int sum- value(int x,float y,int z)
```
在具有重载函数模板的情况下，一个具体的函数调用，就有多个函数可供选择。具体的选择是根据函数调用所提供的参数来进行的。一般称这个选择过程为"匹配过程"。

重载函数模板的匹配过程是按照以下的顺序来进行的：
① 寻找函数名和参数能准确匹配的非模板函数。
② 如果没有找到，选择参数可以匹配的函数模板。
③ 如果还不成功，通过参数自动转换，选择非模板函数。

这样的顺序是不可重复的。已经选择过的函数（包括函数模板）是不会被重复选择的。如果只有两个重载函数（一个函数模板，一个普通函数），那就只能有两种选择，而不会循环回去，进行第3次选择。

如果为了增强函数模板使用的灵活性，再写一个同名的重载函数，这个函数的形式参数一定要和函数模板有区别。如果函数模板有两个相同的参数，重载函数的两个参数的类型就不应该是相同的。

5.5 局部变量和全局变量

C++程序变量只能在其起作用的范围内被使用，变量起作用的范围称为变量的作用域。变量的作用域主要分为全局作用域和局部作用域两种。作用域不同的变量又分为局部变量和全局变量。

5.5.1 局部作用域和局部变量

C++中将一个函数或复合语句称为一个程序块，块内定义的变量的作用域是从变量定义起至本块结束，即只有在定义它的函数或复合语句内才能使用它们，称为局部变量，有时也称为内部变量，局部作用域也称为块作用域。

例如：
```
#include<iostream>
using namespace std;
int cube(int y);        //函数原型声明
int main()
{
    int a,b;            //a和b的作用域在main()函数中
    if(a>b)
    {
        int t;          //t的作用域在if的内嵌语句块中，在此语句块之外使用t会出现错误
        t=a;
        a=b;
        b=t;
```

      }
      return 0;
}
```

局部变量包括在函数体内定义的变量和函数的形式参数,它们只能在本函数内使用,不能被其他函数直接访问。局部变量能够随其所在的函数被调用而被分配内存空间,也随其所在的函数调用结束而消失(释放内存空间),所以使用这种局部变量能够提高内存利用率。同时,由于局部变量只能被其所在的函数访问,所以这种变量的数据安全性也比较好(不能被其他函数直接读写)。局部变量在实际编程中使用频率最高。

【例 5-12】分析下面程序的运行结果及变量的作用域。

程序如下。

```cpp
#include <iostream>
using namespace std;
void sub(int a,int b)
{
    int c;                    //c是局部变量,在sub()函数内有效
    a=a+1; b=b+2; c=a+b;
    cout<<"sub: a="<< a <<",b="<< b <<",c="<<c<<endl;
}
int main()
{
    int a=1,b=2,c=3;          //a、b、c是局部变量,在main()函数内有效
    cout<<"main: a="<<a<<", b="<<b<<" ,c="<<c<<endl;
    sub(a,b);
    cout<<"main: a="<<a<<", b="<<b<<" ,c="<<c<<endl;
    {int a=2,b=2;             //a、b是局部变量,在分程序内有效
     c=4;
     cout<<"comp: a="<<a<<", b="<<b<<" ,c="<<c<<endl;
    }
    cout<<"main: a="<<a<<", b="<<b<<" ,c="<<c<<endl;
    return 0;
}
```

程序运行结果:

```
main: a=1,b=2,c=3
sub:  a=2,b=4,c=6
main: a=1,b=2,c=3
comp: a=2,b=2,c=4
main: a=1,b=2,c=4
```

例 5-12 中变量的作用域分析如下。

① 主函数中定义的变量 a、b、c 是局部变量,作用域是主函数内。

② 在复合语句中定义的变量 a、b 是局部变量,作用域是它所在的复合语句内。这种复合语句称为"分程序"或"程序块"。

③ 在 sub()函数中定义的变量 c 及形参 a、b 是局部变量,作用域是 sub()函数内。

④ 主函数中定义的变量 a、b、c 在主函数中有效,但由于主函数的复合语句中又重新定义了同名变量 a、b,则在复合语句中,外层的同名变量 a、b 暂时不起作用。出了复合语句,外层的同名变量起作用,而复合语句中的同名变量不起作用。
```

思考：在例 5-12 中 main()函数第 7 行的变量 c 的作用域，如果改成 int c;，结果如何？

可见，由于作用域不同，虽然不同函数中的变量名相同，但它们是不同的变量。

5.5.2 全局作用域和全局变量

全局作用域也即文件作用域，指变量的作用域为文件范围。在源文件所有函数外声明或定义的变量具有文件作用域。将在函数外部定义的变量称为全局变量，有时也称为外部变量。全局变量具有全局作用域，起作用的范围是从声明或定义点开始，直至其所在文件结束。全局变量能够被位于其定义位置之后的所有函数（属于本源文件的）共用。也就是说全局变量其起作用的范围是从它定义的位置开始至源文件结束。全局变量的作用域是整个源文件。

【例 5-13】分析下面程序的运行结果及变量的作用域。

程序如下。

```
#include<iostream>
using namespace std;
int maximum;
int minimum;
void fun(int x,int y,int z)
{
    int t;
    t=x>y?x:y;
    maximum=t>z?t:z;
    t=x<y?x:y;
    minimum=t<z?t:z;
}
int main()
{
    int a,b,c;
    cout<<"输入数据a,b,c: ";
    cin>>a>>b>>c;
    fun(a,b,c);
    cout<<"maximum="<<maximum<<endl;
    cout<<"minimum="<<minimum<<endl;
}
```

程序运行结果：

输入数据a,b,c: 2 3 4↙
maximum=4
minimum=2

说明：

① 程序中的全局变量 maximum 和 minimum，在函数 main()和 fun()中不需定义即可直接使用。

② 全局变量在程序执行的整个过程中，始终位于全局数据区内固定的内存单元；如果程序没有初始化全局变量，系统会将其初始化为 0。

③ 在定义全局变量的程序中，全局变量可以被位于其定义之后的所有函数使用（数据共享），这时会给编程者带来方便，起到在函数之间传递数据的作用。

【例5-14】编写函数生成一组4个随机数,并在主函数中调用并输出这些数。
程序如下:

```
#include<iostream>
#include<ctime>
using namespace std;
int a1,a2,a3,a4;
void MakeDigit();
int main()
{
  srand((unsigned)time(NULL));
  MakeDigit();
  cout<<a1<<a2<<a3<<a4;
  return 0;
}
void MakeDigit()
{
  int k;
  k=rand()%10;a1=k;
  while(a1==k)   k=rand()%10;a2=k;
  while(a1==k||a2==k) k=rand()%10; a3=k;
  while(a1==k||a2==k||a3==k) k=rand()%10; a4=k;
}
```

程序运行结果:
4256

说明:
① 程序中,main()和 MakeDigit()函数中使用的变量 a1、a2、a3、a4 是同一组全局变量,因此 main()函数可以输出在 MakeDigit()函数中对其赋的值。

② rand()是一个专门产生模拟随机数的函数,一般应用于程序的模拟测试或游戏软件的制作。调用函数的语句形式为:x = rand();。可以生成 0~RAND_MAX 范围内的随机数序列,标准 C++中规定,RAND_MAX 不得大于 32 767。但是 rand()所产生的随机数实际上是伪随机数,就是说,反复调用 rand()所产生的随机数序列似乎是随机的,但每次产生的序列是完全相同的。如果需要获得不同的随机数序列,需要使用 srand (seed);生成不同的随机数种子,参数 seed 是一个无符号整数,称为随机数种子,seed 不同,就会产生不同的随机数序列。一种简单且能随时改变随机数种子的方法是使用语句:srand (time(NULL));。这条语句将系统时间值 time(NULL)作为随机数种子,系统时间每时每刻发生变化,可以随时返回一个随机的无符号数,函数原型包含在头文件<ctime>中。

实际编程中,在有嵌套的作用域内应该尽量避免使用同名变量,否则,会给自己造成许多不必要的麻烦。关于变量的使用总结如下。

① 变量应该先声明,后使用。

② 在同一作用域中,不能声明同名的变量;而不同的作用域中可以有同名变量,因为它们在内存中占据不同的存储单元,它们只在各自所在的作用域中起作用。

③ 对于两个嵌套的作用域,如果某个变量在外层中声明,且在内层中没有同一标识符的声明,则该变量在内层可见,即起作用;如果在内层作用域内声明了与外层作用域中同名的标识符,则外层作用域的变量在内层不可见,即不起作用。

④ 全局变量使用有其灵活性,但也因此带来数据安全性和程序可读性不好的缺点。在实际编程时,一般不要随意使用全局变量。

5.6 变量的生存期和存储类别

5.6.1 变量的生存期

变量的生存期是指变量在内存中占据存储空间的时间。在内存中供用户使用的存储空间分为程序代码区、静态存储区和动态存储区。存放于不同存储空间内的变量的生存期不同。分配在静态存储区中的变量，在程序运行期间始终占据内存空间；分配在动态存储区的变量，只在程序运行时的某段时间内占据存储空间。

5.6.2 变量的存储类别

与变量的生存期相联系的一个概念是变量的存储类别。C++中每一个变量都有两个属性：变量的数据类型和变量的存储类别。前文中，在定义一个变量或数组时首先定义数据类型，实际上，还应该定义它的存储类别。变量的存储类别决定了变量的生存期及把它分配在哪个存储区。

变量定义语句的一般格式为

存储类别标识符　数据类型标识符 变量名1, 变量名2, …, 变量名n;

C++中共有 4 种存储类别标识符：auto（自动的）、static（静态的）、register（寄存器的）以及 extern（外部的）。

1. 自动变量

在前面的例子中，使用最多的变量是自动变量。自动变量用关键字 auto 作为存储类别的标识符。函数或分程序内定义的变量（包括形参）可以定义为自动变量，可以显式定义也可以隐式定义。如果不指定存储类别，即隐式定义为自动变量。

例如，在函数内有如下定义：

```
auto int x,y;
```

等价于：

```
int x,y;
```

调用函数或执行分程序时，在动态存储区为自动变量分配存储单元，函数或分程序执行结束，所占内存空间即刻释放。定义变量时若没给自动变量赋初值，变量的初值不确定；如果赋初值，则每次函数被调用时执行一次赋值操作。在函数或分程序执行期间，自动变量占据存储单元。函数调用或分程序执行结束，所占存储单元即被释放。自动变量的作用域是它所在的函数内或分程序内。

【例5-15】自动变量的使用。

程序如下。

```
#include<iostream>
using namespace std;
int f(int a)
{
    int s=5; //等价于: auto int s=5;
    s+=a;
    return s;
```

```
    }
    int main()
    {
        int i,a=1;      //等价于: auto int i,a=1;
        for(i=0;i<3;i++)
        {
            a+=f(a);
            cout<<a<<endl;
        }
        return 0 ;
    }
```

程序运行结果：

```
7
19
43
```

说明：在这个程序中，main()函数中的 a 和 i 都是局部变量，省略了存储类别名，系统默认为自动变量。第 1 次调用 f()函数时将实参 a 的值 0 传递给形参 a，因为实参 a 和形参 a 都是局部变量，它们的作用域不同（是各自所在的函数），所以不是同一个变量。f()函数中定义的变量 s 也是自动变量。在调用 f()函数时，系统给 s 在动态存储区中分配存储空间且赋初值 5，函数返回时带回函数值 5＋1，即 6；同时，释放 s 和形参 a 所占的存储空间，主函数中 a 等于 6＋1，即 7。主函数第 2 次调用 f()函数时，实参传递给形参的 a 值是 7，系统重新给自动变量 s 分配存储空间和赋初值 5，因而，函数的返回值是 5＋7，等于 12。主函数中 a 等于 12+7，即 19。同理，第 3 次调用函数 f()返回后加 19，a 的值为 43。

2. 静态变量

除形参外，可以将局部变量和全局变量都定义为静态变量，用关键字 static 作为存储类别标识符。静态变量包括两种：一种是局部静态变量（或称内部静态变量），另一种是全局静态变量（或称外部静态变量）。

例如：

```
static int a;          //a 是全局静态变量
f()
{static int b=1; }    //b 是局部静态变量
```

编译时，系统在内存的静态存储区中为静态变量分配存储空间，程序运行结束释放其所占的存储空间。若定义静态变量时未对其赋初值，在编译时，系统自动赋初值为 0；若赋初值，则仅在编译时赋初值一次，程序运行后不再给变量赋初值。对于静态局部变量，其存储单元中保留上次函数调用结束时的值。静态变量的生存期是整个程序的执行期间。因为局部静态变量在程序执行期间始终保存在内存中，所以变量中的数据在函数调用结束后仍然存在。当再一次调用局部静态变量所在的函数时，该变量的值继续有效（为上次函数调用结束时保留的值）。局部静态变量的作用域与自动变量一样，只在它所在的函数或分程序内有效。全局静态变量的作用域是从定义处开始到本源文件结束，它在同一程序的其他源文件中不起作用。

【例 5-16】静态变量的使用。

程序如下。

```
#include<iostream>
using namespace std;
int  f(int a)
```

```
    {
        static int s=5;        //s 定义为静态变量
        s+=a;
        return s;
    }
    int main()
    {
        int i,a=1;             //等价于: auto int i,a=1;
        for(i=0;i<3;i++)
        {
            a+=f(a);
            cout<<a<<'\t';
        }
        return 0;
    }
```

程序运行结果：

  7 20 53

说明：本程序是将例 5-15 中的变量 s 改成局部静态变量。编译时系统为 s 在静态存储区分配存储单元，并给 s 赋初值为 5。第 1 次调用 f()函数时，函数的返回值 s 是 1+5，即 6。主函数中 a 的值为 6+1，即 7。第 2 次调用 f()函数时，s 的值是第 1 次函数调用后的值 6，而不是初值 5，其一直保存在内存中。第 2 次调用函数时，s 没有被重新赋初值，调用函数后返回值 s 为 6+7，即 13，主函数中 a 为 7+13，即 20。第 3 次调用 f()函数时，s 的值为 13，调用函数后返回值 s 为 13+20，即 33，主函数中 a 为 20+33，即 53。

3. 外部变量

在函数外定义的变量若没有用 static 说明，则是外部变量。外部变量只能隐式定义为 extern 类别，不能显式定义，但在需要时可以用关键字 exten 声明其为外部的存储类别。

编译时，系统把外部变量分配在静态存储区，程序运行结束释放该存储单元。若定义变量时未对外部变量赋初值，在编译时，系统自动赋初值为 0。外部变量的生存期是整个程序的执行期间。外部变量的作用域是从定义处开始到源文件结束。

外部变量声明用关键字 extern，外部变量声明的一般格式为

  extern 数据类型标识符 变量名1, …, 变量名 n;

或

  extern 变量名1, …, 变量名 n;

对外部变量声明时，系统不分配存储空间，只是让编译系统知道该变量是一个已经定义过的外部变量，与函数声明的作用类似。

例如：

```
    int a;
    f(){…}
    float x;
    void main(){…}
```

a 和 x 都是外部变量。例 5-14 中的 int a1,a2,a3,a4;也是外部变量。

【例 5-17】在一个文件内声明外部变量。

程序如下：

```
#include<iostream>
using namespace std;
```

```
    int x=2,y=2;                   //定义外部变量x,y
    void f1()                      //定义函数f1
    {
        extern char c1,c2;         //对外部变量c1, c2的声明, char可以省略
        cin>>c1>>c2;
    }
    char c1,c2;                    //定义外部变量c1, c2
    int main()
    {
        int m,n;
        f1();
        cout<<c1<<"+"<<c2<<"="<<x+y<<endl;
        return 0 ;
    }
```

程序运行结果:

<u>xy↙</u>
x+y=4

说明：程序中，外部变量c1、c2是在f1()函数之后定义的，它可以在其后的main()函数中引用。若想在f1()函数中引用它，必须在f1()函数中对c1、c2进行外部变量声明，使c1、c2的作用域扩展到f1()函数。

编写C++程序处理一个实际问题时，为了便于管理和维护，整个程序可能由多个源文件构成，每个源文件完成一定功能，为一个相对独立的程序模块，多个模块的功能完成处理任务，如此形成多文件程序结构。

在多文件程序结构中，如果一个文件中的函数需要使用其他文件里定义的全局变量，也可以用extern关键字声明所要用的全局变量。

【例5-18】在多文件的程序中声明外部变量。

程序如下。

```
/*5_18_1.cpp文件中程序*/
#include<iostream>
using namespace std;
int i;
int main()
{
    void f1(),f2(),f3();
    i=10;
    f1();
    cout<<"\tmain: i="<<i<<endl;
    f2();
    cout<<"\tmain: i="<<i<<endl;
    f3();
    cout<<"\tmain: i="<<i<<endl;
    return 0;
}
void f1()
{
    i++;
    cout<<"f1: i="<<i;
}
```

```
/*5_18_2.cpp 文件中程序*/
#include<iostream>
using namespace std;
extern int i;                    //对外部变量 i 进行声明
void f2()
{
    int i=30;
    cout<<"f2: i="<<i;
}
void f3()
{
    i=30;
    cout<<"f3: i="<<i;
}
```
程序运行结果：
  f1: i=11 main: i=11
  f2: i=30 main: i=11
  f3: i=30 main: i=30

说明：该程序存放在两个文件中。其中，5_18_1.cpp 文件中定义了一个外部变量 i，它在 main()函数和 f1()函数中有效；而 5_18_2.cpp 文件的开头有一个对外部变量 i 的声明语句，这使得 5_18_1.cpp 中定义的外部变量 i 的作用域扩展到 5_18_2.cpp 中，因而，在 5_18_2.cpp 中的 f2()函数和 f3()函数都可以引用外部变量 i。但由于 f2()函数中又定义了同名变量 i，因此，在 f2()函数中所使用的变量 i 是局部变量，外部变量 i 暂时不起作用。在 f3()，函数中所使用的变量 i 是外部变量。此例也可以将外部变量声明语句放在 f3()函数体中，这样，外部变量的作用域只扩展到 f3()函数，在 5_18_2.cpp 的其他函数中无效。

4. 寄存器变量

寄存器变量的值保存在 CPU 的寄存器中。由于 CPU 中寄存器的读/写速度比内存读/写速度快，因此，可以将程序中使用频率高的变量（如控制循环次数的变量）定义为寄存器变量，这样可以提高程序的执行速度。

访问寄存器中的变量要比访问内存中的变量速度快，但由于寄存器数量有限，不同类型的计算机寄存器的数目不同，所以，一个程序中可以定义的寄存器变量的数目也不同。当寄存器没有空闲时，系统将寄存器变量当作自动变量处理。因此，寄存器变量的生存期与自动变量相同。因为受寄存器长度的限制，寄存器变量只能是 char、int 和指针类型的变量。

随着计算机硬件性能的提高，现在寄存器变量使用得比较少了。

5.7 编译预处理

编译预处理指编译系统对源程序进行编译之前，首先对程序中某些特殊的命令行进行处理，然后将处理的结果和源程序一起进行编译生成目标程序。这些特殊的命令称为预处理命令。它们不是 C++中的语句，可以根据需要出现在程序的任意一行中，行首必须以"#"开头，一行只能有一个预处理命令。因为预处理命令不是 C++语句，所以不以分号结尾，与 C++中语句的语法无关。常用预处理指令如表 5-1 所示。

表 5-1　　　　　　　　　　　　　预处理命令

预处理命令	格　式	功能说明
#include	#include <头文件名> #include"头文件名"	将一个头文件嵌入（包含）到当前文件
#define	#define 宏名(标识符)字符串	把字符串命名为标识符（用标识符代表字符串）。标识符可以表示符号常量或宏名，编写源程序时代替"字符串"出现在程序中，编译时又被替换为"字符串"内容
#undef	#undef 标识符	撤销前面用#define 定义的标识符
#ifdef	#ifdef 标识符 　　语句 #endif	条件编译。如果已定义了"标识符"，则编译"语句"
#ifndef	#ifndef 标识符 　　语句 #endif	如果未定义"标识符"，则编译"语句"

编译预处理的主要功能包括：宏定义（不带参数的宏定义和带参数的宏定义）、文件包含和条件编译。本节将简单介绍这些功能。

5.7.1　宏定义

1. 不带参数的宏定义

前面介绍的符号常量的定义方法就是不带参数的宏定义。

不带参数的宏定义形式为

```
#define 宏名 字符串
```

其中，define 为宏定义命令，宏名为一个标识符，字符串不用双引号括起来。若有双引号，则双引号作为字符串的一部分。宏命令、宏名和字符串之间用空格隔开。例如：

```
#define Pi 3.1415926
```

在编译预处理时，把此命令作用域内源程序中出现的所有宏名用宏名后面的字符串替换，将这个替换过程称为"宏替换"或"宏展开"，字符串也称为替换文本。

【例 5-19】将例 5-12 程序中的输出格式串换成宏名。

```
#include<iostream>
using namespace std;
#define PRINTF cout<<"a="<< a <<",b="<< b <<",c="<<c<<endl;
void sub(int a,int b)
{
    int c;                  //c是局部变量，在sub()函数内有效
    a=a+1; b=b+2;  c=a+b;
    cout<<"sub: "; PRINTF
}
int main()
{
    int a=1,b=2,c=3;        //a、b、c是局部变量，在main()函数内有效
    cout<<"main: "; PRINTF
    sub(a,b);
    cout<<"main: "; PRINTF
    {
        int a=2,b=2;        //a、b是局部变量，在分程序内有效
```

```
            c=4;
            cout<<"comp:"; PRINTF
    }
    cout<<"main:"; PRINTF
    return 0;
}
```

在编译预处理阶段，将程序中的宏名 PRINTF 替换为 cout<<"a="<<a<<",b="<<b<<",c="<<c<<endl;。

关于不带参数的宏定义，有以下说明。

① 宏定义的作用域是从定义处开始到源文件结束，但根据需要可用 undef 命令终止其作用域，其格式为

#undef 宏名

预处理程序扫描到"#undef 宏名"时，就会停止对该宏名的替换。

为了使源程序格式清晰、规范，建议最好将所有的宏定义命令放在源文件的开头。

② 为了增加程序的可读性，建议宏名用大写字母，其他的标识符用小写字母。
③ 不替换双引号中与宏名相同的字符串。
④ 已经定义的宏名可以被后定义的宏名引用。在预处理时将层层进行替换。
⑤ 使用宏定义可以增加程序的可读性，而且便于程序的修改和移植。

2. 带参数的宏定义

带参数的宏定义命令的一般格式为

#define 宏名(形参表)　字符串

例如：

#define MAX(X,Y) ((X)>(Y)?(X):(Y))

在编译预处理时，把源程序中所有带参数的宏名用宏定义中的字符串替换，并且用宏名后圆括号中的实参替换字符串中的形参。

【例 5-20】带参数的宏定义。

程序如下。

```
#include<iostream>
using namespace std;
#define   MAX(x,y)     (x)>(y)?(x):(y)
int main()
{
    int a=5,b=2,c=3,d=3, t;
    t = MAX(a+b, c+d)*10;
    cout<<t<<endl;
    return 0;
}
```

程序运行结果：

　　7

在预处理时，将宏名 MAX(a+b, c+d)替换成字符串(x)>(y)?(x):(y)，并且替换时用实参 a+b 替换形参 x，实参 c+d 替换形参 y，即程序中 t 的赋值语句被展开为

t=(a+b)>(c+d)?(a+b):(c+d)*10;

将各个变量的值带入后，t = (5 + 2)> (3 + 3)?(5 + 2):(3 + 3)*10;结果为 7。

不带参数的宏定义的说明也适用于带参数的宏定义，另外再补充几点：

① 宏名和括号之间不能有空格，否则预处理程序视其为不带参数的宏定义。

② 建议在宏定义时,将字符串及字符串中的形参用圆括号括起来。因为在宏展开时,系统仅对实参和形参进行简单的文本替换,不像函数调用要先把实参的值求出来再传递给形参。因此,若宏定义中不加括号,替换后可能会造成错误的结果。例如,由于替换文本中的(x)>(y)?(x):(y)没有用括号括起,所以,替换后也不能用括号括起,看成一个表达式,就是说,如果改成#define MAX(x,y) ((x)<(y)?(x):(y))时,输出结果为 70。

5.7.2 文件包含

如果程序中使用库函数,则要在源程序中包含该库函数原型声明的头文件(如 cmath.h、iostream.h)。每个标准库所对应的头文件,包含了该库中各个函数的函数原型以及这些函数所需的各种数据类型和常量的定义。表 5-2 列出了程序中常用的 C++标准库头文件。以.h 结尾的头文件是旧式头文件,表 5-2 中列出了它们在新标准中的对应版本。

表 5-2　　　　　　　　　　　常用 C++标准库头文件

标准库头文件		说　　明
旧式头文件	新版本	
<assert.h>	<cassert>	包含增加诊断以帮助程序调试的宏和信息
<ctype.h>	<cctype>	包含测试某些字符属性的函数原型和将小写字母变为大写字母、将大写字母变为小写字母的函数原型
<math.h>	<cmath>	包含数学库函数的函数原型
<stdio.h>	<cstdio>	包含标准输入/输出库函数的函数原型及其使用的信息
<stdlib.h>	<cstdlib>	包含将数字变为文本、将文本变为数字、内存分配、随机数和各种其他工具函数的函数原型
<string.h>	<cstring>	包含 C 语言方式的字符串处理函数原型
<time.h>	<ctime>	包含操作时间和日期的函数原型和类型
<iostream.h>	<iostream>	包含标准输入/输出函数原型
<iomanip.h>	<iomanip>	包含能够格式化数据流的流操纵算子的函数原型
<fstream.h>	<fstream>	包含和磁盘文件读写有关的函数的函数原型

编程中,使用 C++的标准库函数,需要在源程序的开始使用 include 指令包含相应的头文件。如果使用旧式头文件,只要按下面的方式使用即可(以 iostream.h 为例)。

```
#include<iostream.h>
int main()
{…}
```

如果使用新版的头文件,形式如下。

```
#include<iostream>
using namespaces std;
int main()
{…}
```

其中,using namespace std;表示使用命名空间 std。标准 C++库的多数约定与标准 C 库的约定一致,只有少数几点不同。除了宏名以外,标准 C++库中的名称标识符都是在命名空间 std 中声明的。使用标准库时,必须声明相应的命名空间 std。

编程者可以定义自己的头文件,自定义头文件应以.h 结尾,可以用#include 预处理指令包含自定义头文件。例如，包含自定义的"square.h"头文件可以用下列语句：
```
#include"square.h"
```
放在程序开头。包含自定义的头文件，多用双引号的形式。

5.7.3 条件编译

C++中有一个编程技巧是通过使用条件编译，在调试程序时，显示一些调试的信息。在调试完毕后，屏蔽掉一些编译条件，调试信息就不显示了。使用的是#ifdef和#ifndef命令。格式为

```
#define debug_mode
#ifdef debug_mode
    显示调试信息的语句；
#endif
```

其中，debug_mode 是任意的标识符。

具体使用的方式是：在调试时，因为指定的标识符已经定义，所以"显示调试信息的语句"可以被编译和执行。等到调试结束后，把定义标识符的命令改为注释，其他语句都不要修改，调试信息就不会显示，而是只显示正常的运行结果。相应的程序变为

```
#ifdef debug_mode
    显示调试信息的语句；
#endif
```

取消对 debug_mode 标识符的定义，其他都不变。

程序越复杂，显示调试信息就越必要，因为它可以帮助解决程序中的逻辑错误。这些编程技巧的使用，最终还是要通过实践来体会并熟练使用。

本章小结

本章重点介绍了函数及其相关知识。

① 函数基本知识。重点介绍了函数的定义方法与函数声明、函数的类型和返回值；函数的调用以及嵌套调用；形式参数与实际参数，函数之间的数据传递。

② 函数模板的基本知识。介绍了一般函数模板和重载函数模板的定义和使用，一个函数模板可以代替多个函数定义，能够减少编程的工作量。

③ 变量的存储类型。介绍了局部变量和全局变量；变量的存储类别（自动、静态、寄存器、外部），变量的作用域和生存期。

④ 编译预处理有关知识。编译预处理是在 C++编译程序对 C++源程序进行编译前，由编译预处理程序对编译预处理命令行进行处理的过程。正确地使用这一功能，可以更好地体现 C++语言的易读、易修改和易移植的特点。

习 题

一、单项选择题

1. 以下叙述不正确的是（　　）。

A. 一个 C++源程序可由一个或多个函数组成

B. 一个 C++ 源程序必须包含一个 main() 函数
C. C++ 程序的基本组成单位是函数
D. 在 C++ 程序中，注释只能位于一条语句的后面

2. 在调用函数时，如果实参是简单的变量，它与对应形参之间的数据传递方式是（　　）。
A. 地址传递　　　　　　　　　　　B. 单向值传递
C. 由实参传形参，再由形参传实参　　D. 传递方式由用户指定

3. 以下函数值的类型是（　　）。
```
fun(float x)
{float y;
 y=3*x-4;
 retun y;
}
```
A. 不确定　　　　B. float　　　　C. void　　　　D. int

4. 若有函数调用语句：fun(a,(x,y),fun(n+k,d,(a,b)));，在 fun() 函数调用语句中实参的个数是（　　）。
A. 3　　　　B. 4　　　　C. 5　　　　D. 6

5. 以下对 C++ 函数的有关描述中，正确的是（　　）。
A. 在 C++ 中，调用函数时，只能把实参的值传送给形参，形参的值不能传送给实参
B. C++ 中的函数既可以嵌套定义又可以递归调用
C. 函数必须有返回值，否则不能使用函数
D. C++ 程序中有调用关系的所有函数必须放在同一个源程序文件中

6. 以下叙述不正确的是（　　）。
A. 在不同的函数中可以使用相同名字的变量
B. 函数中的形式参数是局部变量
C. 在一个函数内定义的变量只在本函数范围内有效
D. 在一个函数内的复合语句中定义的变量在本函数范围内有效

7. 函数 fun() 的功能是计算 x^n。主函数中已经正确定义 m、a、b 变量和赋值，实现计算：m=a^4+b^4-(a+b)^3 正确的调用语句为（　　）。
A. m=fun(a^4)+fun(b^4)-fun((a+b)^3);
B. m=fun(a,b,a+b)
C. m=fun(a,4)+fun(b,4)-fun((a+b),3);
D. m=fun((a,4),(b,4),((a+b),3));

8. C++ 的编译系统对宏替换命令是（　　）。
A. 在程序运行时进行替换的
B. 在程序连接时进行替换的
C. 和源程序中其他 C++ 命令同时进行编译的
D. 在对源程序中其他正式编译之前进行处理

9. 以下关于宏的叙述正确的是（　　）。
A. 宏名必须用大写字母表示
B. 宏定义必须位于源程序所有语句之前
C. 宏替换没有数据类型限制

D. 宏替换比函数调用耗费时间
10. C++语言中形参的默认存储类别是（　　）。
   A. 自动（auto）　B. 静态（static）　C. 寄存器（register）D. 外部（extern）

二、填空题

1. 在内存中，存储字符'x'要占用 1 个字节，存储字符串"X"要占用＿＿＿＿个字节。
2. 在 C++中，char 型数据在内存中的存储形式是＿＿＿＿。
3. 一个 C++源程序中至少应包含一个＿＿＿＿。
4. 设有如下函数：
```
fun (float x)
{
   cout<<'\n'<<x*x;
}
```
则函数的类型是＿＿＿＿。

5. 编写两个函数，分别求出两个整数的最大公约数和最小公倍数，用主函数调用这两个函数并输出结果，两个整数由键盘输入。请将程序填充完整。
```
#include<iostream>
using namespace std;
fmax(int m,int n)
{int r;
   r=m%n;
   while (_____)
     {m=n;n=r;r=m%n;}
   return n;
}
fmin(int m,int n)
{ return _____;}
int main()
{ int a,b;
   cin>>a>>b;
   cout<<"fmax is:"<<fmax(_____)<<endl;
   cout<<"fmin is:"<<fmin(_____)<<endl;
   return 0;
}
```

三、程序阅读题

阅读如下程序，并试写出运行结果。

1. 写出以下程序的运行结果。
```
#include<iostream>
using namespace std;
int main()
{
   char c;
   c=('z'-'a')/2+'A';
   putchar(c);
   return 0;
}
```

2. 写出以下程序的运行结果。
```
#include<iostream>
using namespace std;
int main()
```

```
{
    char fun(char,int);
    char a='A';
    int b=13;
    a=fun(a,b);
    putchar(a);
    return 0;
}
char fun(char a,int b)
{
    char k;
    k=a+b;
    return k;
}
```

3. 写出以下程序的运行结果。

```
#include<iostream>
using namespace std;
int aa(int x,int y);
int main()
{
    int a=24,b=16,c;
    c=aa(a,b);
    cout<<c<<endl;
    return 0;
}
int aa(int x,int y)
{
    int w;
    while(y)
    {
        w=x%y;
        x=y;
        y=w;
    }
    return x;
}
```

4. 写出以下程序的运行结果。

```
#include<iostream>
using namespace std;
void fun()
{
    static int a=0;
    a+=2;
    cout<<a<<" ";
}
int main()
{
    int cc;
    for(cc=1;cc<4;cc++)  fun();
    cout<<"\n";
    return 0;
}
```

5. 写出以下程序的运行结果。
```
#include<iostream>
using namespace std;
unsigned fun6(unsigned num)
{
    unsigned k=1;
    do
    {
        k *=num ; num/=10;
    } while (num);
    return k;
}
int main()
{
    unsigned n=26;
    cout<< fun6(n)<<endl;
    return 0;
}
```

6. 写出以下程序的运行结果。
```
#include<iostream>
using namespace std;
float fun(int x,int y)
{ return(x+y);}
int main()
{
    int a=2,b=5,c=8;
    cout<<fun((int)fun(a+c,b),a-c)<<endl;
    return 0;
}
```

7. 写出以下程序的运行结果。
```
#include<iostream>
using namespace std;
int f()
{
    static int i=0;
    int s=1;
    s+=i; i++;
    return s;
}
int main()
{
    int i,a=0;
    for(i=0;i<5;i++)  a+=f();
    cout<<a<<endl;
    return 0;
}
```

8. 写出以下程序的运行结果。
```
#include<iostream>
using namespace std;
#define F(X,Y)(X)*(Y)
int main()
```

```
{
    int a=3, b=4;
    cout<<F(a++, b++)<<endl;
    return 0;
}
```

四、编程题（以下各题均用函数实现）

1. 从键盘输入 8 个浮点数，编程求出其和以及平均值。要求写出求和以及平均值的函数。

2. 哥德巴赫猜想之一是任何一个大于 5 的偶数都可以表示为两个素数之和，编程验证这一猜想。

3. 一个素数，当它的数字位置对换以后仍为素数，这样的数称为绝对素数。编写一个程序，求出所有的两位绝对素数。

4. 给定年、月、日，计算该日是该年中的第几天。程序中要求有判断闰年的函数和计算天数的函数。

5. 定义一个函数，通过 $f(n,x)$ 的形式调用，可以计算 x^3+x-1，$(5+x)^3+(5+x)-1$，$(\sin x)^3+\sin x-1$ 等形式的表达式的值。

6. 编程计算函数值：

$f(x,y)=\dfrac{s(x)}{s(y)}$。其中，$s(n)=\sum_{i=1}^{n}p(i)=p(1)+p(2)+\cdots+p(n)$，$p(i)=i!$

要求：

① 为计算 $p(i)$、$s(n)$ 和 $f(x,y)$，各编写一个自定义函数。

② 在主函数中从键盘输入 x, y。

7. 编程计算 $\sum_{i=1}^{n}\dfrac{i+1}{i!}$（精度要求为 $\dfrac{n+1}{n!}<10^{-6}$）。要求使用静态局部变量。

8. 编写一个函数，由实参传来一个字符串，统计此字符串中字母、数字、空格和其他字符的个数，在主函数中输入字符串，输出上述结果。要求：将存放字母、数字、空格和其他字符个数的变量定义为全局变量。

第6章
指针和引用

【本章内容提要】

本章介绍了 C++语言中的主要特色应用——指针。主要介绍指针的概念、定义形式和基本运算；然后介绍了指针与数组的关系以及如何运用指针引用数组元素，特别介绍了如何使用指向字符串的指针变量；在指针和函数的关系中，着重介绍了带参数的 main 函数的使用方式；在动态内存分配一节中着重介绍了如何利用指针实现；最后介绍了引用，以及其与指针的相似之处和重要的差别。

【本章学习重点】

各种类型指针的定义和使用方法；指针的基本运算；利用指针作函数参数，实现主调函数与被调函数之间的参数传递；数组的指针与指针数组之间的区别；利用字符指针实现对字符串的高效操作；引用的使用是本章学习的重点。

6.1 指针的概念

6.1.1 指针和指针变量

概括地说，指针就是变量的地址。我们知道，变量实质上代表了"内存中某个存储单元"，不同数据类型的变量在内存中占据的字节数是不一样的，而每个变量的地址是指该变量所占存储单元的第 1 个字节的地址。程序中对变量进行存取操作，就是对某个地址的若干字节存储单元进行操作。这种直接按变量的地址存取变量值的方式称为"直接存取"方式。

在 C++中，还使用另一种特殊的变量，这种变量专门用来存放内存地址，称为指针变量。

设某指针变量名为 pa，它存放了变量 a 的地址，即

　　pa=&a;

这里&就是取地址运算符，它是单目运算符，&a 就是变量 a 的地址。这种通过指针变量 pa 访问变量 a 的方式称为对变量 a 的"间接访问"。由于指针变量 pa 通过 pa=&a 与变量 a 建立了指向联系，我们称指针变量 pa 是变量 a 的指针，变量 a 是指针变量 pa 的目标变量。指针变量 pa 的目标变量还可用*pa 表示，这里*是单目运算符，表示访问某个指针变量的目标。

6.1.2 指针变量的定义

同其他变量一样，指针变量在使用前，必须在定义语句进行定义，也可以在定义的同时进行指针变量的初始化。

1. 指针变量的定义形式

一般形式为

数据类型　*　指针变量名

其中"*"表示其后的变量名为指针类型；指针变量由用户命名，命名规则同C++标识符；"数据类型"是定义指针变量所指向的目标变量的数据类型，也可称为指针变量的基类型。例如：

```
float x, *p1, *p2;
int y, *p3;
char name[20], *cp;
```

这里定义了4个指针变量，p1和p2是单精度实型指针变量，p3是整型指针变量，cp是字符型指针变量。从中可以看出，指针变量定义除了定义变量的类型为指针类型以外，还同时说明了该指针的目标变量的类型，这就限定了该指针只能指向此类型的目标变量。另外，这4个指针变量的目标变量类型虽然不同，但是系统给指针变量分配的存储空间大小是相同的，都是4个字节。

2. 指针变量的初始化

指针变量也可以像其他类型变量一样，在定义的同时赋初值。一般形式为

数据类型　*指针变量名=初始地址值；

例如：

```
float x, *p1=NULL, *p2=&x;
int y, *p3=&y;
char name[20], *cp=name;
```

通过初始化，使p1成为空指针，p2、p3以及cp分别存放x的地址、y的地址和name数组的首地址。因此可以说，p2指向x，p3指向y，cp指向name[0]。换句话说，p2的目标变量是x，p3的目标变量是y，cp的目标变量是name[0]。

说明：

① 当把一个变量的地址作为初值赋给指针时，必须先定义该变量，且该变量的数据类型必须与指针的数据类型一致。例如：

```
int n;
int *p=&n;
```

或者用如下等价定义：

```
int n, *p=&n;
```

② 也可把一个已初始化的指针值作为初值赋予另一指针，例如：

```
float x,*p=&x, *q=p;
```

这样，q和p都具有相同的地址值，都指向同一变量x。

③ 也可通过初始化定义某种类型的空指针，例如：

```
int *p=0;          //值0是唯一能够直接赋给指针变量的整型数
```

或者

```
int *p=NULL;
```

6.1.3　指针的基本运算

指针是一个地址值，虽然从形式上看是一个正整数，但与一般的整数是有区别的，指针有它自己特有的运算规律。例如，指针减指针不是简单的整数差运算；而指针加指针，指针的乘、除运算均无意义。下面将介绍有关指针的基本运算。

1. 取地址运算&

&要求运算分量是变量或数组元素，它返回其指向变量或数组元素的地址。一般形式为

&变量名或数组元素名

例如，假定有定义语句 int a, *pa;，那么语句 pa=&a;或 int a,*pa=&a;实现把变量 a 的地址赋值给指针 pa，此时指针 pa 指向整型变量 a，假设变量 a 的地址为 1001，这个赋值可形象地理解为如图 6-1 所示的关系。

图 6-1 指针 pa 与变量 a 联系示意

2. 间接存取运算*

间接存取运算符*通常称为"间接访问运算"，是一个单目运算符；其右操作数必须是一个指针值，返回值是其指定地址的值。一般形式为

*指针变量或目标变量的地址

例如，语句：

b=*pa;

其中，运算符*访问以 pa 为地址的存储区域，而 pa 中存放的是变量 a 的地址，因此，*pa 访问的是地址为 1001 开始的存储区域，就是 a 所占用的存储区域，所以上面的赋值语句等价于 b=a;，如图 6-1 所示。

① &(*pa)含义为取指针 pa 的目标变量的地址，就是 pa。
② *(&a)含义为访问变量 a 的地址指向的目标变量，就是 a。

可见，&运算和*运算互为逆运算。
请注意区分下面 3 种表示的不同含义（见图 6-2）。
pa ——指针变量，内容是地址量。
*pa ——指针 pa 的目标变量，内容一般是数据。
&pa ——指针变量 pa 占用的存储区域的地址。

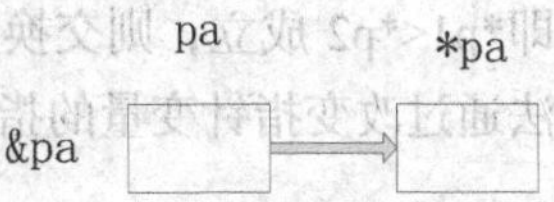

图 6-2 pa、*pa 和&pa 的含义

3. 赋值运算

指针赋值运算有以下几种形式：

① 把一个变量的地址赋给一个同类型的指针，例如：

```
int a, *pa;
pa=&a;                   //使 pa 指向变量 a
```

② 把一个指针的值赋给另一同类型的指针，例如：

```
char c, *s1=&c, *s2;
s2=s1;                   //结果 s1 和 s2 指向同一变量 c
```

③ 将地址常量如数组名赋给同类型的指针，例如：

```
char *str,ch[80];
str=ch;                  //使 str 得到字符数组 ch 的首地址，即 str 指向数组 ch
```

④ 同类型指针算术运算的结果，如果还是地址量的话，可以赋值给同类型的指针。例如：

```
int *p1,*p2,a[20];
p1=a;  p2=p1+5;  p1=p2-3;  p1+=2;  p2-=10;
```

设

```
int *c, a=20, *b=&a;
float *p;
```

则下面对指针的赋值操作是错误的：

```
b=2000;                  //不能给指针赋常量
p=b;                     //不能给指针赋不同类型的指针
c=*b;                    //或 c=a;，不能给指针赋非地址值
```

【例6-1】输入a、b两个整数,使用指针变量按大小顺序输出这两个整数。

方法1:目标变量的值不变,利用指针变量指向的改变求解。程序如下。

```
#include<iostream>
using namespace std;
int main()
{ int a, b, *p1, *p2, *p;
  p1=&a; p2=&b;
  cin>> *p1>>*p2;
  if (*p1<*p2)
  { p=p1; p1=p2; p2=p; }
  cout<<"a="<<a<<", b="<<b<<endl;
  cout<<"max="<<*p1<<", min="<<*p2<<endl;
  return 0;
}
```

程序运行结果:

6 8✓
a=6, b=8
max=8, min=6

在程序的开始处p1指向a,p2指向b。输入数据后,使得a等于6,b等于8。由于a小于b,即*p1<*p2成立,则交换p1和p2的指向,而a和b并未交换它们的内容,如图6-3所示。此算法通过改变指针变量的指向求解,所以也只有通过间接运算才能得到正确结果。

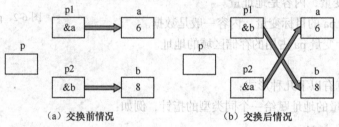

(a)交换前情况   (b)交换后情况

图6-3 例6-1方法1示意

方法2:利用指针变量直接改变目标变量的值求解,程序如下。

```
#include<iostream>
using namespace std;
int main()
{ int a, b, t, *p1, *p2;
  p1=&a; p2=&b;
  cin>>*p1>>*p2;
  if(*p1<*p2)
  { t=*p1; *p1=*p2; *p2=t; }
  cout<<"a="<<a<<", b="<< b<<endl;
  cout<<"max="<<*p1<<", min="<<*p2<<endl;
  return 0;
}
```

程序运行结果:

6 8✓
a=8, b=6
max=8, min=6

p1指向a,p2指向b。输入数据后,使得a等于6,b等于8。由于a小于b,条件成立,通过{t=*p1; *p1=*p2; *p2=t;}交换p1和p2的目标变量*p1和*p2(即a和b)的值,但p1和p2的指向并未改变,如图6-4所示。

图6-4 例6-1方法2图示

4. 指针的算术运算

在指针的算术运算中,乘除运算是无意义的,并且指针加指针运算也是无意义的。指针的算术运算有以下几种形式:

① 把一个指针加上或减去一个整数,例如:

```
int a[10], *pa=a, *pb;
pa+=5;                    //pa指向变量a[5]
pb=pa-3;                  //pb指向变量a[2]
```

② 两个具有相同类型的指针相减,例如:

```
int a[10], *pa=&a[1], *pb=&a[8];
int dist;
dist=pb-pa;               //dist为7,表明pa与pb两个指针所指向的数组元素之间的距离
```

下面通过一个例子说明这些运算的意义。

【例6-2】指针的算术运算示例。

程序如下。

```
#include<iostream>
using namespace std;
int main()
{ int a[10]={10,20,30,40,50,60,70,80,90,100};
  int i, *ptr, *p1, *p2;
  ptr=a;
  for (i=0;i<20;i++)
  {
    (*ptr)++;
    ptr++;
  }
  p1=p2=a;
  p1+=5;
  p2++;
  cout<<"a="<<a<<endl;
  cout<<"p1="<<p1<<",*p1="<<*p1<<endl;
  cout<<"p2="<<p2<<", *p2="<<*p2<<endl;
  cout<<"p1-p2="<<p1-p2<<endl;
  cout<<"*(p1+2)= "<<*(p1+2)<< ",(*p1)+2="<<(*p1)+2<<endl;
  return 0;
}
```

程序运行结果:

```
a=0x0012FF58
p1=0x0012FF6C, *p1=61
```

```
p2=0x0012FF5C, *p2=21
p1-p2=4
*(p1+2)=81,(*p1+2)=63
```

在例 6-2 中，指针 ptr 的类型是 int*，它所指向的类型是 int 且被初始化为指向数组元素 a[0]。在接下来的循环中，通过指针变量 ptr 访问数组 a 中的各个元素，每次对数组元素加 1 之后，ptr 被加 1。数组 a 是整型数组，所以每一个数组元素占据 4 个字节的存储空间。初始化时，ptr 赋值为数组 a 的首地址，即 0x0012FF58；如 ptr 加 1 只是加数值 1，得到地址值 0x0012FF59，则通过此地址值访问到的是一个不完整的整数。因此，ptr++加的不是 1，而是 sizeof(int)，即 ptr 所指向的变量占据的内存单元数。这样，当 ptr++后，ptr 将指向数组元素 a[1]。由此，每次循环通过 ptr++来实现对数组各元素的访问。

在接下来的运算中，p1 与 p2 两个指针进行了相减的运算。从运行结果来看，p1 与 p2 相减的结果也不是地址值的直接相减结果 16；而是 p1 与 p2 所指向的数组元素之间相差的个数，也可理解为(p1 − p2)/sizeof(int)。

综上所述，总结指针加减运算要点如下：

- 两个指针变量不能做加法运算，所谓指针的加法运算是指一个指针变量或指针常量加上某个整型表达式。

- 只有当指针变量指向数组时，并且只有当运算结果仍指向同一数组中的元素时，指针的加减运算才有意义。

- 指针的加减运算不是简单的地址值的算术加减运算，而与其目标变量的类型有着密切的关系。指针加减运算的结果不以字节为单位，而是以数据类型的大小（即 sizeof(类型)）为单位。

*(p1+n)与(*p1)+n 是两个不同的概念，前者是对指针变量 p1 的目标变量后面的第 n 个元素进行间接存取，在上例中，*(p1+2)结果是 81；后者是取出指针变量 p1 的目标变量的值再加上 n，在例 6-2 中(*p1)+2 的值是 63。

5. 指针的关系运算

虽然指针值实际上是描述内存存储单元地址的整数，但是指针之间的关系运算与整数的关系运算是不同的。指针之间进行关系运算需注意以下规则：

① 指向同一数组的两个指针可以进行关系运算，表明它们所指向元素之间的相互位置关系，用运算符<、<=、>、>=、==、!=进行比较都是有意义的。

参考例 6-2 的运行结果，可以有如下关系运算：

```
if (p1>p2)
    ...
```

这里，p1 与 p2 是指向同一数组 a[10]中数组元素的两个指针，因此它们之间可以进行关系比较。p1 指向 a[5]，p2 指向 a[1]，依据其在数组 a 中的位置，可以看出 p1>p2。

② 指针与一个整型数据比较是没有意义的，不同类型指针变量之间的比较是非法的。例如，pa>2000 这样的比较是无意义的。

③ NULL 可以与任何类型指针进行==、!=的运算，用于判断指针是否为空指针。

6.1.4 指针作为函数参数

C++中函数参数的数据传送方向是单向传递，只能由主调函数中的实参传送给被调函数中的形参，而形参的值不能回传给实参。在引入指针类型后，可利用指针数据的特点将函数中参数的值加传至主调函数中。下面将通过例子说明指针如何作为函数参数传递。

【例 6-3】 从键盘任意输入两个整数，编程将其交换后再重新输出。

方法 1：程序如下。

```
#include<iostream>
using namespace std;
void swap(int x,int y);          //声明 swap()函数
int main()
{ int  x1,x2;
  cin>>x1>>x2;
  cout<<"1: x1="<<x1<<",x2="<<x2<<endl;
  swap(x1,x2);                   //调用 swap()函数
  cout<<"2:x1="<<x1<<",x2="<<x2<<endl;
  return 0;
}
void swap(int x,int y)           //定义 swap()
{ int  temp;
  cout<<"调用中交换前: x="<<x<<",y="<<y<<endl;
  temp=x; x=y; y=temp;
  cout<<"调用中交换后: x="<<x<<",y="<<y<<endl;
}
```

程序运行结果：
<u>20 10✓</u>
1: x1=20,x2=10
调用中交换前: x=20,y=10
调用中交换后: x=10,y=20
2: x1=20,x2=10

为什么调用中 x、y 值发生了交换，而主函数中的 x1、x2 依然未变呢？这是因为 x1、x2 和 x、y 分别是函数 main()和 swap()的内部变量，它们各自占用自己的空间。函数调用时，x1、x2 的值 20、10 分别传递给了 x、y。在函数 swap()中，x、y 值进行交换之后，没有把它们的结果返回给实参 x1、x2，所以 main()中的 x1、x2 并未交换（见图 6-5）。

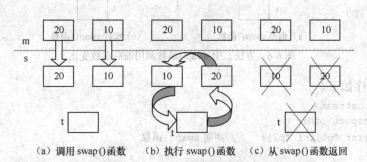

　　(a) 调用 swap()函数　　(b) 执行 swap()函数　　(c) 从 swap()函数返回
图 6-5　方法 1 中 swap()函数调用前后参数

方法 2：程序如下。

```
#include<iostream>
using namespace std;
void swap(int *p1,int *p2);       //声明 swap()函数
int main()
{ int  x1,x2;
  cin>>x1>>x2;
  cout<<"1: x1="<<x1<<",x2="<<x2<<endl;
```

```
    swap(&x1,&x2);                    //调用swap()函数
    cout<<"2: x1="<<x1<<",x2="<<x2<<endl;
    return 0;
}
void swap(int *p1,int *p2 )           //形参为指针变量
{  int  temp;
    cout<<"调用中交换前：*p1="<<*p1<<",*p2="<<*p2<<endl;
    temp=*p1; *p1=*p2; *p2=temp;      // 实现*p1和*p2 即 x1和x2 内容交换
    cout<<"调用中交换后：*p1="<<*p1<<",*p2="<<*p2<<endl;
}
```

程序运行结果：

<u>20 10</u>↙
1: x1=20,x2=10
调用中交换前：*p1=20,*p2=10
调用中交换后：*p1=10,*p2=20
2: x1=10,x2=20

这种方式作为参数传递的不是数据本身，而是数据的地址。在子函数中的数值交换直接更改了主函数中的变量值。当指针变量作为函数的传递参数时，形参和实参同时指向同一内存地址，指针p1和变量x1指向同一地址，指针p2和变量x2指向同一地址。在被调函数执行的过程中，如果改变了指针变量所指向的地址中的内容，即改变了变量x1和x2中的数值，在被调函数执行结束后，即使没有进行参数返回，也改变了主调函数中的参数值（见图6-6）。

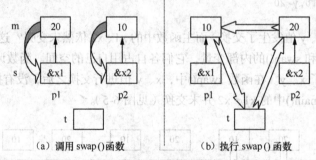

图6-6 方法二中swap()函数调用前后参数变化

方法3：程序如下。

```
#include<iostream>
using namespace std;
void swap(int *p1,int *p2);           //声明swap()函数
int main()
{  int  x1,x2;
    cin>>x1>>x2;
    cout<<"1: x1="<<x1<<",x2="<<x2<<endl;
    swap(&x1,&x2);                    //调用swap()函数
    cout<<"2: x1="<<x1<<",x2="<<x2<<endl;
    return 0;
}
void swap(int *p1,int *p2)            //形参为指针变量
{  int  *p;
    cout<<"调用中交换前：*p1="<<*p1<<",*p2="<<*p2<<endl;
```

```
    p=p1; p1=p2; p2=p;          // 实现 p1 和 p2 内容交换
    cout<<"调用中交换后: *p1="<<*p1<<",*p2="<<*p2<<endl;
}
```
程序运行结果：
```
20 10↙
1: x1=20,x2=10
调用中交换前: *p1=20, *p2=10
调用中交换后: *p1=10, *p2=20
2: x1=20,x2=10
```

为什么 swap()函数的形参定义为指针型变量，调用时得到的同样是主函数的 x1 和 x2 的地址，而主函数中的 x1、x2 依然未变呢？这是因为在 swap()函数中，虽然交换了形参 x1 和 x2 的指向，但是指针型参数也必须遵守单向传递规则，x1 和 x2 的值不会回传给实参 p1 和 p2，所以函数调用结束后实参 p1 和 p2 的指向并未改变。p1 的目标变量仍是 x1，p2 的目标变量仍是 x2（见图 6-7）。

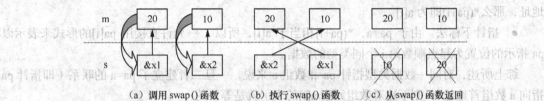

(a) 调用 swap()函数　　(b) 执行 swap()函数　　(c) 从 swap()函数返回

图 6-7　方法 3 中 swap()函数调用前后参数变化

6.2　指针与数组

数组名 a 是数组的首地址，是一个指针常量，它就是元素 a[0]的地址。所以，a≡&a[0]，a+1≡&a[1]，…，a+i≡&a[i]。因此，引用数组元素有两种方式，下标法和指针表示法。下标法即通过 a[0]，a[1]，…，a[i]的形式访问数组元素。而指针表示法是通过*(a+0)，*(a+1)，…，*(a+i)的形式访问数组元素。这两种方法在效果上是一样的，用下标法访问元素比较方便、直观，而指针法访问元素的速度比下标法快。

6.2.1　指针与一维数组

1. 建立指针与一维数组的联系

建立一个指向某个一维数组的指针，可以先定义，然后对指针赋值。例如：
```
    int a[5], *pa, *p;
    pa=a;
```
或者
```
    pa=&a[0];
```
也可以在定义指针时赋初值：
```
    int a[5], *pa=a;
```
因为数组名 a 是该数组的首地址，也即 a[0]的地址，所以指针 pa 指向该数组首地址。此时*pa 的值就是 a[0]的值，pa+1 则指向下一个元素。特别情况下，也可以在指针定义后直接让指针指向某一个数组元素，比如：

    p=&a[5];

此时 p 指向 a[5]，*p 的值就是数组元素 a[5]的值，如图 6-8 所示。

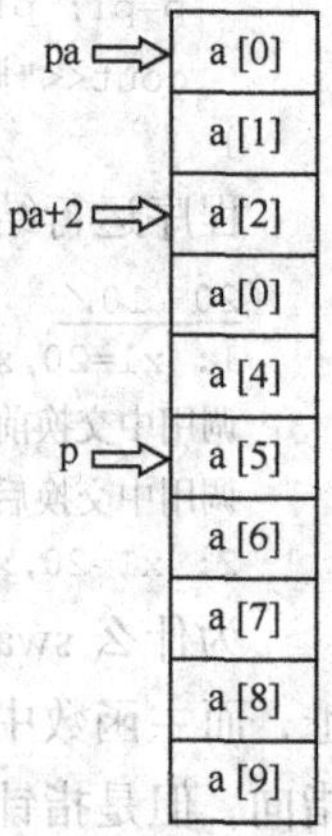

2. 通过指针引用数组元素

使用指针的目的是为了处理指针指向的目标数据。一旦指针和数组建立了联系，就可以通过指针来引用数组元素。通常引用一个数组元素，有 3 种方法：

① 下标法，如 a[i]形式。

② 数组名地址法。由于数组名是数组的首地址，根据前述 C++地址的计算法则，则 a+i 就表示了以数组名 a 为起始地址的顺数第 i 个元素即 a[i]的地址，那么*(a+i)即为 a[i]。

③ 指针法，有两种形式。

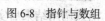

图 6-8 指针与数组

● 指针地址法。既然有 pa=a，则 pa+i 就表示了以 pa 为起始地址的顺数第 i 个元素即 a[i]的地址，那么*(pa+i)即为 a[i]。

● 指针下标法。由于 pa=a，*(pa+i)相当于 a[i]，所以 C++允许直接用 pa[i]的形式来表示以 pa 指示的位置为起点顺数第 i 个同类型的数据。

综上所述，对同一数据类型指针 pa 和数组 a 来说，一旦二者建立了 pa=a 的联系（即指针 pa 指向 a 数组首地址），则下述对数组元素 a[i]的表示就是等价的：

    a[i]、*(a+i)、*(pa+i)、pa[i]

【例 6-4】 用指针变量引用数组元素，给数组元素赋值并输出数组元素。

程序如下。

```
#include<iostream>
using namespace std;
int main()
{ int *p,b[5],i;
  p=b;                    //建立指针和数组的关联
  for (i=0;i<5;i++)
    *p++=i;
  p=b;                    //注意要把指针重新指向数组首地址
  for (i=0;i<5;i++)
    cout<<"b["<<i<<"]="<<*p++<<"\t";
  cout<<endl;
  return 0;
}
```

程序运行结果：

    b[0]=0   b[1]=1   b[2]=2   b[3]=3   b[4]=4

3. 数组名与函数参数

有时函数和函数之间需要传递的数据有多个，对于 C++而言，可以将指针（地址）作为函数参数来解决传递多个数据的问题。因为数组名代表数组的首地址，用它做实参时，就把首地址传给形参，形参数组以此为首地址，这样实参数组和形参数组就同占一段内存，达到了传递多个数据的目的。

【例 6-5】 从键盘输入 5 个整数，找出其中的最大数（用函数实现）并输出。

程序如下。

```
#include<iostream>
using namespace std;
#define N 10
int my_max(int p[], int n)      //形参 P 为数组形式
{
  int i,max;
  max=p[0];
  for(i=1; i<n; i++)            //求最大值
    if(max<p[i])  max=p[i];
  return(max);                  //返回最大值
}
int main()
{ int i,a[N];
  int max;                      //my_max 函数定义在前,可不予声明
  for(i=0; i<N; i++)            //输入数组
    cin>>a[i];
  max=my_max(a,N);              //调用形参为数组名的 max()函数
  cout<<"Max: "<<max<<endl;     //输出结果
  return 0;
}
```

程序运行结果：

12 45 56 23 89 75 64 62 31 10↙
Max: 89

本例用传地址的方式将数组名 a 作为实参传递给形参 p，使指针变量 p 指向数组 a 的首地址，这样，被调函数中*p 的操作实际上就是对调用函数中的 a 数组元素操作。

【例6-6】求已知数组中的最小值元素，并将它和该数组最前面的元素交换。

程序如下。

```
#include<iostream>
using namespace std;
#define N 10
int min(int a[], int n);
void swap(int *a, int m);
int main()
{ int i,a[N],m;
  for(i=0; i<N;i++)             //输入数组元素值
    cin>>a[i];
  m= min(a,N);                  //调用 min()函数,得到最小值元素下标
  swap(a,m);                    //调用 swap()函数,完成要求的交换
  for(i=0;i<N; i++)             //输出交换后的数组元素值
    cout<<a[i]<< " ";
  cout<<endl;
  return 0;
}
int min(int a[], int n)
//定义求最小值元素下标值函数,形参 a[]为虚数组首指针
{ int i,m=0;
  for(i=1;i<n; i++)             //求最小值元素下标
    if (a[m]>a[i]) m=i;         //记下比 a[m]小的元素下标
    return (m);                 //返回最小值元素下标值
```

```
        void swap(int *a, int m)
        /* 定义完成最小值元素与数组最前面的元素交换位置的函数,形参 a 为指针,准备接受数组首地址 */
        { int t;
          t=a[m];                          //t 暂存最小值元素值
          a[m]= a[0];
          a[0]=t;                          //最小值元素放最前面
        }
```
程序运行结果:

```
55  5  12  4  1  45  8  89  62  54
1  5  12  4  55  45  8  89  62  54
```

【例 6-7】使用选择排序法对 10 个整数从大到小排序。

分析:此题算法选用选择法排序,并用指针的方法实现。当每次选择最小值时,并不急于在比较的过程中交换两个元素的位置,而是用一个整型变量 k 先记下当前最小值的下标值,循环比较一遍后,再将最小值放到它应处的位置。

程序如下。

```
#include<iostream>
using namespace std;
void sort(int *x,int n)        //定义选择排序法的函数
{ int i,j,k,t;
  for (i=0;i<n-1;i++)
  { k=i;
    for(j=i+1;j<n;j++)
      if (*(x+j)>*(x+k)) k=j;
    if(k!=i)
    { t=*(x+i); *(x+i)=*(x+k); *(x+k)=t; }
  }
}
int main()
{ int i,*p,a[10]={3,7,9,11,0,6,7,5,4,2};
  p=a;                         //指针 p 与数组 a 关联
  sort(p,10);                  //调用 sort()函数,传递数组地址
  while(p<a+10)                //输出排序后的数组元素值
    cout<<*p++<<"   ";
  cout<<endl;
  return 0;
}
```

程序运行结果:

```
11  9  7  7  6  5  4  3  2  0
```

6.2.2 指针与二维数组

在 C++中,可将二维数组理解为数组元素为一维数组的一维数组。设有一个二维数组:

```
        int a[3][4];
```

首先,我们可将其看成是由 a[0]、a[1]和 a[2] 3 个行元素组成的一维数组,a 是该一维数组的数组名,代表了该一维数组的首地址。即第 1 个行元素 a[0]的地址(&a[0])。根据一维数组与指针的关系可知,表达式 a+1 表示的是首地址所指元素后第 1 个元素的地址,即行元素 a[1]的地址(&a[1])。因此,可以通过这些地址引用各行元素的值,如*(a+0)或*a 即为行元素 a[0]。

其次，行元素 a[0]、a[1]和 a[2]不是一个简单的数据，而是由 4 个元素组成的一维数组。例如，行元素 a[0]是由元素 a[0][0]、a[0][1]、a[0][2]和 a[0][3]组成的一维数组，并且 a[0]是这个一维数组的数组名，代表了这个一维数组的首地址，即第 1 个元素 a[0][0]的地址（&a[0][0]）。a 数组存储顺序和各元素地址如图 6-9 所示。

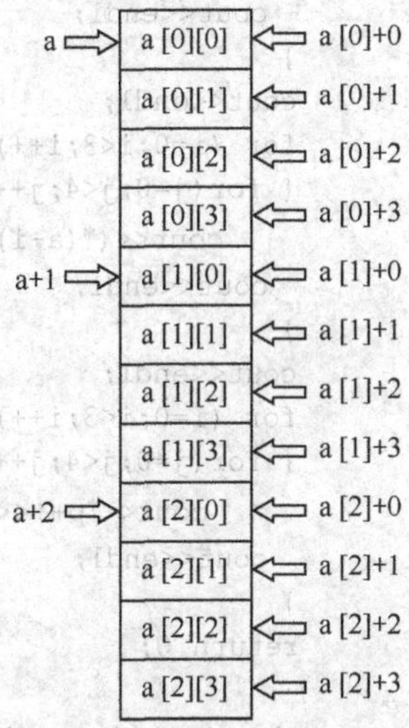

根据以上的原理，可引出以下概念。

① 二维数组 a 的首地址可以用 a、&a[0]或者 a[0]、&a[0][0]表示，但四者有区别。其中，a 是行元素数组的首地址，又可称为行地址，相当于&a[0]。a[0]是元素数组 a[0]的首地址，又可称为列地址，相当于&a[0][0]。

② 3 个一维列元素数组的首地址分别为 a[0]、a[1]、a[2]，即列地址 a[0]相当于&a[0][0]，a[1]相当于&a[1][0]，a[2]相当于&a[2][0]。按照数组名地址法，每个一维数组的元素地址可用"数组名+元素在一维数组中的下标"表示，即：

指示行元素的方式有：a[0]可用*(a+0)即*a 表示，且 a[i]可用*(a+i)表示；指示列元素的方式有：&a[1][3]可用 a[1]+3 或者*(a+1)+3 表示，&a[i][j]可用 a[i]+j 或者*(a+i)+j 表示。

图 6-9 a 数组存储顺序和各元素地址

③ 按照指针与整数相加的含义，各个元素（列元素）的地址也可以用它与数组首地址的距离来表示。例如，&a[1][1]等价于 a[0]+5 或者&a[0][0]+5，但是不等价于 a+5，因为后者指示的是行地址，*(a+5)相当于 a[5]，本例中并不存在这样的行元素。

可见，二维数组元素的表示法有以下几种：
- 数组下标法：a[i][j]。
- 指针表示法：*(*(a+i)+j)。
- 行数组下标法：*(a[i]+j)。
- 列数组下标法：(*(a+i))[j]。

注意在二维数组中，不要把 a[i]、*(a+i)理解为一个数组元素或变量，它只是行地址的一种表示形式。

【例 6-8】输出二维数组元素。
程序如下。

```
#include<iostream>
using namespace std;
int main()
{ int a[3][4]={1,2,3,4,11,12,13,14,21,22,23,24};
  int *p,i,j;
  p=a[0];
  for (i=0;i<3;i++)
  { for(j=0;j<4;j++)
      cout<<*(*(a+i)+j) <<"\t";     //指针表示法输出元素 a[i][j]
    cout<<endl;
  }
  cout<<endl;
  for (i=0;i<3;i++)
  { for(j=0;j<4;j++)
```

```
            cout<<*(a[i]+j) <<"\t";        //行数组表示法输出元素a[i][j]
        cout<<endl;
    }
    cout<<endl;
    for (i=0;i<3;i++)
    { for(j=0;j<4;j++)
            cout<<(*(a+i))[j] <<"\t";       //列数组表示法输出元素a[i][j]
        cout<<endl;
    }
    cout<<endl;
    for (i=0;i<3;i++)
    { for(j=0;j<4;j++)
            cout<<*p++<<"\t";               //指针直接表示法输出元素a[i][j]
        cout<<endl;
    }
    return 0;
}
```

程序运行结果（一共输出4个矩阵）：

```
1  2  3  4
11 12 13 14
21 22 23 24

1  2  3  4
11 12 13 14
21 22 23 24

1  2  3  4
11 12 13 14
21 22 23 24

1  2  3  4
11 12 13 14
21 22 23 24
```

上述结论可推广到三维及以上的多维数组。例如，定义了一个数组t[3][4][5]，它可看成由t[0]、t[1]、t[2] 3个二维数组组成，每个二维数组又是由4个一维数组组成，而每个一维数组含有5个元素。其中，t[0]数组分别由t[0][0]、t[0][1]、t[0][2]、t[0][3]等4个一维数组组成，其他类推。由于t[i][j]可用*(t[i]+j)表示，则元素t[i][j][k]可用*(*(t[i]+j)+k)或者*(*(*(t+i)+j)+k)表示，这里i=0,1,2；j=0,1,2,3；k=0,1,2,3,4。

6.2.3 指向字符串的指针变量

在C++中，可以用两种方法实现字符串的操作。

● 用字符数组实现。例如：

```
char string[]="Welcome to Beijing! ";
```

● 用字符指针实现。

在定义了字符指针变量后，可以通过赋值语句，使其指向字符串的首地址。在本节中，我们重点介绍第2种方法。

1. 用字符指针指向字符串

指向字符串的指针变量实际上就是字符指针变量，用于存放字符串的首地址。其初始化就是在定义字符指针变量的同时赋予一个字符串的首地址。对字符指针变量的赋值有以下 3 种形式：
① 在定义字符指针时，直接对其进行赋值，例如：
　　char *cp="C Language";
② 在定义字符指针后，对其进行赋值，例如：
　　char *cp;
　　cp=" C Language";
③ 将字符数组首地址赋值给字符指针，使该字符指针指向该字符串的首地址，例如：
　　char str[]="C Language", *cp;
　　cp=str;

上述的 3 种操作都使指针 cp 指向了字符串"C Language"的首地址，如图 6-10 所示。需要注意的是，上述的赋值操作中，并不是把字符串"C language"赋给指针 cp，而仅仅是使字符指针 cp 指向了字符串的首地址。

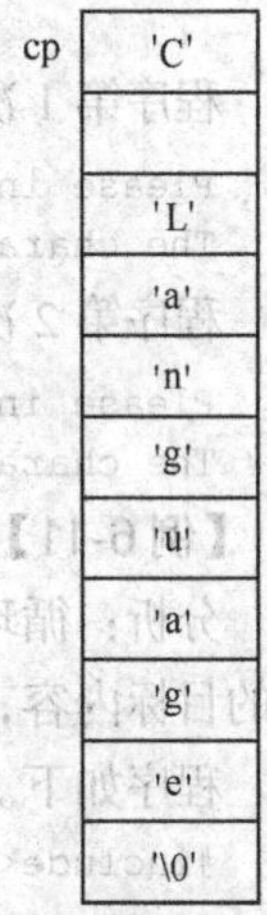

需要注意的是，字符串数组的名字 str 代表了字符串的首地址，是一个常量，不能对常量进行赋值以及自加等运算，如"str++"是错误的，而字符指针则可以进行此类操作。

【例 6-9】简单的字符串加密就是将原字符所对应的 ASCII 码值加或减一个整数，形成一个新的字符。

程序如下。
```
#include<iostream>
using namespace std;
int main()
{ char s[20];
  char *cp;
  int k;
  cp=s;                    //cp 指向 s 数组的首地址
  cout<<"Please input character string \n";
  cin>>s;
  for(k=0; *(cp+k)!='\0';k++)
    *(cp+k)+=3;            //把 ASCII 码值加 3
  cout<<cp<<endl;
  return 0;
}
```

图 6-10　字符指针的指向示意

程序运行结果：
```
Please input character string
language↙
odqjxdjh
```

2. 用字符串指针处理字符串

【例 6-10】在输入的字符串中查找有无'u'字符。

程序如下。
```
#include<iostream>
using namespace std;
int main()
{ char *cp,ps[20];
  cout<<"Please input a string:";
  cin>>ps;                 //输入字符串
  cp=ps;                   //循环前让 cp 指向字符串
  while(*cp!='\0')         //当 cp 未移向串尾且未找到时继续循环查找
```

```
    { if (*cp=='u')
        { cout<<"The character u"<<" is "<<cp-ps+1<<"-th\n";
                           //位置从1算起
          break;
        }
      cp++;              //顺序移动指针cp
    }
    if (*cp=='\0')       //循环结束后如未找到,此时cp应指向字符串尾标志'\0'
      cout<<"The character u"<<" is not found!\n";
    return 0;
```

程序第 1 次运行结果：
```
Please input a string:Language✓
The character u is 5-th
```

程序第 2 次运行结果：
```
Please input a string: program✓
The character u is not found!
```

【例 6-11】将字符串逆序排列后输出。

分析：循环前让 p 指向串首，q 指向串尾'\0'字符前一个字符，每一次循环中，交换 p 和 q 指向的目标内容，顺向移动指针 p，逆向移动指针 q，直至 p>=q 为止，如图 6-11 所示。

程序如下。

```
#include<iostream>
using namespace std;
int main()
{ char str[80],*p,*q, t;
  cout<<"Enter a string:";
  cin>>str;
  /* 输入要处理的字符串 */
  for(p=str,q=p+strlen(str)-1;p<q;p++,q--)
  /* 双向移动指针并交换相应元素 */
  { t=*p;
    *p=*q;
    *q=t;
  }
  cout<<"The reversed string is: "<<str<<endl;  //输出逆序后的字符串
  return 0;
}
```

程序运行结果：
```
Enter a string: language✓
The reversed string is: egaugnal
```

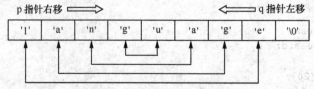

图 6-11　将字符串逆序排列

3. 字符指针作为函数参数

将一个字符串从一个函数传递到另一个函数，可以用字符数组作为参数或用字符指针作为参数。

【例6-12】 形参用字符指针实现字符串间的拷贝。

程序如下。
```
#include<iostream>
using namespace std;
void strcopy( char *s1, char *s2) ;
int main()
{ char *str1="C program", str2[20];
  strcopy(str1,str2);         //分别以字符指针和字符数组名为实参
  cout<<"The first stringis: "<<str2<<endl;
  strcopy("FORTRAN language",str2);
  //分别以串常量和数组名为实参
  cout<<"The second string is: "<<str2<<endl;
  return 0;
}
void strcopy( char *s1, char *s2)   //自定义求字符串拷贝函数strcopy()
{ for(;*s1!='\0';s1++,s2++)
    *s2=*s1;
  *s2='\0';
}
```
程序运行结果：
```
The first string is: C program
The second string is: FORTRAN language
```
归纳起来，字符串作为函数参数有以下几种情况（前面的对应实参，后面的对应形参）。

① 一维数组名，一维数组名。
② 一维数组名，字符指针。
③ 字符指针，字符指针。
④ 字符指针，一维数组名。

6.2.4 指针数组

1. 指针数组的概念

一个数组，如果其每个元素的类型都是整型的，那么这个数组称为整型数组；如果每个元素都是指针类型的，则它就是指针数组。也就是说，指针数组是用来存放一批地址的。指针数组的定义形式为

数据类型　*　指针数组名[元素个数];

在这个定义中，由于"[]"比"*"的优先级高，所以数组名先与"[元素个数]"结合，形成数组的定义形式，"*"表示数组中每个元素是指针类型，"数据类型"说明指针所指向的数据类型。如定义一个指针数组 p，它有 3 个元素，每一个元素都是指向 int 型数据的指针：int   *p[3];。

2. 指针数组初始化

指针数组也同其他类型的数组一样，可以在定义的同时赋初值。例如：
```
    char c[][8]={"Fortran", "Cobol", "Basic", "Pascal"};
    char *cp[]={c[0], c[1], c[2], c[3]};
    int a, b, c, x[2][3];
    in ip[3]={&a, &b, &c}, *p[2]={x[0], x[1]};
```
经过赋初值，cp[0]指向了"Fortran"，cp[1]指向了"Cobol"……这样，二维字符数组 c 就可

以用一维字符指针数组 cp 来表示了。同样，整型指针数组 p 的两个元素中存放了 x 数组两个元素指针 x[0]和 x[1]，可以用它们表示 x 数组元素，例如，*(p[0]+0)为 x[0][0]、*(p[1]+2)为 x[1][2]。这样，通过指针数组 p 就能处理二维数组 x 的数据了。

【例 6-13】 指针数组与二维数组之间的关系。

程序如下。

```
#include<iostream>
using namespace std;
int main()
{ int a[3][3]={{1,2,3},{4,5,6},{7,8,9}},*pa[3],i,j;
   for(i=0;i<3;i++)
     pa[i]=a[i];                   //让指针数组元素分别指向 3 个一维数组
   for(i=0;i<3;i++)                //按行输出二维数组元素
   { for(j=0;j<3;j++)
       cout<<"a["<<i<<"]["<<j<<"]="<<*(pa[i]+j)<< "\t";
     cout<<endl;
   }
   return 0;
}
```

程序运行结果：

```
a[0][0]=1    a[0][1]=2    a[0][2]=3
a[1][0]=4    a[1][1]=5    a[1][2]=6
a[2][0]=7    a[2][1]=8    a[2][2]=9
```

由此可知，若指针数组名 pa=a，则 a[i][j]、*(a[i]+j)、*(pa[i]+j)、pa[i][j]都是具有等价意义的不同表示形式。

3. 字符型指针数组和多个字符串的处理

一般情况下，在程序中运用指针的最终目的是操作目标变量，提高程序运行效率，所以指针数组的应用多数是用字符指针数组来处理多个字符串。尤其是当这些字符串长短不一样时，使用指针数组比使用字符数组更为方便、灵活，而且能节省存储空间。例如，5 门课程名，可用二维数组来存放：

```
char name[5][20]={"C language","Basic","Pascal","Visual C++","Fortran"};
```

也可以用指针数组来指向：

```
char *p[5]={"C language","Basic","Pascal","Visual C++","Fortran"};
```

如图 6-12 所示。

若用二维数组存放字符串，每行的长度相同，可能存在未用到的内存空间，也限制了字符串的长度。而用指针数组时，并未定义行的长度，只是分别在内存中存放了长度不同的字符串，让各个数组元素分别指向它们，因而没有浪费存储空间。

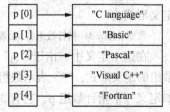

图 6-12 用指针数组指向多个字符串

【例 6-14】 从键盘输入一个字符串，查找该字符串是否在已存在的字符串数组中。

程序如下。

```
#include<iostream>
using namespace std;
#include<string.h>
int main()
```

```
{ int i,flag;
  char *p[5]={ "C language","Basic","Pascal"," Visual C++","FORTRAN"};
  char str[20];
  cout<<"Enter a string:";              //输入要查找的字符串
  cin.getlin(str,20);
  for(i=0;i<5;i++)                      //逐个查找
    if (strcmp(p[i],str)==0)            //若找到则令 flag=-1，退出循环
    { flag=-1;
      break;
    }
  if (flag==-1)                         //找到后 flag 应为-1
    cout<<str<<" is founded.\n";
  else
    cout<<str<<" is not founded.\n";
  return 0;
}
```

程序第 1 次运行结果：

```
Enter a string: Visual c++✓
Visual c++ is not founded.
```

程序第 2 次运行结果：

```
Enter a string: Fortran✓
Fortran is founded.
```

【例 6-15】编写从多个字符串中找出最大字符串的函数。

分析：假定从调用函数中传递一个字符指针数组给该函数，则函数的返回值为最大字符串的指针。

程序如下。

```
#include<iostream>
using namespace std;
#include<string.h>
char *maxstr(char *ps[],int n)
   /* 定义字符指针型函数 maxstr()，形参 ps 是字符型指针数组*/
{ char *max;
  int i;
  max=ps[0];
  for(i=1;i<n;i++)                      //使 max 指向最大字符串
    if (strcmp(max,ps[i])<0)
       max=ps[i];
  return (max);                         //返回指针 max 值
}
int main()
{ char *s[5]={"PASCAL","FORTRAN","C program","Visual C++",
           "Visual Basic"},*p;
  p=maxstr(s,5);                        //调用 maxstr()，得到最大字符串的指针
  cout<<"The max string is: "<<p<<"\n"; //输出结果
  return 0;
}
```

程序运行结果：

```
The max string is: Visual C++
```

6.2.5 多级指针

一个指针可以指向一个整型数据,或一个实型数据,或一个字符型数据,也可以指向一个指针型数据。如果一个指针指向另一个指针型变量,则此指针为指向指针的指针变量,又称为多级指针变量,如图 6-13 所示。

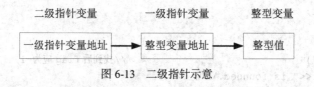

图 6-13 二级指针示意

这里只讨论二级指针,因为二级以上的指针在使用上容易出错,且不易于阅读和理解,程序可读性差。

1. 二级指针变量定义形式

二级指针的定义的一般形式为

数据类型　**指针变量名;

其中,"**指针变量名"相当于*(*指针变量名),在括号中定义了一个指针变量,括号外的"*",说明指针变量(即二级指针)的目标变量是一个指针类型数据,"数据类型"是最终目标变量(即一级指针)所指向数据的类型。

2. 二级指针变量初始化

二级指针变量在定义时也同样可以赋初值。例如:

```
int  a,*pa,**ppa;
char *pname[3],**ppname=pname;
```

如图 6-14 所示,指针 pa 指向数据变量 a,而指针 ppa 指向指针 pa,因此 ppa 是指向指针的指针,又称二级指针。其中,*ppa 即为指针 pa,而**ppa=*(*ppa)= *pa 即为变量 a。

图 6-14 二级指针 ppa 与变量 a 的指向联系

同样,在图 6-12 中,字符指针数组 p 的数组名就是一个二级指针,因为*p 就是一级指针 p[0],而*p[0]或者**p 就是 p[0]指向的字符串的首字符'C'。

3. 二级指针应用举例

【例 6-16】二级指针的应用。

```
#include<iostream>
using namespace std;
int main()
{ float x=6.6;
  float **pp,*p;
  p=&x;
  pp=&p;
  cout<<"x="<<x<<"="<<*p<<"="<<**pp<<endl;
  return 0;
}
```

程序运行结果:

　　x=6.6=6.6=6.6

从结果中可以看到,3 种形式都输出了相同的结果。3 个变量的存储关系如图 6-15 所示。一级指针 p 中存放的是变量 x 的地址 "2200"。二级指针 pp 中存放的是一级指针 p 的地址 "2800"。因此当对二级指针进行 "**pp" 操作时，首先通过地址 "2800" 找到一级指针 p，再由一级指针 p 中的地址 "2200" 找到变量 x。

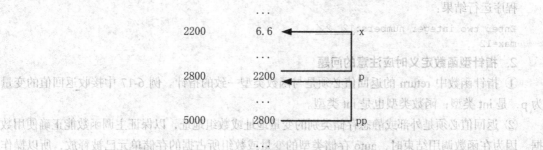

图 6-15　变量存储关系示意

6.3　指针和函数

6.3.1　指针型函数

在 C++中，一个函数可以返回一个整型值、字符型值、实型值等，也可以返回指针型的数据，即地址。指针型函数指函数返回值是指针型数据的函数。

1. 指针型函数定义形式

指针型函数定义的一般形式为

　　函数数据类型　*　函数名(形式参数表);

其中，函数名前的 "*" 表示函数的返回值是一个指针类型，"函数数据类型" 是指针所指向的目标变量的类型。在指针型函数中，使用 return 语句返回的可以是变量的地址、数组的首地址或指针变量，还可以是结构体、共用体等构造数据类型的首地址等。例如：

　　　　int *fun(int a,char ch);

上面这个函数即是一个指针型函数，返回值为 int 型指针或地址。在此函数的实现中必须有 return(&变量名)或 return(指针变量)。

【例 6-17】运用指针型函数来找出两个数中的最大值。

程序如下。

```
#include<iostream>
using namespace std;
int *max (int *i , int *j)      //定义指针型函数，其形参为两个指针变量
{ if (*i>*j)
      return (i);
   else
      return (j);
}
int main()
{ int a,b,*p;
   cout<<"Enter two integer numbers:";
   cin>>a>>b;
```

```
        p=max(&a,&b);            //调用指针型函数,返回值为指针
        cout<<"max="<<*p<<"\n";
        return 0;
    }
```

程序运行结果：

```
Enter two integer numbers:12 2✓
max=12
```

2. 指针型函数定义时应注意的问题

① 指针函数中 return 的返回值必须是与函数类型一致的指针。例 6-17 中接收返回值的变量为 p，是 int 类型；函数类型也是 int 类型。

② 返回值必须是外部或静态存储类别的变量地址或数组地址，以保证主调函数能正确使用数据。因为在函数调用结束时，auto 存储类型的变量或数组所占据的存储单元已被释放，所以操作系统有可能重新分配使用这些存储单元。例 6-17 中，返回值就是函数外部的变量地址。

6.3.2 用函数指针调用函数

1. 函数指针的定义和赋值

前面提到的指针都是指向数据存储区中的某种数据类型的数据，在 C++中，还可以让指针指向函数。一个函数包括一系列的语句，在内存中占据一片存储单元，它必然有一个指向函数第 1 条语句的地址，即函数的入口地址。如同数组名可表示数组的首地址一样，C++同样用函数名表示函数的入口地址，而且是地址常量。通过这个地址可以找到函数，这个地址就称为函数的指针。因此，要让指针指向函数，只需把函数名赋予指针变量，即该指针变量的内容就是函数的入口地址，这种指针称为函数指针。函数指针的定义形式为

数据类型 (* 函数指针变量名)();

其中"*函数指针变量名"必须用圆括号括起来，否则就变成声明一个指针型函数了。在定义中"(*函数指针变量名)"右侧的括号"()"表示指针变量所指向的目标是一个函数，不能省略；"数据类型"用于定义指针变量所指向的函数的类型。例如：

```
int  (*pf)();           //定义 int 型函数指针 pf
int  fun(int x );       //声明 int 型函数 fun()
pf=fun;                 //给函数指针 pf 赋值,使 pf 指向指针型函数 fun()
```

说明：

① 由于优先级的关系，"*函数指针变量名"要用圆括号括起来。

② "int (*pf)();"表示定义一个指向函数的指针 pf，它不是固定只指向某一个函数，而是表示定义了一个类型的变量，它专门用来存放函数的入口地址。在程序中把哪一个函数的地址赋给它，它就指向哪一个函数。在一个程序中，通过改变指针变量的内容，一个指针变量可以先后指向同类型的不同函数，实现对不同函数的调用。

③ 和数据指针一样，程序中不能使用指向不定的函数指针。使用前，必须对它赋值，且只能赋以同类型的函数名或其他有确切指向的同类型函数指针值。

④ 在给函数指针赋值时，只需给出函数名而不必给出参数，例如：

pf=fun;

因为是将入口地址赋给 pf，不牵涉实参与形参的结合问题。如果写成：

pf=fun(x);

fun(x)是将调用 fun()函数所得到的函数值赋给 pf，而不是将函数入口地址赋给 pf。这样做有

可能出现错误,除非函数返回的是同类型的指针值。

2. 函数指针的使用

函数指针与一般变量指针的共同之处是都可以间接访问,但是变量指针指向内存的数据存储区,通过间接存取运算访问目标变量;而函数指针指向内存的程序代码存储区,通过间接存取运算使程序流程转移到指针所指向的函数入口,取出函数的机器指令执行函数,完成函数的调用。

用函数指针变量调用函数的一般形式为

(* 函数指针变量名)(实参表);

其中,"*函数指针变量名"必须用圆括号括起来,表示间接调用指针变量所指向的函数;右侧括号中为传递到被调用函数的实参。例如,若有函数 int f1(int x,int y) 和 int f2(char ch),并定义了同类型函数指针 int (*fs)();及相关变量。则:

```
fs=f1;              //fs 指向函数 f1()
x=(*fs)(a,b);       //相当于 x=f1(a,b);
fs=f2;              //改变 fs 内容,使 fs 指向函数 f2()
y=(*fs)(str);       //相当于 y=f2(str);
```

可见,用函数名调用函数,只能调用所指定的一个函数;而通过改变函数指针的内容,就能实现对不同函数的调用。函数指针可以很灵活地进行函数调用,可以根据不同情况调用不同的函数。

运用函数指针变量调用函数时应注意以下问题:

① 函数指针变量中应存有被调函数的首地址。

② 调用时"*函数指针变量名"必须用圆括号括起来,表示对函数指针做间接存取运算。它的作用等价于用函数名调用函数,此外实参表也应与函数的形参表一一对应。

【例 6-18】 用指向函数的指针调用函数以求二维数组中全部元素之和。

程序如下。

```cpp
#include<iostream>
using namespace std;
int main()
{ int arr_add(int arr[],int n);
  int a[3][4]={1,3,5,7,9,11,13,15,17,19,21,23};
  int *p,total1,total2;
  int (*pt)(int*,int);           //定义一个指向函数的指针
  pt=arr_add;
  p=a[0];
  total1=arr_add(p,12);          //用原函数名调用函数
  total2=(*pt)(p,12);            //用指向函数的指针调用函数,将函数入口地址赋给指针
  cout<<"total="<<total1<<endl;
  cout<<"total2="<<total2<<endl;
  return 0;
}

arr_add(int arr[],int n )
{ int i,sum=0;
  for(i=0;i<n;i++)
  sum=sum+arr[i];
  return(sum);
}
```

程序运行结果：
```
total1=144
total2=144
```
与数组元素具有下标访问与指针访问两种形式类似，函数的调用也可用两种方法实现：一是使用函数名进行调用，二是使用函数指针调用。任何一个函数的函数名同时又是指向该函数的入口地址的指针。例如，例 6-18 中也可通过(*arr_add)(p,12)或 pt(p,12)的形式实现对函数的调用。

6.3.3 用指向函数的指针作函数参数

函数指针主要用于函数之间传递函数，把函数的入口地址传递给形参，这样就能够在被调用的函数中使用实参函数。即：

调用函数：实参为函数名 ──────▶ 被调函数：形参为函数指针

【例 6-19】写一程序，如输入 1，程序就求数组元素的最大值，输入 2 就求数组元素的最小值，输入 3 就求数组元素值之和。

程序如下。
```cpp
#include<iostream>
using namespace std;
#define N 5
void process(int *x,int n,int (*fun)(int*,int ))    //形参 fun 为函数指针
{ int result;
  result=(*fun)(x,n);                                //以函数指针 fun 实现同类型相关函数的调用
  cout<<result<<endl;
}
arr_max(int x[],int n)
{ int max=x[0],k;
  for(k=1;k<n;k++)
     if (max<x[k])
        max=x[k];
  return (max);
}
arr_min(int x[],int n)
{ int min=x[0],k;
  for(k=1;k<n;k++)
    if (min>x[k])
       min=x[k];
    return (min);
}
arr_sum(int x[],int n)
{ int sum=0,k;
  for(k=0;k<n;k++)
   sum+=x[k];
  return (sum);
}
int main()
{ int a[N]={ 10,25,33,15,27},choice;
  cout<<"Please input your choice:";
  cin>>choice;
  switch(choice)
  { case 1:  cout<<"max=";
             process (a,N,arr_max);
             break;
```

```
            /* 调用 process ()求 a 数组中最大值,以函数名 arr_max 为实参 */
      case 2:   cout<<"min=";
                process (a,N,arr_min);
                break;
            /* 调用 process ()求 a 数组中最小值,以函数名 arr_min 为实参 */
      case 3:   cout<<"sum=";
                process (a,N,arr_sum);
                break;
            /* 调用 process ()求 a 数组中元素值之和,以函数名 arr_sum 为实参 */
   }
   return 0;
}
```

程序运行结果:
```
Please input your choice:1↙
max=33
```
再次运行:
```
Please input your choice:2↙
min=10
```
再次运行:
```
Please input your choice:3↙
sum=110
```

用函数指针(函数地址)作为调用函数时实参的好处在于,能在调用一个函数过程中执行不同的函数,这就提高了处理问题的灵活性。在处理不同函数时,process()函数本身并不改变,而只是改变了调用它时的实参。如果想将另一个指定的函数传给 process(),只需改变实参值(函数的地址)即可。实参也可以不用函数名而用指向函数的指针变量。

6.3.4 带参数的 main()函数

在操作系统状态下输入的命令及其参数,一般称为命令行。例如,DOS 命令:
```
copy from to
```
其中 copy 就是文件拷贝命令,from 和 to 是命令行参数。

直到现在,我们用到的 main()函数都是不带参数的,由这种无参主函数所生成的可执行文件,在执行时只能输入可执行文件名(从操作系统角度看,该文件名就是命令名),而不能输入参数。而在实际的应用中,经常希望在执行程序(或命令)时,能够由命令行向其提供所需的参数。

带参数的命令一般具有如下形式:

命令名　　参数1　　参数2　　…　　参数 n

其中命令名和参数、参数和参数之间都是由空格隔开的。

例如,在 DOS 系统下,用 edit 编辑文件时,可按下面的形式输入命令及参数:
```
C:\>edit file.c
```
其中,edit 称为命令,而 file.c 称为参数。由于 edit 要对 file.c 文件进行处理,所以在 edit 程序中必须要能够引用字符串"file.c"。要想在其中引用字符串"file.c",就必须在 edit 程序中设置带参数的 main()函数。

main()函数中可以写两个形参,一般形式为
```
    main(int argc, char *argv[])
```
其中形参 argc 是整型变量,存放命令行中命令与参数的总个数。因为程序名也计算在内,因此 argc 的值至少为 1。形参 argv 是字符指针数组,数组中的每个元素都是一个字符串指针,指向

命令行中的每一个命令行参数,每个命令行参数都是一个字符串。

需要注意的是,由命令行向程序中传递参数都是以字符串的形式出现的,要想获得其他类型的参数,比如数值参数,就必须在程序中进行相应的转换。

main()函数中两个形式参数的初始化过程由系统在执行程序时自动完成。这两个参数的名字,用户也可以改变,但习惯上使用 argc 和 argv。若改用别的名字,其数据类型不能改变,即一个必须为 int 型,一个必须为 char 型指针数组。

【例 6-20】举例说明命令行参数与 main()函数中两个参数之间的关系。

程序如下。

```
#include<iostream>
using namespace std;
int main(int argc, char *argv[])
{ if(argc==1)
    cout<<"The content in argv[0] is:"<<argv[0];
  if(argc==2)
  { cout<<"The command include "<<argc-1<<" parameter:";
    cout<<argv[1];
    cout<<"\nThe content in argv[0] is: "<<argv[0];
  }
  if(argc==3)
  { cout<<"\nThe command include "<<argc-1<<" parameter:";
    cout<<argv[1]<<argv[2];
  }
  if(argc>3)
    cout<<"Bad command!";
  return 0;
}
```

程序编译通过后存盘,文件名为 cprog.c,连接产生可执行文件 cprog.exe。

在命令窗口中,分别输入不同的参数对该程序执行 3 次。

程序运行结果:

```
C:\cpp\VC\Debug> cprog↙
The content in argv[0] is: cprog
C:\cpp\VC\Debug> cprog one↙
The command include 1 parameter:one
The content in argv[0] is: cprog
C:\cpp\VC\Debug> cprog a b c↙
Bad command!
```

从例 6-20 中可以看出,对于不同的输入参数 argc 和 argv[]的变化。无论外界输入多少个参数,argv[0]中始终存放着可执行文件名。

利用 main()函数中的参数,可以使程序根据不同的输入参数执行不同的程序,提高了程序设计的灵活性。

6.4 动态存储分配

6.4.1 内存的动态分配

前面介绍过全局变量和局部变量,全局变量占据内存中的静态存储区;非静态的局部变量

（包括形参）占据内存中的一个称为栈（stack）的动态存储区。除此以外，C++还允许建立内存动态分配区域，以存放一些临时用的数据。这些数据不必在程序的声明部分定义，也不必等到函数结束时才释放，而是在需要时随时开辟，不需要时随时释放。这些数据临时存放在一个称为堆（heap）区的特别的自由存储区。可以根据需求，向系统申请所需大小的空间。由于未在声明部分将这些数据声明为变量，因此不能通过变量名引用这些数据，而只能通过指针来引用。动态内存的生存期由程序员自己决定，使用非常灵活，但也最容易出现问题。在使用过程中应牢记"有借有还"的原则，即对申请的动态内存不用的时候一定要将其释放，归还系统。

6.4.2 动态内存分配操作符

动态内存不能通过变量名来使用，而只能通过指针来使用。动态内存的分配和释放有两种方法：一种是利用标准函数，如 malloc()和 free()，这是 C 语言保留下来的方法；另一种是 C++提供的两个操作符，一个是 new，另一个是 delete。new 表示动态分配存储空间操作符，返回的是一块连续的内存空间的起始地址，因此常常将其返回值赋给指针变量，与 C 语言中的 malloc()动态分配存储空间函数相似。delete 表示删除动态分配的存储空间操作符，与 C 语言中的 free()释放动态分配存储空间函数相似。后者比前者功能强，使用方便。下面介绍后面这种方法。

对于非数组空间，new 和 delete 的使用格式为

new 数据类型 [(表达式)]
delete 指针表达式[,指针表达式]

如果申请内存成功，new 返回一个指向该内存的指针，指针的类型由类型声明确定。格式中的表达式用于对申请到的内存进行初始化。例如：

```
int *p1, **p2;
p1=new int(5);              //p1 指向一整型空间，其中存有整数 5
p2=new (int *);             //p2 指向一整型指针空间
*p2=new int (7);            /**p2 指向一整型空间，其中存有整数 7
cout <<*p1<<**p2;
delete p1, *p2, p2;
```

p1，p2 与所申请空间的关系如图 6-16 所示。

如果因为没有足够的动态空间而导致 new 操作失败，默认的处理方式是返回一个 NULL 指针（空指针）。由于引用是一种特殊的指针，因此被引用的对象也可以来自动态空间，例如：

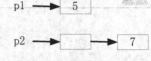

图 6-16 申请空间关系示意

```
    int &d=*(new int);      //d 引用动态空间对象，注意必须用*表示指针所指对象
    delete &d;              //释放空间，注意必须用&得到空间地址
```

如果申请的是数组空间，new 和 delete 的格式为

new 数据类型[行元素个数][列元素个数]
delete []指针表达式,[]指针表达式

例如：

```
    int *ap=new int[10];
    double &matrix=*new double [20][20];
```

注意，对于申请的数组空间，无法进行初始化。另外，第 1 维的声明可以是在运行时求值的

表达式，而从第 2 维开始就必须是在编译时即可求值的常量表达式。例如：

```
int *p1=new int[n];           //正确
int (*p2)[6]=new int[m][6];   //正确
int (*p3)[n]=new int[m][n];   //错误
int (*p4)[n]=new int[10][n];  //错误
```

注意，在执行了像 delete p;这样的语句后，p 仍具有原来的指针值，并没有成为空指针。利用动态空间必须非常小心，例如，哪个函数负责申请、哪个函数负责释放等问题必须有明确的安排。尽可能让同一函数负责释放自己的申请空间。

【例 6-21】 new 和 delete 操作符的应用。

程序如下。

```cpp
#include<iostream>
using namespace std;
int main()
{
    int *p=new int[8];          //动态生成一数组空间，并用p指向它
    for (int i=0; i<8; i++)
    {
        p[i]=i+1;               //用下标的方式给数组元素赋值
    }
    int *temp=p;
    for (int j=0;j<8;j++)
    {
        cout<<*temp++<<" ";     //用指针移动的方式输出数组元素的值
    }
    delete[]p;                  //释放 new 分配的一维数组
    return 0;
}
```

程序运行结果：

1 2 3 4 5 6 7 8

delete 只能释放由 new 操作符动态分配的内存空间，通过变量定义分配的内存空间不能用 delete 释放。

6.5 引 用

引用是给对象取一个别名，它引入了对象的一个同义词。在 C++中可以使用指针来建立变量的别名，也可以使用引用来建立变量或对象的别名。因为引用更像是普通变量，所以使用起来更方便，可读性更好。

6.5.1 引用的概念

引用是变量或者其他编程实体（如对象）的别名，因此引用不可以单独定义。如图 6-17 所示，变量 a 在内存中有自己的地址，而 a 的引用 b 实际上就是变量 a，只是 a 的另外一个名字。作为

对比,图 6-17 中也给出了指针和它指向变量的关系。指针变量本身也是有自己的地址的,是可以独立存在的。

图 6-17 引用与指针的区别

引用的声明是通过运算符&来定义的,格式为

<数据类型名> &引用名=变量名;

其中的"变量名"必须是已经定义的,并且该变量的类型必须和引用的类型相同。例如:

```
int apint;
int &refint=apint;
```

refint 就是变量 apint 的引用。引用 refint 和变量 apint 具有相同的地址,对于引用 refint 的操作也就是对变量 apint 的操作,即对于变量 apint 的操作也就是对引用 refint 的操作。

需注意,引用必须在声明的时候就完成初始化,不可以先声明引用,然后再用另一个语句对它初始化。以下的语句中,后两个语句是错误的:

```
int apint;
int &refint;
refint=&apint;
```

所以,引用有以下特点:

① 引用不能独立存在,它只是其他变量的别名。
② 引用必须在声明的同时就初始化。
③ 引用一旦定义,引用关系就不可以更改,即 B 若是 A 的引用,就不可能是其他变量的引用。
④ 引用的类型就是相关变量的类型,引用的使用和变量的使用相同。

6.5.2 引用的操作

在介绍了引用的基本概念后,下面通过具体的例子说明引用的操作。

【例 6-22】引用的操作。

引用的操作分两方面:

- 通过引用,使用相关的变量。
- 通过引用,修改相关的变量。

程序如下。

```
#include<iostream>
using namespace std;
int main()
{
  int intA=10,B=20;
  int &refA=intA;
  cout<<"引用的值和相关变量值相同: refA="<<refA<<endl;
  refA=5;
```

```
            cout<<"引用变化,则相关变量也变化:intA="<<intA<<endl;
            cout<<"引用的地址和相关变量地址相同:intA 的地址 = "<<&intA<<endl;
            cout<<"引用的地址和相关变量地址相同:refA 的地址 = "<<&refA<<endl;
            return 0;
        }
```
程序运行结果:

引用的值和相关变量值相同:refA=10

引用变化,则相关变量也变化:intA=5

引用的地址和相关变量地址相同:intA 的地址 = 0x0012FF7C

引用的地址和相关变量地址相同:refA 的地址 = 0x0012FF7C

【例 6-23】指针的引用。

程序如下。

```
#include<iostream>
using namespace std;
int main()
{
    int A=10, B=20;
    int *pti=&A;
    int *&refi=pti;
    cout<<"指针的引用可以访问指针所指的变量:*refi="<<*refi<<endl;
    cout<<"指针变量原来的值:pti="<<pti<<endl;
    refi=&B;
    cout<<"引用变化,则相关指针也变化:pti="<<pti<<endl;
    cout<<"指针所指的变量值也发生变化:*pti="<<*pti<<endl;
    return 0;
}
```
程序运行结果:

指针的引用可以访问指针所指的变量:*refi=10

指针变量原来的值:pti=0x0012FF7C

引用变化,则相关指针也变化:pti=0x0012FF78

指针所指的变量值也发生变化:*pti=20

6.5.3 不能被定义引用的情况

不是所有类型的数据都可以定义引用。下面列出可定义引用的几种情形:

① 简单数据类型变量或常量可定义引用,例如:

```
int &
char &
float &
double &
bool &
```

② 结构类型变量或常量可定义引用,例如:

```
struct Teacher
{ char name[20];
  float score;
};
Teacher teach1={"WangLin",45.6};
Teacher &teach=teach1;
cout <<teach.name<<teach.score;
```

③ 对指针变量或常量可定义引用，例如：
```
int *pint=new int;
int *&rpint=pint;
*rpint=45.6;
delete rpint;
```
不能被定义引用的情况有以下几种：
① 对 void 类型不能定义引用。

因为 void 本身就表示没有数据类型，对它的引用也就没有意义。这一点和指针不一样，可以定义指向 void 的指针。

② 对数组名不能定义引用。

因为数组名本身不是一个变量，它只是一些变量的集合。所以，对数组名的引用没有意义。可以对数组的某一个元素定义引用，例如：
```
int arr[10];
int &rarr=arr;            //错误，不能对数组名定义引用
int &rarr0=arr[0];        //正确
```
③ 指向引用类型的指针不能定义引用。

因为引用本身只是一个符号，它没有任何内存空间，所以不能定义指向引用类型的指针。例如：
```
int i;
int &pp=i;
int *&pr=&pp;             //错误，不能定义指向引用的指针
```
注意 "int *&" 和 "int &*" 的区别。"int *&" 表示对 int 型指针的引用，"int &*" 表示指向 int 型引用的指针。前者是允许的，而后者是不允许的。

6.5.4 函数参数中引用的传递

引用常常被用作函数的形参。引用作为形参有以下优点：
- 用引用传递函数的参数，能保证参数传递中不产生副本，提高传递的效率。
- 引用不必像指针那样需要使用*、->等运算符。

下面的例子显示了以上优点。

【例 6-24】作为函数参数的引用。

程序如下。
```
#include<iostream>
using namespace std;
struct bigone
{
    int serrno;
    char text[1000];
};
void slowfunc(bigone p1);        //值传递函数
void fastfunc(bigone &p1);       //引用传递函数参数
int main()
{
    static bigone bo={123, "This is a BIG structure"};
                                 //结构体较大，时间开销较大
    slowfunc(bo);                //引用传递比值传递的时间开销要小
    fastfunc(bo);
```

```cpp
    return 0;
}
void slowfunc(bigone p1)              //值传递函数
{
    cout<<p1.serrno<<endl;
    cout<<p1.text<<endl;
}
void fastfunc(bigone &p1)             //引用传递函数
{
    cout <<p1.serrno<<endl;
    cout<<p1.text<<endl;
}
```

程序运行结果：
123
This is a BIG structure
123
This is a BIG structure

6.5.5 用引用返回多个值

函数只能返回一个值。如果程序需要从函数返回多个值怎么办？解决这一问题的办法之一是用引用给函数传递多个参数，然后由函数往目标中填入正确的值。因为用引用传递允许函数改变原来的目标，这一方法实际上让函数返回多个信息。这一策略绕过了函数的返回值，使得返回值可以保留给函数，作为报告运行成败或错误原因使用。

引用和指针都可以用来实现这一过程。下面的程序实际上返回了 3 个值，两个是引用，另一个是函数返回值。

【例6-25】Factor()函数检查用值传递的第一参数。如果不在 0~20 的范围内，就简单地返回错误值（假设程序正常返回为 0）。程序所真正需要的值 squared 和 cubed 是通过改变传递给函数的引用返回的，并没有使用函数返回机制。

程序如下。

```cpp
#include<iostream>
using namespace std;
int Factor(int, int&, int&);
int main()
{
    int number, squared, cubed;
    int error;
    cout <<"Enter a number(0-20): ";
    cin>>number;
    error=Factor(number,squared,cubed);
    if (error)
        cout<<"Error encountered! \n";
    else
    {
        cout <<"Number:"<<number<<endl;
        cout<<"Squared:"<<squared<<endl;
        cout<<"Cubed:"<<cubed<<endl;
    }
    return 0;
}
```

```
int Factor(int n, int &rSquared, int &rCubed)
{
  if (n>20 || n<0)
     return true;
  rSquared=n*n;
  rCubed=n*n*n;
  return false;
}
```

程序运行结果：
```
Enter a number(0-20):13↙
Number:13
Squared:169
Cubed:2197
```

6.5.6 用函数返回引用

函数可以返回一个引用，格式为

<类型名> &函数名(形式参数)

返回引用有以下几点需要注意：

① 返回引用的返回语句是：return 变量名;。

② 返回引用实际是返回地址。在使用上，或者直接使用这个地址，或者使用这个地址单元的数据。

③ 返回的引用可以出现在赋值号的左侧继续操作，而返回的变量值是不可以的。这是返回引用和返回变量值在使用上的主要区别。

④ 从形式上看，返回引用和返回变量值相似。

【例6-26】函数返回值类型为引用应用举例。

程序如下。

```
#include<iostream>
using namespace std;
int a[]={1,2,3,4,5};
int &index(int);            //说明返回引用的函数
int main()
{
  for (int i=1; i<5; i++)
     index(0)+=index(i);    //求数组各元素之和并放在数组第 0 个元素中
  cout <<"sum="<<index(0)<<endl;
  return 0;
}
int &index(int i)
{
  return a[i];
}
```

程序运行结果：
```
sum=15
```

在定义返回引用的函数时，注意不要返回该函数内自动变量的引用。因为自动变量的生存期仅限于函数内部，函数返回时，该自动变量即被撤销。

6.5.7 const 引用

使用 const 修饰符也可以说明引用，被说明的引用为常引用，该引用所引用的对象不能被更

新。其定义格式为

const <类型说明符> & <引用名>

例如：

const double & vst;

在实际应用中，常指针和常引用往往用作函数的形参，这样的参数称为常参数。在 C++面向对象的程序设计中，指针和引用使用得较多，其中使用 const 修饰的常指针和常引用用得更多。使用常参数表明该函数不会更新某个参数所指向或所引用的对象。这样，在参数传递过程中就不需要执行拷贝初始化构造函数，这将会改善程序的运行效率。

例如：

const int & n;

其中，n 是一个常引用，它所引用的对象不会被更新。如果出现 n=123 是非法操作。

【例 6-27】分析以下程序的执行结果。

程序如下。

```
#include<iostream>
using namespace std;
void display(const double &r);
int main()
{
    double d(6.3);
    display(d);
    return 0;
}
void display(const double &r)    //常引用，所引用的对象不能被更新
{
    cout<<r<<endl;
}
```

程序运行结果：

6.3

【例 6-28】const 引用应用举例。

程序如下。

```
#include<iostream>
using namespace std;
struct Date
{
    int month,day,year;
};
Date birthdays[]={{12,17,37},{10,31,38},{6,24,40},{11,23,42},{8,5,44}};
const Date &getdate(int n)
{
    return birthdays[n-1];
}
int main()
{
    int dt=99;
    while(dt!=0)
    {
        cout <<endl<<"Enter date # (1-5, 0 to quit):";
        cin >>dt;
        if (dt>0 && dt<6)
```

```
        const Date &bd=getdate(dt);
        cout<<bd.month<<'/'<<bd.day<<'/'<<bd.year<<endl;
    }
  }
  return 0;
}
```

程序运行结果：

```
Enter date # (1-5, 0 to quit):1↙
12/17/37
Enter date # (1-5, 0 to quit):2↙
10/31/38
Enter date # (1-5, 0 to quit):3↙
6/24/40
Enter date # (1-5, 0 to quit):4↙
11/23/42
Enter date # (1-5, 0 to quit):5↙
8/5/44
Enter date # (1-5, 0 to quit):0↙
```

本章小结

本章中，我们重点学习了指针和引用这两种数据类型，并且详细介绍了用指针、引用作为函数参数与用简单变量作为函数参数的不同之处，以及指针与数组之间的关系；然后介绍了指针数组、指向指针的指针、引用和 const 引用等概念及其应用。本章学习要点归纳如下。

(1) 各种类型指针的定义

① 理解指针的基本概念，能够正确定义整型、字符型等基本类型的指针变量。
② 掌握一维数组类型指针变量和指针数组的定义方法。
③ 掌握函数指针变量和指针型函数的定义方法。
④ 理解二级指针变量的概念和定义形式。

指针变量定义的各种形式有时容易混淆，学习时应该从定义中出现的运算符优先级入手，帮助理解和记忆。例如，"[]"和"()"优先级高，"*"优先级低，这样就可以知道哪里需要加括号，哪里不能加。例如：

```
    int *p;              //定义 p 为指向整型数据的指针变量
    int (*p)[n];         //定义 p 为指向一维数组的指针变量，一维数组含有 n 个整型元素
    int *p[n];           //定义 p 为指针数组，它含有 n 个指向整型数据的指针元素
    int (*p)();          //定义 p 为指向整型函数的指针变量
    int *p();            //声明 p 为指针型函数，返回值为指向整型数据的指针
    int **p;             //定义 p 为二级指针变量，是指向整型指针的指针变量
```

(2) 指针的基本运算

① 掌握指针变量的初始化和赋值运算。
② 理解并能正确进行指针的加减运算与关系运算。
③ 掌握指针的间接存取运算，能够通过指针正确地进行数据处理。

指针变量的赋值运算是其他一切有关指针操作的基础，只有当指针变量中存放了有效的指针值时，才能进行指针的加减运算、关系运算以及间接存取运算。此外，赋值时应注意指针值必须与指针变量类型相同。

指针的加减及关系运算与数组操作密切相关，只有对某个数组的指针进行这些运算才有实际意义。指针加、减一个整型表达式或者两个指针相减，不是简单的地址值的算术加减运算，与数组元素的类型有关。

（3）数组的指针与指针数组的应用

① 掌握一维数组和二维数组指针的有关概念，能够运用指针操作数组。

② 理解指针数组的概念，能够通过字符型指针数组操作字符串。

数组名代表数组在内存中的起始地址，称为数组的指针，它是一个指针常量。可以将一维数组名赋给一个指针变量，并用它访问数组元素；也可以将二维数组名或二维数组行指针赋给一个指向一维数组的指针变量，并用它访问二维数组元素。通过指针变量引用数组元素的指针表示法与数组元素的下标表示法等价。编写程序和阅读程序时需特别注意指针变量的当前值。

指针数组的元素均为指针类型数据，使用字符指针变量或字符指针数组能够很方便地进行字符串操作。应掌握用字符指针变量或字符指针数组操作字符串的常用算法。

（4）函数调用指针类型的应用

① 掌握函数参数为指针类型数据时函数的编程方法，并能正确使用指针进行函数之间数据的传递。

② 掌握函数返回值为指针类型数据时函数的定义和调用方法。

③ 了解有关函数指针的概念，并能通过指向函数的指针变量调用函数。

函数参数为指针型数据时，主调函数通过实参将目标变量的地址传送给被调函数的指针型形参，这样被调函数的指针型形参就将其指向域扩展到主调函数，从而完成存取主调函数中目标变量的操作。要小心区分函数形参的定义形式与调用函数时实参的描述形式。

函数返回值为指针类型数据时，必须将函数定义为指针型函数，同时在主调函数中将函数返回值（指针）赋给同类型的指针变量。

函数名代表函数代码段的起始地址，称为函数的指针，它是一个指针常量。通过将函数指针赋给一个指向函数的指针变量，可以使用间接存取运算符调用该函数。对函数的指针不能进行加、减及比较等运算。

（5）引用

① 掌握引用的使用方法，并能正确使用引用修改变量的值。

② 掌握引用作为函数参数的编程方法，能使用引用返回多个值。

③ 掌握函数返回值为引用的编程方法。

引用即为变量的别名，是变量的另一个名字，利用引用作为函数参数可方便地从函数中返回值，比指针做函数参数的方法更加直观、更好理解。

习 题

一、单项选择题

1. 若定义了 int n=2, *p=&n, *q=p;，则下面的赋值非法的是（　　）。

　　A. p=q　　　　　　B. *p=*q　　　　　　C. n=*q　　　　　　D. p=n

2. 若定义了 double *p, a;，则能通过 cin 操作符给输入项读入数据的程序段是（   ）。
   A. p=&a; cin>>p;   B. *p=&a; cin>>p;   C. p=&a; cin>>*p;   D. p=&a; cin>>a;
3. 若定义了 int a[10], i=3, *p; p=&a[5];，则下面不能表示为 a 数组元素的是（   ）。
   A. p[-5]   B. a[i+5]   C. *p++   D. a[i-5]
4. 若有如下定义：
   int n[5]={1,2,3,4,5},*p=n;
   则值为 5 的表达式是（   ）。
   A. *p+5   B. *(p+5)   C. *p+=4   D. p+4
5. 设变量 b 的地址已赋给指针变量 ps，下面为"真"的表达式是（   ）。
   A. b==&ps   B. b==ps   C. b==*ps   D. &b==&ps
6. 设有以下定义和语句：
   int a[3][2]={1,2,3,4,5,6},*p[3];
   p[0]=a[1];
   则*(p[0]+1)所代表的数组元素是（   ）。
   A. a[0][1]   B. a[1][0]   C. a[1][1]   D. a[1][2]
7. 若定义了 char *str="Hello!";，则下面程序段中正确的是（   ）。
   A. char c[], *p=c; strcpy(p,str);
   B. char c[5], *p; strcpy(p=&c[1],&str[3]);
   C. char c[5]; strcpy(c,str);
   D. char c[5]; strcpy(p=c+2,str+3);
8. 若有下面的程序段，则不正确的 fxy()函数的首部是（   ）。
   ```
   #include<iostream.h>
   void main()
   { int a[20], n;
     …
     fxy(n, &a[10]);
     …
   }
   ```
   A. void fxy(int i, int j)
   B. void fxy(int x, int *y)
   C. void fxy(int m, int n[])
   D. void fxy(int p, int q[10])
9. 不合法的带参数 main()函数的首部形式是（   ）。
   A. main(int argc, char *argv)
   B. main(int i, char **j)
   C. main(int a, char *b[])
   D. main(int argc, char *argv[10])
10. 设有如下定义 int (*pt)();，则以下叙述中正确的是（   ）。
    A. pt 是指向一维数组的指针变量
    B. pt 是指向整型数据的指针变量
    C. pt 是一个函数名，该函数的返回值是指向整型数据的指针
    D. pt 是指向函数的指针变量，该函数的返回值是整型数据

二、填空题

1. 请指出在 int *p[3];定义中 p 是_____；在 int (*q)();定义中 q 是_____。
2. 若有如下定义，则使指针 p 指向值为 20 的数组元素的表达式是 p+=_____。
   int a[6]={1,5,10,15,20,25},*p=a;
3. 执行以下程序段后，x 的值为_____。
   int a[3][2]={{1,2},{10,20},{15,30}};
   int x, *p;

```
        p=&a[0][0];
        x=(*p)*(*(p+3))*(*(p+5));
```

4. 请将下面函数补充完整，使得 add() 函数具有求两个数之和的功能。
```
        void add(int a, int b, _____c)
        { _____=a+b;}
```

5. 下面程序的功能是输出数组中的最大值，由 s 指针指向该元素，请将该程序补充完整。
```
        #include<iostream.h>
        void main()
        { int a[8]={6,7,2,9,1,10,5,8},*p,*s;
          for (p=a,s=a;p-a<8;p++)
             if (_____) s=p;
          cout<<"max: "<<*s<<endl;
        }
```

6. 下面程序的功能是通过调用 aver() 函数，计算数组中各元素的平均值，请将该程序补充完整。
```
        #include<iostream>
        using namespace std;
        float aver(int *a, int n)
        { int i;
          float x=0.0;
          for (i=0;i<n;i++)
             x+=_____;
          x=_____;
          return x;
        }
        int main()
        { int m[]={2,1,7,4,5,9,6};
          float avg;
          avg=aver(m,7);
          cout<<"average="<<avg<<endl;
          return 0;
        }
```

7. 下面函数的功能是计算指针 p 所指向的字符串中的字符个数，请将该程序补充完整。
```
        unsigned int MStrlen(char *p)
        { unsigned int len;
          len=0;
          for (; *p!=_____; p++)
          {
             len_____;
          }
          return_____;
        }
```

8. 下面函数同样也实现计算字符串 s 中字符个数的功能，但方法与第 7 题有所不同，请将该程序补充完整。（提示：移动指针 p 使其指向字符串结束标志，此时指针 p 与字符串首地址之间的差值即为字符串中的字符个数。）
```
        unsigned int MStrlen(char s[])
        { char *p=s;
          while(*p!=_____)
          {
             p++;
          }
          return_____;
        }
```

9. 下面函数的功能是对两个字符串进行比较，返回两个字符串中第 1 个不同字符的 ASCII 值之差。例如，字符串"abcd"和"abm"，输出-10。请将该程序补充完整。

```
int cmp(char *p, char *q)
{ while (*p==*q && *p!=_____)
    { p++; q++;}
  return(_____);
}
```

10. 下面程序的功能是输出命令行的参数，若程序生成的可执行文件为 file.exe，则执行该程序时键入命令：file NEW BEIJING；程序输出结果为：NEW BEIJING。

请将该程序补充完整。

```
#include<iostream>
using namespace std;
int main(int argc, char **argv)
{ while(--argc_____)
    { argv++;
      printf("%s",_____);
    }
  return 0;
}
```

三、程序阅读题

1. 写出以下程序的运行结果。

```
#include<iostream>
using namespace std;
void fact(int m, int n, int *p1, int *p2)
{ *p1=2*m+n;
  *p2=m-n/2;
}
int main()
{ int a,b,c,d;
  a=4; b=7;
  fact(a,b,&c,&d);
  cout<<c<<" "<<d<<endl;
  return 0;
}
```

2. 写出以下程序的运行结果。

```
#include<iostream>
using namespace std;
int main()
{ char str[]="abcxyz",*p;
  for (p=str;*p;p+=2)
    cout<<p;
  cout<<endl;
return 0;
}
```

3. 写出以下程序的运行结果。

```
#include<iostream>
using namespace std;
int main()
{ static int x[]={1,2,3};
  int s,i,*p=NULL;
  s=1;
```

165

```
   p=x;
   for(i=0;i<3;i++)
   {
     s*=*(p+i);
   }
   cout<<s<<endl;
   return 0;
}
```

4. 写出以下程序的运行结果。
```
#include<iostream>
using namespace std;
int main()
{ int a[]={1,2,3,4,5};
  int *p=NULL;
  p=a;
  cout<<*p<<*(++p)<<*++p<<*(p--)<<*p++<<*p<<++(*p)<<*p;
  return 0;
}
```

5. 写出以下程序的运行结果。
```
#include<iostream>
using namespace std;
char b[]="program";
char *a="PROGRAM";
int main()
{ int i=0;
  cout<<*a<<b+1<<endl;
  while(cout<<*(a+i))
  {
    i++;
  }
  cout<<"i="<<i<<endl;
  while(--i)
  {
    cout<<*(b+i);
  }
  cout<<endl<<&b[3]<<endl;
  return 0;
}
```

6. 写出以下程序的运行结果。
```
#include<iostream>
using namespace std;
int main()
{
  int a[]={10,20,30,40}, *pa=a;
  int * &pb=pa;
  pb++;
  cout<<*pa<<endl;
  return 0;
}
```

四、编程题

1. 编写函数，对传送过来的 3 个数选出最大和最小值，并通过形参传回调用函数。
2. 求一个 3×3 二维数组主对角线元素之和。
3. 有 n 个整数，使前面各数顺序向后移动 m 个位置，最后 m 个数变成最前面 m 个数，如

图 6-18 所示。编写一函数实现以上功能，在主函数中输入 n 个整数和输出调整后的 n 个数。

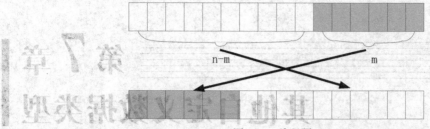

图 6-18 编程题 3

4. 编写一个字符串连接的函数 radd(char *s,char *t,int f)，其中 f 为标志变量，当 f=0 时，将 s 指向的字符串连接到 t 指向的字符串的后面；当 f=1 时，将 t 指向的字符串连接到 s 指向的字符串的后面。要求写出调用该函数的完整程序。

5. 编写程序，利用指向函数的指针，求 1~n 的和与阶乘。

第 7 章 其他自定义数据类型

【本章内容提要】

C++语言提供了丰富的基本数据类型（如 int、float、double、char 等），而且允许用户自己定义数据类型。数组就是一种自定义数据类型。此外，用户还可以自己定义结构体（structure）类型、共用体（union）类型、枚举（enumeration）类型、类（class）类型等。本章介绍结构体类型、共用体类型和枚举类型，第 8 章将介绍类类型。

【本章学习重点】

（1）熟练掌握结构体类型的声明；
（2）熟练掌握结构体变量的定义、引用及初始化；
（3）掌握结构数组、结构指针和结构引用的定义和使用；
（4）掌握结构类型数据作为函数参数的使用；
（5）灵活运用结构体、共用体和枚举类型。

7.1 结构体类型

7.1.1 结构体类型的定义

前面已经介绍了数组这种用户自己声明的构造类型数据，数组是由若干个具有相同类型的数据组成的集合。使用数组可以方便地处理具有相同数据类型、相同意义的大批量数据。但是，在很多情况下，我们需要将一些不同类型的数据组合成一个有机的整体。例如，在学生选课信息系统中，描述一个学生的数据项有：学号、姓名、性别、年龄和成绩等，这些数据项虽然分别属于不同的数据类型，但它们之间是密切相关的，因为每一组信息属于一个学生。C++允许用户自己定义一种称为结构体的数据类型，即由若干个不同数据类型（可以是基本数据类型或已声明的自定义数据类型）的数据组成一个集合，用来描述更加复杂的问题。

声明结构体类型的一般形式为

```
struct 结构体类型名
{ 数据类型 1 成员名 1;
  数据类型 2 成员名 2;
  …
  数据类型 n 成员名 n;
};
```

例如：
```
struct student
{ int num;
  char name[20];
  char sex;
  int age;
  float score;
  char addr[30];
};
```
其中，struct 是 C++的关键字，表示一个结构体类型定义的开始，student 是结构体类型的名字，是由程序员自己确定的；接下来一对大括号括起来的内容是组成结构体的各个组成成分，称为结构体的成员；最后的分号表示结构体类型定义结束。在这里定义了一种新的数据类型 student，它的地位等价于 int、float。

声明结构体类型的位置一般是在文件的开头，在所有函数（包括 main()函数）之前，以便本文件中所有的函数都能利用它来定义变量。当然也可以在函数中声明结构体类型。

7.1.2 结构体类型变量的定义及其初始化

1. 结构变量的定义

前面定义了一种结构体类型 student，它和系统提供的标准类型 int、char、float、double 一样，都可以用来定义变量。例如：

  student stu1,stu2; //先声明结构体类型，再定义结构体变量

或者
```
struct student
{ int num;
  char name[20];
  char sex;
  int age;
  float score;
  char addr[30];
} stu1,stu2;          //在声明类型的同时定义结构体变量
```
在定义了结构变量后，系统会为其分配内存空间，结构变量所占内存空间等于各成员所占内存空间之和。所以，结构变量 stu1 和 stu2 各占存储空间应为：sizeof(stu1.num)+sizeof(stu1.name)+sizeof(sut1.sex)+sizeof(stu1.age)+sizeof(stu1.score) +sizeof(stu1.addr)=4+20+1+4+4+30=63。

但是，对于 Visual C++ 6.0 平台来说，考虑到字长对齐原则，结构变量所占存储空间应为字长的整数倍。Visual C++ 6.0 平台的默认字长为 4 个字节，因此，sizeof(stu1)的结果应该为 68，即结构变量 stu1 所占存储空间为 68 个字节。

2. 结构变量的初始化

和其他类型变量一样，对结构变量可以在定义时指定初始值。例如：
```
struct student
{ int num;
  char name[20];
  char sex;
  int age;
  float score;
  char addr[30];
} stu1={1,"Wang",'M',19,90.5, "Beijing"};
```

也可以采取声明类型和定义变量分开的形式，在定义变量时进行初始化：
```
student stu2={2,"Li",'F',20,92.5,"Shanghai"};
```
这样，变量 stu1 和 stu2 中的数据如图 7-1 所示。

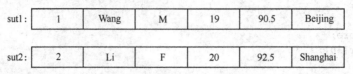

图 7-1 结构变量定义并初始化后各成员的值

3. 结构变量的引用

在定义了结构变量以后，自然可以引用这个变量。需要注意的几点如下：

① 同一结构类型的各个变量之间可以相互赋值，这一点和数组不同，C++规定，不能直接进行数组名的赋值，因为数组名是一个常量，而结构类型的变量可以赋值。例如：
```
student stu1,stu2={2,"yao",'M',18,88,"Tianjin"};
stu1=stu2;
```
不同结构的变量不允许相互赋值，即使这两个变量可能具有同样的成员。例如，又定义了一个结构 graduatestudent：
```
struct graduatestudent
{ int num;
  char name[20];
  char sex;
  int age;
  float score;
  char addr[30];
};
```
它和前面定义的结构 student 具有一样的成员个数和成员类型，但是属于这两个结构的变量是不能相互赋值的：
```
student stu={1,"Wang",'M',19,90.5,"Beijing"};
graduatestudent gstu;
gstu=stu;               //不允许，类型不匹配
```
② 可以引用一个结构体变量中的一个成员的值。

引用结构体变量中成员的一般形式为

结构体变量名.成员名

例如，可以这样对变量的成员赋值：
```
stu1.num=1001;
```
可以这样输出显示变量的成员的值：
```
cout<<stu1.name;
```
其中"."是成员运算符，它是双目运算符，左边的操作数是结构变量名，右边的操作数是结构的成员名。成员运算符在所有的运算符中优先级最高，所以可以把 stu1.num 作为一个整体来看。

③ 不能将一个结构体变量作为一个整体进行输入/输出。例如，不能企图这样输出结构体变量中的各成员的值：
```
cout<<stu1;
```
只能对结构体变量中的各个成员分别进行输入/输出。

结构体可以由不同数据类型的成员组成，这些成员可以是基本数据类型，也可以是自定义数

据类型,比如可以是一个已声明的另一个结构类型,下面举例进行说明。

【例 7-1】 结构体类型的声明、结构变量的定义和初始化,以及结构成员的引用。

程序如下。

```
#include<iostream>
using namespace std;
struct Date
{ int month;
  int day;
  int year;
};
struct Student
{ int num;
  char name[20];
  char sex;
  Date birthday;
  float score;
}stu1,stu2={1002,"Wang",'M',10,1,1991,90.5};

int main()
{ stu1=stu2;
  cout<<stu1.num<<endl;                //输出 stu1 中的 num 成员的值
  cout<<stu1.name<<endl;               //输出 stu1 中的 name 成员的值
  cout<<stu1.sex<<endl;                //输出 stu1 中的 sex 成员的值
  cout<<stu1.birthday.month<<'/'<<stu1.birthday.day<<'/'
      <<stu1.birthday.year<<endl;      //输出 stu1 中的 birthday 各成员的值
  cout<<stu1.score<<endl;              //输出 stu1 中的 score 成员的值
  return 0;
}
```

程序运行结果:

```
1002
Wang
M
10/1/1991
90.5
```

7.1.3 结构体类型的使用

我们已经掌握了结构类型的声明、变量的定义,以及如何访问结构变量的成员。下面来学习结构类型的一些复杂的用法。

1. 结构体数组

就像可以使用基本数据类型(如 int、float 和 char 型)定义数组一样,也可以使用结构体类型这种用户自定义数据类型来定义数组。要定义结构体数组,必须先声明一个结构体类型。例如,先定义了结构类型 student,要定义 30 个学生的数组,写法如下。

```
struct Student
{ int num;
  char name[20];
  float score;
};
Student stu[30];
```

也可以直接定义一个结构体数组，例如：
```
struct Student
{ int num;
  char name[20];
  float score;
} stu[30];
```
数组的每个元素都是 student 结构类型的变量，用 stu[i]来表示。要访问第 1 个学生的成绩，可以用 stu[0].score，要访问第 10 个学生的成绩，可以用 stu[9].score。

也可以在定义时就对结构数组初始化，需要用大括号将数组的每一个元素分开，例如：
```
Student stu[5]={{1,"Wang",90.5},{2,"Li",92.5}};
```

【例 7-2】结构数组应用举例。编写一个统计选票的程序。设有 3 个候选人，有 5 个人参加投票，从键盘先后输入这 5 个人所投的候选人的名字，要求最后输出这 3 个候选人的得票结果。

程序如下。
```
#include<iostream>
#include<cstring>
using namespace std;
struct Candidate        //声明结构体类型 Candidate
{ char name[20];        //候选人姓名
  int count;            //候选人得票数
};

int main()
{ Candidate candiList[3] ={"Li",0,"Wang",0,"Zhang",0};
                //定义 Candidate 类型数组并初始化
  int i,j;
  char candiName[20]; // candiName 为投票人所选的候选人姓名
  for(i=0;i<5;i++)
  { cin>>candiName;   //先后输入 5 张选票上所写的姓名
    for(j=0;j<3;j++)  //将票上姓名与 3 个候选人的姓名比较
      if(strcmp(candiName,candiList[j].name)==0) candiList[j].count++;
                //如果与某一位候选人的姓名相同，就给他加一票
  }
  cout<<"选举结果为：\n"<<endl;
  for(i=0;i<3;i++)
    cout<<candiList[i].name<<":"<<candiList[i].count<<"票"<<endl;
  return 0;
}
```
程序运行结果：
```
Zhang✓
Li✓
Wang✓
Li✓
Li✓
选举结果为：
Li:3 票
Wang:1 票
Zhang:1 票
```

2. 结构体指针

如同可以定义指向基本数据类型变量的指针一样，也可以定义指向结构体变量的指针。指向结构体变量的指针就是该变量所占内存空间的首地址。例如：

```
struct Student
{ int num;
  char name[20];
  float score;
};
Student stu,*ps1=&stu;
Student *ps2=new Student;
```

用结构指针访问结构成员时，用箭头运算符"->"代替原来的点运算符"."。例如，把学生成绩输出显示，语句如下：

```
cout<<sp->score;
```

或

```
cout<<(*sp).score;
```

【例7-3】结构指针的定义和使用。

程序如下。

```
#include<iostream>
using namespace std;
struct Student
{ int num;
  char name[20];
  float score;
};

int main()
{ Student stu,*sp=&stu;
  strcpy(sp->name,"Wang");
  sp->num=1002;
  sp->score=90.5;
  cout<<sp->num<<" "<<sp->name<<" "<<<sp->score<<endl;
  return 0;
}
```

程序运行结果：

```
1002 Wang 90.5
```

3. 结构体类型作为函数的参数

① 用结构变量作为函数的参数，属于按值传递，这时结构变量中所有成员的值都将被一一复制到形参中。

【例7-4】用结构变量作为函数的参数。

程序如下。

```
#include<iostream>
using namespace std;
struct Student
{ int num;
  char name[20];
  float score;
};

void display(Student s)
```

```
    {cout<<s.num <<" "<<s.name<<" "<<s.score<<endl;}

int main()
{ Student stu={1002,"Wang",90.5};
  display(stu);
  return 0;
}
```

程序运行结果：

```
1002  Wang  90.5
```

② 用结构变量的引用作为函数的参数，这时仅仅把结构体变量的地址传给形参，而不用把结构变量的成员值一一复制。

【例7-5】用结构变量的引用作为函数的参数。

程序如下。

```
#include<iostream>
using namespace std;
struct Student
{ int num;
  char name[20];
  float score;
};

void display(Student &s)
{ cout<<s.num <<" "<<s.name<<" "<<s.score<<endl;}

int main()
{ Student stu={1002,"Wang",90.5};
  display(stu);
  return 0;
}
```

程序运行结果：

```
1002  Wang  90.5
```

比较例7-4和例7-5，程序运行结果完全相同。程序代码中，除了display()函数中形参为Student类型变量的引用之外，其余代码完全相同。但是在执行效率上差别很大，值传递时会把结构成员一一复制，效率很低，引用传递的优越性就体现出来了。实际编程时，除非结构很简单，一般很少按值传递。

③ 用结构指针作为函数的参数，将结构体变量的地址传给形参。

【例7-6】用结构指针作为函数的参数。

程序如下。

```
#include<iostream>
using namespace std;
struct Student
{ int num;
  char name[20];
  float score;
};

void display(Student *p)
{cout<<p->num <<" "<<p->name<<" "<<p->score<<endl;}

int main()
```

```
{ Student stu={1002,"Wang",90.5};
  display(&stu);
  return 0;
```

程序运行结果：
1002 Wang 90.5

7.2 枚 举 类 型

在实际生活中常常遇到这样的情况：交通灯的颜色有红、黄、绿3种颜色，一个星期有7天，一年有12个月等。它们的特点是只取有限种可能值。

如果把这些量说明为整型、字符型或其他类型显然都不合适。例如，一个星期的7天，可以用整型数来代表，那么变量值为 8 就应该是不合法的，这样的情况在编程时不方便，容易出错，程序可读性也差。C 和 C++语言提供了一种称为"枚举"的数据类型，专门用来解决这类问题。

所谓"枚举"是指将变量的值一一列举出来，变量的值只限于列举出来的值的范围内。这样，被说明为该"枚举"类型的变量取值就不能超过定义的范围了。如果一个变量只有几种可能的值，可以定义为枚举（enumeration）类型。

1. 枚举类型的声明

用户可以根据编程的需要自定义枚举类型。定义枚举类型的语法形式为

enum 枚举类型名 {枚举常量表};

其中，enum 是枚举类型定义语句的关键字；接下来是用户定义的枚举类型名，它是一个标识符，表示一个新的枚举类型；大括号括起来的是该类型定义体，其中的内容又称为枚举常量表。枚举常量表是一组由用户命名的符号常量，它们用逗号分开，每个符号常量又称为枚举常量或枚举值。枚举表内的值确定了枚举类型变量的取值范围。例如：

enum color {red, yellow, green};
enum weekday {sun, mon, tues, wed, thur, fri, sat};

其中，red、yellow、green、sun、mon、……、sat 称为"枚举元素"或"枚举常量"。

第 1 条语句定义了一个枚举类型 color，用来表示交通灯的颜色，它的取值范围是3个枚举值 red、yellow 和 green，分别代表红色、黄色和绿色。

第 2 条语句定义了一个枚举类型 weekday，用来表示星期，它包含7个枚举值，sun、mon、……、sat，分别表示星期日、星期一至星期六。

2. 枚举变量的声明

在定义了一个枚举类型之后，可以用它来定义变量。例如：

color stop,go;

或者

enum color {red, yellow, green} stop,go;

这样，stop, go 被定义为枚举类型 color 的两个变量，它们的取值只能是 red, yellow, green 之一。例如：

stop=red;
go=green;

3. 枚举类型变量的赋值和使用

枚举类型在使用中有以下规定：

① 枚举元素是常量。在 C++编译器中，枚举元素本身由系统定义了一个表示序号的数值，从 0 开始顺序定义为 0，1，2……。如在 enum weekday 中，sun 的值为 0，mon 的值为 1，……，sat 的值为 6。

【例 7-7】 枚举类型的使用。

程序如下。

```
#include<iostream>
using namespace std;
enum color{red, yellow, green};       //声明枚举类型color
int main()
{ color stop,go;                       //声明枚举变量stop,go
  stop=red;                            //为枚举变量赋值
  go=green;
  cout<<"枚举变量 go 的值是："<<go<<endl;
  cout<<"枚举变量 stop 的值是："<<stop<<endl;
  return 0;
}
```

程序运行结果：

枚举变量 go 的值是：2
枚举变量 stop 的值是：0

程序中，语句"enum color{red, yellow, green};"在确定枚举值的同时分别为它们定义了表示序号的值：red 为 0，yellow 为 1，green 为 2。枚举变量的值只能通过赋值语句来获得。

② 枚举元素是常量，不是变量，不能在程序中用赋值语句再对它赋值。例如，上面的例子中，如果再对枚举类型 color 的元素赋值：

```
red=3;
yellow=5;
green=7;
```

编译时，系统就会提示出错了。

不过，为了灵活起见，C++语言允许在定义枚举类型时，指定枚举常量的值。例如：

```
enum color{red=3, yellow=1, green};
```

这里，green 的值从 yellow 的值开始顺序加 1，即 green 的值是 2。

③ 枚举值可以进行关系运算。例如：

```
if(stop==red) cout<<"请停车!!!";
```

枚举值的比较规则是按其在声明枚举类型时的顺序号进行比较。

④ 整型和枚举类型是不同的数据类型，不能进行直接赋值。例如：

```
stop=2;
```

是错误的。如需将整数值赋给枚举变量,应进行强制类型转换。例如：

```
stop=(color )2;
```

或

```
stop=color (2);
```

这时，把取值为 2 的枚举元素赋给枚举变量 stop，相当于：

```
stop=green;
```

在定义变量时要给变量分配存储空间,那么定义某个枚举类型的变量,比如"weekday day;"时给 day 分配几个字节的内存空间呢?前面我们看到,枚举元素的默认值都是整数,可以给枚举元素指定值,也用整数。所以说,在计算机内部处理时,是把枚举类型按整型(int)对待的。

【例7-8】 编写程序,当输入今天的星期序号(1~7)后,输出明天是星期几。

分析:用枚举类型表示一星期的 7 天,today 和 tomorrow 都是新定义的枚举类型的变量。
程序如下。

```
//例7-8 枚举类型表示一星期的7天
#include<iostream>
using namespace std;
enum weekday{sun=7,mon=1,tue,wed,thu,fri,sat};
int main()
{ cout<<"Input taday's numeral(1~7):";
  int n;
  cin>>n;
  weekday today=(weekday)n;
  weekday tomorrow;
  if(today>0&&today<7)
    tomorrow=(weekday)(today+1);
  else if(today==sun)
    tomorrow=mon;
  else
    tomorrow=(weekday)-1;
  switch(tomorrow)
  { case sun:
      cout<<"Tomorrow is Sunday."<<endl;
      break;
    case mon:
      cout<<"Tomorrow is Monday."<<endl;
      break;
    case tue:
      cout<<"Tomorrow is Tuesday."<<endl;
      break;
    case wed:
      cout<<"Tomorrow is Wednesday. "<<endl;
      break;
    case thu:
      cout<<"Tomorrow is Thursday."<<endl;
      break;
    case fri:
      cout<<"Tomorrow is Friday."<<endl;
      break;
    case sat:
      cout<<"Tomorrow is Saturday."<<endl;
      break;
    default:
      cout<<"input error!"<<endl;
  }
  return 0;
}
```

可以直接输出枚举变量中存放的整型值,但其值的含义不直观。例 7-8 使用 switch 语句间接输出枚举常量所对应的字符串,还可以使用字符指针数组存储枚举常量所对应的字符串的首地址,然后根据枚举变量的值输出对应的字符串。以上程序改写如下。

```
#include<iostream>
using namespace std;
enum weekday{sun=7,mon=1,tue,wed,thu,fri,sat};
char *name[10]={"Error","Monday","Tuesday","Wedsday","Thursday","Friday",
                "Satday","Sunday"};
int main()
{ cout<<"Input taday's numeral(1~7):";
  int n;
  cin>>n;
  weekday today=(weekday)n;
  weekday tomorrow;
  if(today>0&&today<7)
     tomorrow=(weekday)(today+1);
  else if(today==sun)
     tomorrow=mon;
  else
     tomorrow=(weekday)0;
  if(tomorrow) cout<<"Tomorrow is "<<name[tomorrow]<<endl;
  else
     cout<<"Input "<<name[tomorrow]<<endl;
  return 0;
}
```

7.3 共用体类型

共用体类型是一种多个不同类型数据共享存储空间的构造类型，即共用体变量的所有成员将占用同一段存储空间。在这里 C++语言编译系统使用了覆盖技术，多个不同类型数据的首地址是相同的，这些数据可以相互覆盖。当然在某一时刻，只有最新存储的数据是有效的。

共用体类型定义的一般语法形式为

union 共用体类型名
{ 数据类型 1 成员名 1;
  数据类型 2 成员名 2;
  …
  数据类型 n 成员名 n;
};

其中，union 是关键字，共用体类型成员的数据类型可以是 C++语言所允许的任何数据类型，右大括号外的分号表示共用体类型定义结束。

共用体类型变量定义的语法形式为

共用体类型名 共用体变量名表;

对共用体变量成员的引用形式为

共用体变量名.成员名

例如：

union udata
{ char ch;
  int i;
  double d;
}ux;

新的数据类型 udata 属于共用体类型,它有 3 个成员,这 3 个成员在内存中占的字节数不同,但都从同一地址开始存放,共用内存空间。也就是使用覆盖技术,几个变量相互覆盖。分配给 udata 类型变量 ux 的内存空间如图 7-2 所示。

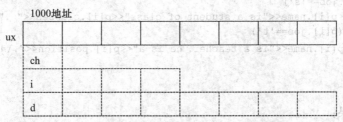

图 7-2 共用体类型变量的成员共享内存单元示意图

可以看到,"共用体"与"结构体"的定义形式相似。但它们的含义是不同的。结构变量所占的内存长度是各成员占的内存长度之和。每个成员分别占有自己的内存单元。共用体变量所占的内存长度等于最长的成员的长度。例如,上面定义的共用体变量 ux 在内存中占 8 个字节(因为一个 double 型变量占 8 个字节)。

如果在主程序中这样写:

```
ux.ch='a';        //在该内存空间存放 97
ux.d=20;          //在该内存空间存放 20
```

最终结果将是:20 覆盖了先存入的 97。

共用体类型可以不声明名称,称为无名共用体,常用作结构类型的内嵌成员,请看下面的例子。

【例 7-9】共用体的应用。设有若干个人员的信息,其中有学生和教师。学生的信息包括编号、姓名、性别、职业和班级;教师的信息包括编号、姓名、性别、职业和职务。学生和教师所要保存的信息有一项不同,用内嵌无名共用体分别表示学生的班级和教师的职务。

程序如下。

```
//例 7-9 共用体的应用
#include<iostream>
using namespace std;
struct person
{ int num;
  char name[10];
  char sex;
  char job;              //人员的类别
  union                  //无名共用体作为结构体的内嵌成员
  { int classes;         //为学生存放班级
    char position[10];   //为教师存放职称
  };
}p[2];
int main()
{ for(int i=0;i<2;i++)
  { cin>>p[i].num>>p[i].name>>p[i].sex>>p[i].job;
    if(p[i].job=='s')
      cin>>p[i].classes;
    else if(p[i].job=='t')
      cin>>p[i].position;
```

```
      else
          cout<<"input error!"<<endl;
    }
    for(i=0;i<2;i++)          //按学生或教师显示信息
    { if(p[i].job=='s')
          cout<<p[i].name<<"is a student of class"<<p[i].classes<<" ."<<endl;
      else if(p[i].job=='t')
          cout<<p[i].name<<"is a teacher, he is a"<<p[i].position<<".\n";
    }
    return 0;
}
```

程序运行结果：

  1001 Zhang ms 1013✓
  1002 Wang ft prof✓
  Zhang is a student of class 1013.
  Wang is a teacher, he is a prof.

  程序运行结果第 1 行在输入的字母 m 和 s 之间无空格；第 2 行在输入的字母 f 和 t 之间无空格。

共用体类型变量的特点如下。

① 使用共用体变量的目的是希望用同一个内存段存放几种不同类型的数据，但在某一时刻只能存放其中一种，而不是同时存放几种。

② 共用体变量中起作用的成员是最后一次存放的成员，在存入一个新的成员后原有的成员就失去了作用。

③ 共用体变量的地址和它的各个成员的地址都是同一地址。

④ 不能对共用体变量名赋值；不能企图引用变量名来得到一个值；不能在定义共用体变量时对它初始化。

⑤ 不能将共用体变量作为函数参数或返回值。

本章小结

  本章介绍了几种用户自定义的数据类型，无论是 struct、enum、union，还是第 8 章要讲的 class，声明一个新的数据类型时并不分配内存，只有在定义新数据类型的变量时才发生内存分配。

  用户自定义的数据类型和系统预定义的数据类型，它们的地位是等价的。

  在数组中，我们称数组的分量为元素，在结构中，我们称结构的分量为成员；数组存储许多相同类型和意义的相关信息，结构是若干个不同数据类型和不同意义的数据的集合；数组名本身是一个常量，不能对数组名直接赋值，如果要赋值两个数组，必须一个元素一个元素地赋值，同类型结构变量之间可以直接相互赋值，包括结构具有数组类型的数据成员，因为结构是一个完整的数据类型，它占用固定的内存空间；数组名本身代表地址，结构名代表一个数据类型。

  访问结构的各个成员用圆点操作符。结构的成员可以是各种数据类型，包括结构、数组、指针、引用和共用体等。

  结构变量所占的内存长度是各个成员占的内存长度之和，每个成员都有自己的内存单元；

共用体变量所占的内存长度等于最长的成员的长度，无论共用体类型有多少成员，它们共用内存单元。

枚举类型实际上是有限个整数的集合。

可以使用 sizeof(变量名)，求出各种数据类型的变量所占内存的字节数。

习　题

一、单项选择题

1. 设有如下定义，则在 Microsoft Visual C++ 6.0 环境下，表达式 sizeof(y)的值是（　　）。
   ```
   struct data
   { int a;
     char b[30];
     char c;
     data *last,*next;
   }y;
   ```
   A. 43　　　　　　　B. 46　　　　　　　C. 48　　　　　　　D. 44

2. 设有如下定义，则在 Microsoft Visual C++ 6.0 环境下，表达式 sizeof(y)的值是（　　）。
   ```
   struct data
   { int a;
     char b[30];
     data *last,*next;
     char c;
   }y;
   ```
   A. 43　　　　　　　B. 46　　　　　　　C. 48　　　　　　　D. 44

3. 若有以下定义，则结构体成员引用形式不正确的是（　　）。
   ```
   struct {int day,mouth,year;}a,*p=&a;
   ```
   A. p->day　　　　　B. a->day　　　　　C. (*p).day　　　　D. a.day

4. 设有以下程序段，则表达式的值不为 100 的是（　　）。
   ```
   struct st
   {int a,*b;}
   int main()
   { int m1[]={10,100},m2[]={100,200};
     st *p,x[]={99,m1,100,m2};
     p=x;
     …
   }
   ```
   A. *(++p->b)　　　　B. (++p)->a　　　　C. ++p->a　　　　D. (++p)->b

5. 设有如下定义，则在 Microsoft Visual C++ 6.0 环境下，表达式 sizeof(data)的值是（　　）。
   ```
   struct data
   { int a;
     float b;
     union
     { char u1;
       double u2;
     };
   };
   ```
   A. 12　　　　　　　B. 14　　　　　　　C. 16　　　　　　　D. 10

6. 设有如下定义，则下列叙述中正确的是（　　）。
```
struct student
{ int a;
  float b;
  char c[30];
}stu;
```
　　A. stu 是结构体变量名　　　　　　B. student 是结构体变量名
　　C. stu 是结构体类型名　　　　　　D. struct 是结构体类型名

7. 设有如下定义，则引用共用体中 h 成员的正确形式为（　　）。
```
union un
{int h;char c[10];};
struct st
{ int a[2];
  un h;
}s={{1,2},3},*p=&s;
```
　　A. p.un.h　　　　B. (*p).h.h　　　　C. p->st.un.h　　　　D. s.un.h

8. 当定义一个结构体变量时系统分配给它的内存是（　　）。
　　A. 各成员所需内存量的总和　　　　B. 结构体中第一个成员所需内存量
　　C. 成员中占内存量最大者所需的容量　　D. 结构体中最后一个成员所需内存量

二、填空题

1. 设有如下定义，则在 Microsoft Visual C++ 6.0 环境下，变量 s 在内存中占的字节数是_____。
```
struct st
{ char num[5];
  int age;
  float score;
}s;
```

2. 若定义了 struct{int d,m,y;}a,*p=&a;，可用 a.d 引用结构体成员，请写出引用结构体成员 a.d 的其他两种形式_____、_____。

3. 设有以下结构体类型的定义，请把结构体数组 stu 的定义补充完整。
```
struct Student
{ char num[10];
  int age;
  float score;
};
_____ stu[15];
```

4. 以下程序用来输出结构体变量 x 所占内存单元的字节数，请填上适当内容。
```
struct st
{ double d;
  char arr[20];
};
int main()
{ st x;
  cout<<"x size: "<<_____<<endl;
return 0;
}
```

5. 下面程序的输出结果是_____。
```
#include<iostream>
using namespace std;
struct Student
```

```
{ int num;
  char name[20];
  float score;
};
void print(Student *p)
{ cout<<p->name<<endl;}
int main()
{ Student s[3]={1,"zhao",89.0,2,"wang",90.5,3,"Li",95.5};
  print(s+2);
  return 0;
}
```

三、程序阅读题

阅读如下程序，并试写出运行结果。

1.
```
#include<iostream>
using namespace std;
struct sp
{ int a;
  int *b;
  }*p;
int d[3]={10,20,30};
sp t[3]={70,&d[0],80,&d[1],90,&d[2]};
int main()
{ p=t;
  cout<<++(p->a)<<*++p->b<<endl;
  return 0;
}
```

2.
```
#include<iostream>
using namespace std;
union data
{ int a;
  float b;
  long c;
  char d[4];
}*p;
int main()
{ data u;
  u.a=0x41424344;
  cout<<"\na="<<u.a<<"\nb="<<u.b<<"\nc="<<u.c;
  cout<<"\nd[0]="<<u.d[0]<<",d[1]= "<<u.d[1]<<", d[2]="<<u.d[2]<<",d[3]="<<u.d[3]<<endl;
  return 0;
}
```

四、编程题

1. 定义一个表示时间的结构体，可以精确表示年、月、日、时、分、秒；提示用户输入年、月、日、时、分、秒的值，然后完整地显示出来。

2. 编写一个记录30个学生的姓名、学号、年龄和性别的程序，要求使用结构体类型。用for循环获得键盘输入数据，数据输入完毕后用屏幕输出。

3. 定义一个结构体变量（包括年、月、日），编写程序，输入年、月、日，程序能计算并输出该日在本年中是第几天。注意闰年问题。

4. 写一个函数days()，实现上面的计算。由主函数将结构变量的值传递给days()函数，计算后将日子数传回主函数输出。

5. 有5个学生，每个学生的数据包括num（学号）、name（姓名）、score[3]（3门课的成绩）、total（总分）及average（平均分）。要求编写3个函数，它们的功能分别为：（1）输入函数，用于从键盘读入学号、姓名和3门课的成绩；（2）计算总分和平均分的函数，用于计算每个学生的总分及平均分；（3）输出函数，显示每位学生的学号、姓名、总分及平均分。这3个函数的形式参数均为结构体指针和整型变量，函数的类型均为void。

6. 阅读下面的源程序，说明它实现什么功能。

　　　　函数rand()可以生成0~RAND_MAX(0x7fff)之间的一个随机数，srand()函数为它设置种子。函数time()可以取得系统当前的时间，是一个无符号长整数。

源程序如下。
```
#include<iostream>
#include<ctime>
using namespace std;
enum colorball{redball,yellowball,blueball,whilteball,blachball};

int main()
{ srand((unsigned)time(NULL));
  int count=0;
  for(int i=0;i<100;i++)
    if(rand()*5/RAND_MAX==redball)
      count++;
  cout<<count<<"%"<<endl;
  return 0;
}
```

第8章 类与对象

【本章内容提要】
类是体现面向对象的程序设计方法的基本数据类型，是C++封装的基本单元。

【本章学习重点】
类和对象的概念及其关系；类的定义和使用；对象之间整体-部分关系的C++实现；一种类的生成机制——类模板。

8.1 类 的 概 念

通过前面的学习，我们知道：如果进行一些加、减、乘、除等算术运算以及与、或、非等逻辑运算，一般需要定义参加运算的变量。这些变量可能是整型的、实型的，也可能是字符型的，通过C++语言提供的基本数据类型可以定义参加运算的变量。变量和数据类型之间的关系可以简单地概括如下。

① 数据类型约束了变量所能参加的运算范围。例如，整型变量可以进行取余"%"运算，而实型变量则不可以进行该运算。

② 数据类型限定了变量所能取到的数值范围。例如，整型变量可以取值为1，2，…，100，…，而不能取3.141 5这样的实型数。

因此，数据类型实际上给定了属于该数据类型变量的一个运算框架，包括运算范围和数值范围。

但是，数据类型不同于变量，数据类型只是一种运算框架的静态描述，而变量是真实存在的要进行运算的对象。换句话说，一个数据类型不会占用内存空间，而根据某种数据类型定义的变量会占用一定的内存空间。变量总是由某种数据类型来定义或产生的。

面向对象的程序设计方法就是研究对象及对象之间的关系。计算机世界的对象对应于现实世界的一个实体或物体。例如，使用C++语言开发学生选课管理信息系统时，最基本的工作是使用C++语言去描述学生、教师和课程3个对象，而这3个对象又对应于现实世界的学生、教师和课程3个实体。需要注意的是，现实世界的实体，有些是真实存在的，如学生和教师实体，而有些是抽象存在的，如课程实体。

对于面向对象的程序设计方法，对象是真实存在的，需要参与某种运算，并且会占用一定的内存空间，它对应于前文所说的变量。变量可以由数据类型来定义，而对象则可以由"类"这种特殊的数据类型来定义。

类是一种特殊的数据类型。一般来说，一个对象包含两个部分：成员数据和成员函数，成员数据用来描述该对象的相关属性，成员函数用来描述该对象的相关功能。例如，教师对象由函数（如教师信息的登记、教师信息的修改和教师信息的删除）以及数据（如姓名、工号、年龄、学院和开设课程列表）组成。这里，函数和功能以及数据和属性都是等价的说法。因此，类作为一种定义对象的数据类型，也必须包含这两个部分。与结构体数据类型相比，"类"数据类型不仅包含成员数据的定义，还包含操作这些成员数据的成员函数。

但是，由于现实世界的对象千差万别，每个对象所包含的成员数据和成员函数都不同，不可能提供一个通用的"类"数据类型来定义所有的对象。因此，对于每个具体的对象，需要定义对应于该对象的"类"数据类型。"类"实际是一种用户自定义数据类型。定义一个具体的对象之前，需要定义该对象的"类"。

8.2 类的定义

一个"类"表示现实生活中的一类实体，或者说给定了这一类事物的成员数据和成员函数的模板（或运算框架）。类的定义就是要说明类的成员数据和成员函数。

定义类的语法形式为

```
class 类的名称
{
  public:
    公有成员数据;
    公有成员函数;
  proteced:
    保护成员数据;
    保护成员函数;
  private:
    私有成员数据;
    私有成员函数;
};
```

定义一个类时，使用关键字 class。其后是类的名字，可以是任意合法的用户标识符。一般来说，要求对类的名字的第一个字母使用大写形式。类的定义主体放置在一对大括号"{}"中。特别注意的是，类定义结束后，一定要加上分号";"。

关键字 public、protected 和 private 表示类中定义的成员数据和成员函数分别具有公有访问属性、保护访问属性和私有访问属性。具体含义参见 8.5 节。

对于成员函数，在类的定义中有两种形式：函数声明和函数定义。如果类的定义中所有成员函数均以函数声明的形式出现，则该类的定义又称为类的声明。一般要求类的定义中的成员函数以函数声明的形式出现。

以下是学生类 Student 的完整定义。

```
class Student
{
  public:
    void printStudent();         //printStudent()函数声明
  private:
    int id;                      //定义学号变量
```

```
    char* name;                        //定义姓名字符指针变量
    char sex;                          //定义性别变量
};
```

学生类 Student 定义了 3 个具有私有访问属性的成员数据：id、name 和 sex 以及一个具有公有访问属性的成员函数 printStudent()。在类 Student 的定义中，成员函数 printStudent()以函数声明的形式出现。成员函数的具体实现可在类定义的外部，其语法形式为

```
返回值类型 类名::成员函数名(形参列表)
{
    函数体
}
```

成员函数的定义与一般函数的定义的区别在于：对于成员函数的定义，成员函数名前有"类名"和"::"构成的类作用域，表示该成员函数属于的类。因此，成员函数 printStudent()的定义为

```
void Student::printStudent()
{
    cout<<"id:"<<id<<","<<"name:"<<name<<","<< "sex:"<<sex<<endl;
}
```

一般来说，类的定义中只进行成员函数的声明。类的成员函数定义在类外进行，它与普通函数的区别仅在于：函数名前使用类作用域"类名::"来表示该成员函数所属的类。例如，成员函数名前的类作用域"Student::"表示该成员函数隶属于类 Student。

一个类应包括哪些具体的成员数据和哪些具体的成员函数，这些成员数据和成员函数具有何种访问属性，这是面向对象的程序设计方法中需求分析阶段所要解决的问题。但是，一个基本的原则是：尽量将其成员数据和成员函数设计为私有访问控制属性，这是由类的封装性决定的。

8.3 对象的定义

对象是一类事物中的一个具体个体。定义一个类后，只是有了描述该类事物的数据类型。当我们使用"类"这个数据类型定义一个变量时，就生成了一个该"类"的对象。对象有时又称为实例。

【例 8-1】对象的定义。
程序如下。

```
/*
程序功能：对象的定义
作    者：张三
创建时间：2010 年 9 月 3 日
版    本：1.0
*/
#include<iostream>
using namespace std;
class Student
{
    public:
        Student(int pId, char* pName, char pSex);           //构造函数
```

```cpp
        void printStudent();                              //printStudent()函数声明
    public:
        int id;                                           //定义学号变量
        char* name;                                       //定义姓名字符指针变量
        char sex;                                         //定义性别变量
};
Student::Student(int pId, char* pName, char pSex)
{
    id=pId;
    name = new char[strlen(pName)+1];
    if(name != 0)
        strcpy(name,pName);
    sex=pSex;
}
void Student::printStudent()
{
    cout<<"id: "<<id<<","<<"name: "<<name<<","
        << "sex: "<<sex<<endl ;
}
int main()
{
    Student stu(1,"wang",'M');
    stu.printStudent();
    cout<<"the size of stu is: "<<sizeof(stu)<<endl;
    return 0;
}
```

程序运行结果：
```
id: 1,name: wang,sex: M
the size of stu is: 12
```

例 8-1 实现了类 Student 的完整定义，也实现了构造函数 Student()和成员函数 printStudent()。对于构造函数，参见 8.7 节。main()函数的函数体中，首先使用 Student 类定义一个对象，其名称为 stu，并且通过调用构造函数使 stu 对象的成员数据分别为：学号 id 是 1，姓名 name 是 "wang"，性别 sex 是 "M"；然后通过对象 stu 调用其成员函数 printStudent()打印自身的信息；最后，输出对象 stu 所占内存空间。

定义变量时要分配存储空间。同样，定义一个对象时也要分配存储空间。一个对象所占存储空间是该类的成员数据所占空间之和。对于对象 stu，其所占存储空间应为

sizeof(stu.id)+sizeof(stu.name)+sizeof(sex)=4+4+1=9

但是，对于 Visual C++ 6.0 平台来说，考虑到字长对齐原则，类的对象所占存储空间应为字长的整数倍。Visual C++ 6.0 平台的默认字长为 4 个字节，因此，sizeof(stu)的结果应该为 12，即对象 stu 的存储空间为 12 个字节。

8.4 类的成员函数

类的成员数据的定义比较简单，利用前面学习数据类型的相关知识就可实现各种类型数据的定义。而类的成员函数的定义具有多种形式。

（1）带默认参数值的成员函数

如一般函数一样，类的成员函数也可以是带有默认参数值的函数，其调用规则与一般函数相同。

【例8-2】实现带默认参数值的成员函数。

程序如下。

```
/*
程序功能：实现带默认参数值的成员函数
作    者：张三
创建时间：2010年9月3日
版    本：1.0
*/
#include<iostream>
using namespace std;
class Student
{
  public:
    Student(int pId, char* pName, char pSex);      //构造函数
    void printStudent();                            //printStudent()函数声明
    void setNationality(char* pNationality);        //设置国籍函数
  private:
    int id;                                         //定义学号变量
    char* name;                                     //定义姓名字符指针变量
    char sex;                                       //定义性别变量
    char* nationality;                              //定义国籍字符指针变量
};
Student::Student(int pId, char* pName, char pSex)
{
  id=pId;
  name = new char[strlen(pName)+1];
  if(name != 0)
    strcpy(name,pName);
  sex=pSex;
}
void Student::setNationality(char* pNationality="China")
{
  nationality = new char[strlen(pNationality)+1];
  if(nationality != 0)
    strcpy(nationality,pNationality);
}
void Student::printStudent()
{
  cout<<"id: "<<id<<", "<<"name: "<<name<<", "
      << "sex: "<<sex<<", "<<"nationality: "<<nationality<<endl ;
}
int main()
{
  Student stu(1,"wang",'M');
  stu.setNationality();
  stu.printStudent();
  return 0;
}
```

程序运行结果：

```
id: 1, name: wang, sex: M, nationality: China
```

例 8-2 实现了类 Student 的定义，并且基于该类定义一个对象 stu。特别定义了一个带默认参数值的函数 setNationality()。当调用函数 setNationality()设置对象 stu 的国籍时，如果没有给定任何实参，则默认的实参是"China"。

需要注意的是，参数的默认值是在成员函数的定义时给出的，而不是在成员函数的声明时给出的。

（2）内联成员函数

内联成员函数和一般内联函数的使用规则和目的是一样的，都是将函数的函数体插入到每一个调用的地方，以达到减少调用开销的目的。

内联成员函数有两种定义方式：隐式内联成员函数和显式内联成员函数。

对于隐式内联成员函数，顾名思义就是不使用关键字 inline 定义的内联成员函数。隐式内联成员函数的定义方式如下所示。

```
class Student
{
  public:
    void printStudent()
    {
    cout<<"id: "<<id<<", "<<"name: "<<name<<", "
        << "sex: "<<sex<<", "<<"nationality: "<<nationality<<endl;
    }
    private:
    …
};
```

上述代码中，函数 printStudent()是一个隐式内联成员函数。隐式内联成员函数实际是在类的定义中，不使用函数声明的形式，而使用函数定义的形式。

对于显式内联成员函数，顾名思义就是使用关键字 inline 定义的内联成员函数。显式内联成员函数的定义方式如下所示。

```
class Student
{
  public:
    void printStudent();
    private:
    …
};
inline void Student::printStudent()
{
    cout<<"id: "<<id<<", "<<"name: "<<name<<", "
        << "sex: "<<sex<<", "<<"nationality: "<<nationality<<endl;
}
```

上述代码中，函数 printStudent()是一个显式内联成员函数。因此，显式内联成员函数实际是在类的定义中使用函数声明的形式，而在函数定义时，在函数的类型前添加关键字 inline。

（3）重载成员函数

成员函数也可以像一般函数一样实现函数重载，如下所示。

```
class Student
{
  public:
    void printStudent();                    //打印所有信息
    //根据 flag 取值打印不同信息
```

```
    //flag=1, 打印id
    //flag=2, 打印name
    //flag=3, 打印sex
    //flag=4, 打印nationality
  void printStudent(int flag);
  private:
    …
};
```

上述代码中，成员函数 printStudent()和 printStudent(int flag)实现了函数重载。

对于成员函数的重载，需要注意：

① 成员函数的重载除了满足一般函数重载的 3 个条件之一：或函数参数的数目不同，或函数参数的顺序不同，或函数参数的类型不同，还要满足所有重载函数均属于同一个类的条件。

② 成员函数和一般函数不能实现函数重载。

③ 来自于不同类的成员函数不能实现函数重载。

8.5 类的访问属性

类的成员数据和成员函数具有 3 种访问属性：private、public 和 protected，即私有访问属性、公有访问属性和保护访问属性。其中，保护访问属性 protected 由于涉及类的继承的有关内容，本节暂不讨论。

考察成员数据和成员函数的访问属性，实际上有两个方面：类的内部对成员的可访问性和类的外部对成员的可访问性。具体来说，类的内部对成员的可访问性指的是类的成员函数对属于该类的成员数据和成员函数的可访问性，类的外部对成员的可访问性指的是在一般函数和另一个类的成员函数中对该类的成员数据和成员函数的可访问性。

【例 8-3】考察类的访问属性 private 和 public。

程序如下。

```
/*
程序功能：类的访问属性private和public
作    者：张三
创建时间：2010年9月3日
版    本：1.0
*/
#include<iostream>
using namespace std;
class Student
{
  public:
    Student(int pId, char* pName, char pSex);      //构造函数
    void printStudent();                            //printStudent()函数声明
  public:
    int id;                                         //定义学号变量
  private:
    char* name;                                     //定义姓名字符指针变量
    char sex;                                       //定义性别变量
```

```
};
Student::Student(int pId, char* pName, char pSex)
{
  id=pId;
  name = new char[strlen(pName)+1];
  if(name!=0)
    strcpy(name,pName);
  sex=pSex;
}
void Student::printStudent()              //类的内部对成员的可访问性
{
  cout<<"id: "<<id<<", "                  //类的内部对公有成员是可访问的
      <<"name: "<<name<<", "              //类的内部对私有成员是可访问的
      <<"sex: "<<sex<<endl ;
}
int main()                                //类的外部对成员的可访问性
{
  Student stu(1,"wang",'M');
  stu.printStudent();                     //类的外部对公有成员是可访问的
  //stu.sex='F'
  //类的外部对私有成员是不可访问的
  return 0;
}
```

程序运行结果：

id: 1, name: wang, sex: M

例 8-3 从类的内部和类的外部两个方面实现了对两种访问属性 private 和 public 的测试。在类 Student 的成员函数 printStudent()中，可以访问该类的公有成员数据 id，也可以访问该类的私有成员数据 name 和 sex。在类 Student 外部的一般函数 main()中，通过类 Student 的对象 stu 可以访问类 Student 的公有成员函数 printStudent()，但不可访问其私有成员数据 sex。

因此，类的访问属性 private 和 public 的访问规则如表 8-1 所示。

表 8-1   类的访问属性 private 和 public 的访问规则

	公有成员数据	私有成员数据	公有成员函数	私有成员函数
类的内部的可访问性：同一个类的成员函数	可以访问	可以访问	可以访问	可以访问
类的外部的可访问性：另一个类的成员函数或一般函数	可以访问	不可访问	可以访问	不可访问

8.6 对象的使用

类是一种用户自定义数据类型，对象是使用类这种数据类型定义的变量。当定义好对象这种变量后，就需要使用该对象。

就像定义一个普通的全局变量一样，可以在 main()函数外且不在任何一个类中定义一个全局的对象，也可以在一个一般函数或另一个类的成员函数中定义一个局部的对象，或者使用 new 运

算符从堆空间中动态申请创建一个对象。

【例 8-4】对象的定义。

程序如下。

```
/*
程序功能：对象的定义
作    者：张三
创建时间：2010 年 9 月 3 日
版    本：1.0
*/
#include<iostream>
using namespace std;
class Student
{
  public:
    Student(int pId, char* pName, char pSex);      //构造函数
    void printStudent();                            //printStudent()函数声明
  private:
    int id;                                         //定义学号变量
    char* name;                                     //定义姓名字符指针变量
    char sex;                                       //定义性别变量
};
Student::Student(int pId, char* pName, char pSex)
{
  id=pId;
  name=new char[strlen(pName)+1];
  if(name!=0)
      strcpy(name,pName);
  sex=pSex;
  cout<<"Constructed a student object with id: "<<id<<endl;
}
void Student::printStudent()
{
  cout<<"id: "<<id<<", "
      <<"name: "<<name<<", "
      <<"sex: "<<sex<<endl ;
}
Student stu1(1,"wang",'M');                         //全局对象
int main()
{
  Student stu2(2,"li",'F');                         //局部对象
  Student* stu3=new Student(3,"zhao",'M');          //堆空间中动态创建对象
  delete stu3;
  return 0;
}
```

程序运行结果：

```
Constructed a student object with id: 1
Constructed a student object with id: 2
Constructed a student object with id: 3
```

例 8-4 定义了 3 个对象 stu1、stu2 和 stu3。其中，stu1 是一个在函数 main()外部定义的全局对象，stu2 是一个在函数 main()内部定义的局部对象，stu3 是一个类 Student 类型的指针，它指向从堆空间中动态申请的一个匿名对象。

当定义对象后,访问其公有成员数据和公有成员函数的语法形式为

  对象名.公有成员数据

或

  对象名.公有成员函数

实际上,这种访问形式就是从类的外部访问公有成员数据和公有成员函数。

8.6.1 对象指针

可以定义 int 型、float 型和 char 型变量,也可以定义 int 型、float 型和 char 型的相应指针变量。同样,对于"类"这种特殊的数据类型来说,可以定义类的变量,即对象,也可以定义类的指针,即对象指针。

对象指针遵循一般指针变量的各种规则,定义对象指针的语法形式为

  类名* 对象指针名;

当定义对象指针后,可以利用对象指针访问其指向的对象的公有成员,其语法形式为

  对象指针名->公有成员;

例如:

```
Student stu(1,"wang",'M');
Student* pStu1=&stu;
Student* pStu2=new Student(2,"li",'F');
```

上面的代码定义了两个对象和两个对象指针。对于这两个对象,一个对象名字为 stu,另一个是堆空间中的匿名对象。对于两个对象指针,一个名字为 pStu1,指向对象 stu,另一个名字为 pStu2,指向堆空间中的匿名对象。

当定义两个对象指针 pStu1 和 pStu2 后,访问其指向的对象的公有成员的代码为

```
pStu1->printStudent();
pStu2->printStudent();
```

8.6.2 对象引用

引用是 C++语言中新引入的概念,不是 C 语言中的数据类型。引用可以是 int 型、float 型和 char 型等变量的别名,也可以是"类"这种数据类型变量(即对象)的别名。类的对象引用的使用规则和普通变量引用相同。

例如:

```
Student stu(1,"wang",'M');
Student& rStu=stu;
```

上面的代码定义了一个类 Student 的对象 stu,还定义了对象 stu 的一个引用 rStu。引用 rStu 是对象 stu 的别名。

8.6.3 this 指针

类的外部访问类的成员数据和成员函数必须通过类的对象来实现,而在类的内部访问属于该类的成员数据和成员函数则没有显示地给出这些成员所属的对象。

对于下面的代码:

```
Student stu1(1,"wang",'M');
Student stu2(2,"li",'F');
stu1.printStudent();
```

```
    stu2.printStudent();
```
再结合成员函数 printStudent()的定义：
```
void Student::printStudent()
{
  cout<<"id: "<<id<<","
      <<"name: "<<name<<","
      << "sex: "<<sex<<endl;
}
```
可能会产生这样的疑问：当类 Student 生成两个对象 stu1 和 stu2 后，对象 stu1 和 stu2 都调用了相同的成员函数 printStudent()，而在成员函数 printStudent()的函数体中的成员数据 id、name 和 sex 如何区分是属于对象 stu1 还是对象 stu2 呢？

要回答这样的问题，必须了解 this 指针的用法。this 指针是一种特殊的指针，它指向成员函数当前操作的数据所属的对象。不同的对象调用相同的成员函数时，this 指针将指向不同的对象，也就可以访问不同对象的成员数据。

实际上，成员函数 printStudent()的另一种等价的写法是：
```
void Student::printStudent()
{
  cout<<"id: "<<this->id<<", "
      <<"name: "<< this->name<<", "
      << "sex: "<< this->sex<<endl ;
}
```
当执行代码：
```
    stu1.printStudent();
```
this 指针就指向对象 stu1。

而当执行代码：
```
    stu2.printStudent();
```
this 指针就指向对象 stu2。

8.6.4 对象数组

可以使用基本数据类型，如 int 型、float 型和 char 型定义数组，也可以使用"类"这种用户自定义数据类型来定义数组。

【例 8-5】 定义对象数组。
```
/*
程序功能：对象数组
作  者：张三
创建时间：2010 年 9 月 3 日
版  本：1.0
*/
#include<iostream>
using namespace std;
class Student
{
  public:
    void setStudent(int pId, char* pName, char pSex);   //设置学生信息函数
    void printStudent();                                //printStudent()函数声明
  private:
```

```cpp
        int id;                                          //定义学号变量
        char* name;                                      //定义姓名字符指针变量
        char sex;                                        //定义性别变量
};
void Student::setStudent(int pId, char* pName, char pSex)
{
  id=pId;
  name=new char[strlen(pName)+1];
  if(name!=0)
        strcpy(name,pName);
  sex=pSex;
}
void Student::printStudent()
{
  cout<<"id: "<<id<<", "<<"name: "<<name<<", "<< "sex: "<<sex<<endl ;
}
int main()
{
  Student stu[3];                                        //定义类 Student 的对象数组
  stu[0].setStudent(1,"wang",'M');
  stu[1].setStudent(2,"li",'F');
  stu[2].setStudent(3,"zhao",'M');
  stu[0].printStudent();
  stu[1].printStudent();
  stu[2].printStudent();
  return 0;
}
```

例 8-5 定义了类 Student 的对象数组 stu, 数组长度为 3, 其数组元素分别表示不同的对象。对象数组遵从一般数组的用法。

8.6.5 普通对象做函数参数

普通对象做函数参数的用法与普通变量做函数参数的用法一样。

【例 8-6】实现普通对象做函数参数。

程序如下。

```cpp
/*
程序功能：普通对象做函数参数
作    者：张三
创建时间：2010 年 9 月 3 日
版    本：1.0
*/
#include<iostream>
using namespace std;
class Student                                            //学生类的定义
{
  public:
    Student(int pId, char* pName, char pSex);            //构造函数
    int getId(){return id;}                              //返回学号函数
    char* getName(){return name;}                        //返回姓名函数
    char getSex(){return sex;}                           //返回性别函数
```

```
    private:
        int id;                                 //定义学号变量
        char* name;                             //定义姓名字符指针变量
        char sex;                               //定义性别变量
};
Student::Student(int pId, char* pName, char pSex)
{
    id=pId;
    name=new char[strlen(pName)+1];
    if(name!=0)
        strcpy(name,pName);
    sex=pSex;
}
class Admin                                     //管理员类的定义
{
    public:
        Admin(int pId);                         //构造函数
        void printStudent(Student stu);         //打印学生信息函数
    private:
        int id;
};
Admin::Admin(int pId)
{
    id=pId;
}
void Admin::printStudent(Student stu)           //定义一个形参为对象 stu
{
    cout<<"The student information is: "
        <<"id: "<<stu.getId()<<", "
        <<"name: "<<stu.getName()<<", "
        <<"sex: "<<stu.getSex()<<endl;
}
int main()
{
    Student stu(1,"wang",'M');
    Admin admin(91);
    admin.printStudent(stu);                    //传递一个实参为对象 stu
    return 0;
}
```

程序运行结果：

`The student information is: id: 1, name: wang, sex: M`

例 8-6 与例 8-1 比较，打印学生信息函数 printStudent()放置于不同类中。例 8-1 将该函数置于类 Student 中，打印的信息在本类中，直接获取即可，而例 8-6 将该函数置于类 Admin 中，打印的信息在另一个类 Student 中,因此,需要向类 Admin 的成员函数 printStudent()传递一个类 Student 的对象作为参数。此外，考虑到学号 id、姓名 name 和性别 sex 信息的访问属性是私有的，不可通过"对象.成员"的方式进行访问,特别设置 3 个公共访问属性的函数 getId()、getName()和 getSex() 来获取这些信息。

8.6.6 对象指针做函数参数

对象指针做函数参数的用法与普通变量指针做函数参数的用法一样。

【例 8-7】 实现对象指针做函数参数。

程序如下。

```cpp
/*
程序功能：对象指针做函数参数
作    者：张三
创建时间：2010 年 9 月 3 日
版    本：1.0
*/
#include<iostream>
using namespace std;
class Student                       //学生类的定义
{
  public:
    Student(int pId, char* pName, char pSex);       //构造函数
    int getId(){return id;}                         //返回学号函数
    void setId(int pId){id=pId;}                    //更新学号函数
    char* getName(){return name;}                   //返回姓名函数
    void setName(char* pName)                       //更新姓名函数
    {
    name=new char[strlen(pName)+1];
    if(name!=0)
       strcpy(name,pName);
    }
    char getSex(){return sex;}                      //返回性别函数
    void setSex(char pSex){sex=pSex;}               //设置性别函数
  private:
    int id;                                         //定义学号变量
    char* name;                                     //定义姓名字符指针变量
    char sex;                                       //定义性别变量
};
Student::Student(int pId, char* pName, char pSex)
{
  id=pId;
  name=new char[strlen(pName)+1];
  if(name!=0)
     strcpy(name,pName);
  sex=pSex;
}
class Admin                                         //管理员类的定义
{
  public:
    Admin(int pId);                                 //构造函数
    void printStudent(Student stu);                 //打印学生信息函数
    void updateStudent(Student* pStu,int pId);      //修改学生学号函数
    void updateStudent(Student* pStu,char* pName);  //修改学生姓名函数
    void updateStudent(Student* pStu,char pSex);    //修改学生性别函数
  private:
    int id;
};
```

```
Admin::Admin(int pId)
{
  id=pId;
}
void Admin::printStudent(Student stu)                    //定义一个形参为对象stu
{
  cout<<"The student information is: "
      <<"id: "<<stu.getId()<<", "
      <<"name: "<<stu.getName()<<", "
      <<"sex: "<<stu.getSex()<<endl;
}
void Admin::updateStudent(Student* pStu,int pId)
{
  pStu->setId(pId);
}
void Admin::updateStudent(Student* pStu,char* pName)
{
  pStu->setName(pName);
}
void Admin::updateStudent(Student* pStu,char pSex)
{
  pStu->setSex(pSex);
}
int main()
{
  Student stu(1,"wang",'M');
  Admin admin(91);
  admin.printStudent(stu);                    //传递一个实参为对象stu
  Student* pStu=&stu;                         //定义对象stu的指针pStu
  admin.updateStudent(pStu,99);               //传递指针和整型常量
  admin.printStudent(stu);                    //传递一个实参为对象stu
  admin.updateStudent(pStu,"zhao");           //传递指针和字符串常量
  admin.printStudent(stu);                    //传递一个实参为对象stu
  admin.updateStudent(pStu,'F');              //传递指针和字符常量
  admin.printStudent(stu);                    //传递一个实参为对象stu
  return 0;
}
```
程序行结果：
```
The student information is: id: 1, name: wang, sex: M
The student information is: id: 99, name: wang, sex: M
The student information is: id: 99, name: zhao, sex: M
The student information is: id: 99, name: zhao, sex: F
```

例8-7定义了两个类分别为管理员类Admin和学生类Student，main()函数中定义了一个管理员类Admin的对象admin和一个学生类Student的对象stu以及一个指向对象stu的指针pStu。类Admin中定义了3个重载函数updateStudent()，分别用于更新学生的学号、姓名和性别。当管理员类对象admin调用updateStudent()函数更新学生信息时，需要向该函数传递对象指针pStu。

8.6.7 对象引用做函数参数

对象引用做函数参数的用法与普通变量做函数参数的用法一样。

【例8-8】实现对象引用做函数参数。

程序如下。

程序功能：对象引用做函数参数
作　　者：张三
创建时间：2010 年 9 月 3 日
版　　本：1.0
*/
```cpp
#include<iostream>
using namespace std;
class Student                                           //学生类的定义
{
  public:
    Student(int pId, char* pName, char pSex);           //构造函数
    int getId(){return id;}                             //返回学号函数
    void setId(int pId){id=pId;}                        //更新学号函数
    char* getName(){return name;}                       //返回姓名函数
    void setName(char* pName)                           //更新姓名函数
    {
    name=new char[strlen(pName)+1];
    if(name!=0)
        strcpy(name,pName);
    }
    char getSex(){return sex;}                          //返回性别函数
    void setSex(char pSex){sex=pSex;}                   //设置性别函数
  private:
    int id;                                             //定义学号变量
    char* name;                                         //定义姓名字符指针变量
    char sex;                                           //定义性别变量
};
Student::Student(int pId, char* pName, char pSex)
{
  id=pId;
  name=new char[strlen(pName)+1];
  if(name!=0)
      strcpy(name,pName);
  sex=pSex;
}
class Admin                                             //管理员类的定义
{
  public:
    Admin(int pId);                                     //构造函数
    void printStudent(Student stu);                     //打印学生信息函数
    void updateStudent(Student& rStu,int pId);          //修改学生学号函数
    void updateStudent(Student& rStu,char* pName);      //修改学生姓名函数
    void updateStudent(Student& rStu,char pSex);        //修改学生性别函数
  private:
    int id;
};
Admin::Admin(int pId)
```

```cpp
    id=pId;
}
void Admin::printStudent(Student stu)                //定义一个形参为对象stu
{
  cout<<"The student information is: "
      <<"id: "<<stu.getId()<<", "
      <<"name: "<<stu.getName()<<", "
      <<"sex: "<<stu.getSex()<<endl;
}
void Admin::updateStudent(Student& rStu,int pId)
{
  rStu.setId(pId);
}
void Admin::updateStudent(Student& rStu,char* pName)
{
  rStu.setName(pName);
}
void Admin::updateStudent(Student& rStu,char pSex)
{
  rStu.setSex(pSex);
}
int main()
{
  Student stu(1,"wang",'M');
  Admin admin(91);
  admin.printStudent(stu);                //传递一个实参为对象stu
  admin.updateStudent(stu,99);            //传递一个实参为对象stu
  admin.printStudent(stu);                //传递一个实参为对象stu
  admin.updateStudent(stu,"zhao");        //传递一个实参为对象stu
  admin.printStudent(stu);                //传递一个实参为对象stu
  admin.updateStudent(stu,'F');           //传递一个实参为对象stu
  admin.printStudent(stu);                //传递一个实参为对象stu
  return 0;
}
```
程序运行结果:
```
The student information is: id: 1, name: wang, sex: M
The student information is: id: 99, name: wang, sex: M
The student information is: id: 99, name: zhao, sex: M
The student information is: id: 99, name: zhao, sex: F
```
例8-8和例8-7,都实现了修改学生对象信息的目标,例8-8采用对象引用做函数参数,而例8-7采用对象指针做函数参数。

8.7 构造函数

每个对象区别于其他对象的地方主要有两个,外在的区别是对象的名称,而内在的区别是对象的成员数据。当定义一个对象时,需要给该对象分配存储空间,同时也可以给部分属性赋值,这称为对象的初始化。

C++语言中，对象的初始化工作是由一个特殊的成员函数来完成的，称为构造函数。每个类都应该有自己的构造函数，它是类的成员函数。下面的代码定义了类 Student 的 3 个构造函数。

```
class Student
{
  public:
    Student();                              //构造函数1
    Student(int id);                        //构造函数2
    Student(int id, char name[]);           //构造函数3
};
```

构造函数必须满足的条件有两个：一是构造函数的名字与类的名字相同；二是构造函数没有返回值。不满足两个条件中的任意一个的函数都不是构造函数。一般情况下，构造函数具有公共访问属性。

关于构造函数，需要注意：

① 对于某个类，可以定义多个同名的构造函数，这些构造函数之间形成函数的重载。例如，上面的类 Student 具有 3 个同名构造函数，这 3 个函数形成重载。

② 构造函数的调用是在定义对象的时刻进行的，且调用的具体构造函数根据对象定义的形式来确定。例如：

```
Student stu1;
Student stu2(10);
Student stu3(11," wang");
```

上述代码定义 3 个对象 stu1、stu2 和 stu3。其中，stu1 对象的定义使用构造函数 Student()来进行初始化，stu2 对象的定义使用构造函数 Student(int id)来进行初始化，stu3 对象的定义使用构造函数 Student(int id,char name[])来进行初始化。

③ 如果在定义类时没有定义类的构造函数，编译系统会在编译时自动生成一个默认形式的构造函数，称为默认构造函数。默认构造函数是无参的函数。

8.8 析构函数

与构造函数相反，当对象生存期结束时，需要调用析构函数，释放对象所占的内存空间。下面是定义类 Student 的析构函数代码。

```
class Student
{
  public:
    ~Student();
};
```

与构造函数一样，析构函数也是类的一个成员函数，它的名称是类的名字前加"~"构成，没有返回值，并且析构函数没有任何参数。

关于析构函数，需要注意：

① 由于析构函数是无参的,而析构函数的名字又是唯一的,因此析构函数是不能进行重载的。

② 析构函数的调用是在对象删除的时刻进行的。

③ 如果没有具体定义析构函数,编译系统同样会自动生成一个析构函数,称为默认析构函数。

④ 默认析构函数只能用来释放对象的成员数据所占用的空间,但不包括堆空间的资源。因此,

当构造函数中使用 new 运算符申请从堆中分配空间时,为了防止内存泄漏,需要具体定义析构函数,而不能使用默认析构函数。

【例 8-9】必须使用析构函数的情况举例。

程序如下。

```
/*
程序功能:必须使用析构函数的情况
作    者:张三
创建时间:2010 年 9 月 3 日
版    本:1.0
*/
#include<iostream>
using namespace std;
class Student
{
  public:
    Student(int pId, char* pName, char pSex);      //构造函数声明
    ~Student();                                     //析构函数声明
    void printStudent();                            //printStudent 函数声明
  private:
    int id;                                         //学号
    char *name;                                     //姓名
    char sex;                                       //性别
};
Student::Student(int pId, char *pName, char pSex)
{
  cout<<"constructing…"<<endl;
  id=pId;
  name=new char[strlen(pName)+1];
  if(name!=0)
      strcpy(name,pName);
  sex=pSex;
}
Student::~Student()
{
  cout<<"destructing…"<<endl;
  delete[] name;
}
void Student::printStudent()
{
  cout<<"id: "<<id<<", "<<"name: "<<name<<", "<<"sex: "<<sex<<endl;
}
int main()
{
  Student stu(1,"wang",'M');
  stu.printStudent();
  return 0;
}
```

程序运行结果:

```
constructing…
id: 1, name: wang, sex: M
destructing…
```

例 8-9 定义了类 Student 的构造函数和析构函数。构造函数中使用 new 运算符向堆空间申请了用于存储成员数据 name 的字符串空间，所以必须具体定义析构函数用来删除该空间资源。

8.9 拷贝构造函数

拷贝构造函数是一种特殊的构造函数，其形式参数为本类对象的引用。下面是定义一个构造函数和一个拷贝构造函数的类 Student 代码。

```
class Student
{
 public:
   Student();                                    //构造函数声明
   Student(int pId, char* pName, int pAge);      //构造函数声明
   Student(Student& pStudent);                   //拷贝构造函数声明
   ~Student();                                   //析构函数声明
   void printStudent();                          //printStudent()函数声明
};
```

拷贝构造函数常应用于以下 3 种情况。

① 当用一个类的对象去初始化该类的另一个对象时，系统自动调用拷贝构造函数实现拷贝赋值。例如：

```
int main()
{
  Student stu1(1,"wang",30);
  Student stu2(stu1);
  return 0;
}
```

② 若函数的形参为类的对象，调用函数时，实参赋值给形参，系统自动调用拷贝构造函数实现拷贝赋值。例如：

```
void fun(Student stu)
{
  stu.printStudent();
}
int main()
{
  Student stu(1,"wang",30);
  fun(stu);
  return 0;
}
```

③ 当函数的返回值是类的对象时，系统调用拷贝构造函数实现拷贝赋值。例如：

```
Student fun()
{
  Student stu(1,"wang",30);
  return stu;
}
int main()
{
  Student stu;
  stu=fun();                              //通过"="复制对象，系统自动调用拷贝构造函数
```

```
        return 0;
}
```
关于拷贝构造函数,需要注意:
① 拷贝构造函数首先必须是构造函数,只是该函数要求其形参一定是本类对象的引用。
② 若在类定义时没有显示地定义拷贝构造函数,系统会自动生成一个默认的拷贝构造函数,完成将类的成员值一一复制的功能。
③ 拷贝构造函数与其他构造函数形成重载。

8.10 浅拷贝和深拷贝

当定义拷贝构造函数时,只是完成一一对应的成员值的简单复制,称其为浅拷贝构造函数。但是,如果类的数据成员包含指针变量,类的构造函数必须使用new运算符为这个指针动态申请堆空间。如果此时还只是简单的使用浅拷贝的方式进行对象复制。最后,在退出运行时,由于两个对象的指针指向同一个堆空间中的资源,当调用析构函数先后删除这两个指针指向的堆空间中的资源时,程序会报错。为了解决此问题,必须定义深拷贝构造函数。

一般来说,如果一个类需要析构函数来释放资源,则它需要定义一个深拷贝构造函数。

【例8-10】定义深拷贝构造函数。
程序如下。

```
/*
程序功能:深拷贝构造函数
作  者:张三
创建时间:2010年9月3日
版  本:1.0
*/
#include<iostream>
using namespace std;
class Student
{
  public:
    Student(int pId, char* pName, char pSex);          //构造函数声明
    Student(Student& stu);                              //深拷贝构造函数声明
    ~Student();                                         //析构函数声明
    void printStudent();                                //printStudent()函数声明
  private:
    int id;                                             //学号
    char *name;                                         //姓名
    char sex;                                           //性别
};
Student::Student(int pId, char *pName, char pSex)
{
  cout<<"constructing..."<<endl;
  id=pId;
  name=new char[strlen(pName)+1];
  if(name!=0)
      strcpy(name,pName);
```

```
    sex=pSex;
}
Student::Student(Student& stu)
{
    cout<<"deep copy constructing..."<<endl;
    id=stu.id;
    name=new char[strlen(stu.name)+1];
    if(name!=0)
        strcpy(name,stu.name);
    sex=stu.sex;
}
Student::~Student()
{
    cout<<"destructing…"<<endl;
    delete[] name;
}
void Student::printStudent()
{
    cout<<"id: "<<id<<", "<<"name: "<<name<<", "<<"sex: "<<sex<<endl;
}
int main()
{
    Student stu1(1,"wang",'M');
    Student stu2=stu1;                                      //通过"="赋值调用拷贝构造函数
    stu1.printStudent();
    stu2.printStudent();
    return 0;
}
```

程序运行结果：
constructing…
deep copy constructing...
id: 1, name: wang, sex: M
id: 1, name: wang, sex: M
destructing…
destructing…

8.11 静态成员

面向过程的程序设计中可以通过定义全局变量来实现在程序中共享数据，而在面向对象的程序设计中可以通过定义静态成员来实现这一功能。

8.11.1 静态成员数据

静态成员数据是一个类的所有对象共享的数据成员，而不仅仅是某一对象的成员数据。例如，对于学生类 Student 来说，利用该类生成一个班级的所有学生对象，这个班级的所有学生都应该获知班级名称和班级人数等共享信息。那么，班级名称和班级人数就可以定义为学生类 Student 的静态成员数据。

静态成员数据与一般成员数据的区别在于：对于静态成员数据，该类的每个对象都共享唯一的数据，即它只存在一份拷贝；而对于一般成员数据，该类的每个对象都独立建立自己的一个副本，以保存各自特定的值。由此可知，静态成员数据属于类级别的成员，而一般成员数据属于对象级别的成员，因此，有些资料上将静态成员数据称为类成员数据，将一般成员数据称为对象成员数据。

定义静态成员数据，使用关键字 static。初始化静态成员数据必须在类外进行。

【例 8-11】定义静态成员数据。

程序如下。

```
/*
程序功能：静态成员数据
作    者：张三
创建时间：2010 年 9 月 3 日
版    本：1.0
*/
#include<iostream>
using namespace std;
class Student
{
  public:
    Student(int pId, char* pName, char pSex);    //构造函数声明
    ~Student();                                   //析构函数声明
    void printCount();                            //打印人数
  private:
    int id;
    char* name;
    char sex;
    static int count;                             //静态成员数据的定义
};
int Student::count=0;                             //静态成员数据的初始化
Student::Student(int pId, char* pName, char pSex)
{
  cout<<"construct one student."<<endl;
  id=pId;
  sex=pSex;
  name=new char[strlen(pName)+1];
  if(name!=0)
      strcpy(name,pName);
  count++;
}
Student::~Student()
{
  cout<<"deconstruct one student."<<endl;
  delete[] name;
  count--;
}
void Student::printCount()
{
  cout<<"the number of students is: "<<count<<endl;
}
int main()
{
  Student stu1(1,"wang",'M');
  stu1.printCount();
```

```
    Student stu2(2,"li",'F');
    stu2.printCount();
    return 0;
}
```
程序运行结果：
```
construct one student.
the number of students is: 1
construct one student.
the number of students is: 2
deconstruct one student.
deconstruct one student.
```
当定义静态成员数据时，在其对应一般成员数据的定义前加关键字 static，如 static int count。定义静态成员数据时，不能同时进行初始化工作，如 static int count=0 是错误的。静态成员数据的初始化必须在类外完成，如 int Student::count=0;。但是，初始化静态成员数据时，不能带有关键字 static，如 int static Student::count=0 也是错误的。

一般来说，不论是静态成员数据还是一般成员数据，都尽量将其定义为私有的，这是数据封装性的要求。但是，如果将静态成员数据定义为公有的，则可以通过 "类名::静态成员数据名" 的形式访问。

8.11.2 静态成员函数

静态成员函数是一个类的所有对象共享的成员函数。如同成员数据一样，成员函数也可以区分为静态成员函数和一般成员函数，静态成员函数也称为类成员函数。

【例8-12】定义静态成员函数。

程序如下。
```
/*
程序功能：静态成员函数
作    者：张三
创建时间：2010年9月3日
版    本：1.0
*/
#include<iostream>
using namespace std;
class Student
{
  public:
    Student(int pId, char* pName, char pSex);      //构造函数声明
    ~Student();                                     //析构函数声明
    static void printCount();                       //打印人数
  private:
    int id;
    char* name;
    char sex;
    static int count;                               //静态数据成员的定义
};
int Student::count=0;                               //静态数据成员的初始化
Student::Student(int pId, char* pName, char pSex)
{
  cout<<"construct one student."<<endl;
```

```
    id=pId;
    sex=pSex;
    name=new char[strlen(pName)+1];
    if(name!=0)
        strcpy(name,pName);
    count++;
}
Student::~Student()
{
    cout<<"deconstruct one student."<<endl;
    delete[] name;
    count--;
}
void Student::printCount()
{
    cout<<"the number of students is: "<<count<<endl;
}
int main()
{
    Student stu1(1,"wang",'M');
    stu1.printCount();                          //通过对象名调用公有静态成员函数
    Student stu2(2,"li",'F');
    Student::printCount();                      //通过类名调用公有静态成员函数
    return 0;
}
```

程序运行结果：

```
construct one student.
the number of students is: 1
construct one student.
the number of students is: 2
deconstruct one student.
deconstruct one student.
```

例 8-12 定义了一个静态成员函数 printCount()，在该函数中访问静态成员数据 count。从类的外部访问公有静态成员函数，有两种形式：

对象名.公有静态成员函数；
类名::公有静态成员函数；
分别对应的代码为

```
stu1.printCount();
Student::printCount();
```

上述代码中给出了从类的外部访问公有静态成员函数的两种形式。当然，从类的外部是不能访问私有静态成员函数的。下面讨论从类的内部来研究各种成员函数和各种成员数据的相互访问关系。

静态成员函数和静态成员数据都是类层次的成员，而一般成员函数和一般成员数据都是属于对象层次的。因此，从类的内部来看，当对象没有生成时，静态成员函数中是不能访问一般成员数据和一般成员函数的。类的内部的成员函数和成员数据相互访问的关系如表 8-2 所示。

表 8-2　　　　　　　类的内部的成员函数和成员数据的访问关系

	一般成员数据	静态成员数据	一般成员函数	静态成员函数
一般成员函数	可以访问	可以访问	可以访问	可以访问
静态成员函数	不可访问	可以访问	不可访问	可以访问

8.12 友　　元

静态成员数据提供了在同一个类的所有对象之间共享数据的机制，而友元则是不同类的成员函数之间、类的成员函数和一般函数之间进行数据共享的机制。友元的引入破坏了类的数据封装性和数据隐藏性，因此，现在的面向对象的程序设计方法中不提倡使用友元机制。

友元可以定义在函数级别，也可以定义在类级别。如果定义在函数级别，则是友元函数，如果定义在类级别，则是友元类。

8.12.1 友元函数

友元函数可以是一般函数，也可以是类的成员函数。一般函数可以定义为一个类的友元函数，或者一个类的成员函数可以定义为另一个类的友元函数。定义友元函数，使用关键字 friend。

【例 8-13】定义友元函数。

程序如下。

```
/*
程序功能：友元函数
作    者：张三
创建时间：2010 年 9 月 3 日
版    本：1.0
*/
#include<iostream>
using namespace std;
class Administrator
{
  public:
    void createStudent(int pId);
};
class Student
{
  public:
    Student(int pId, char* pName, char pSex);      //构造函数声明
    ~Student();                                    //析构函数声明
    friend void printStudent(Student& pStudent);   //一般函数声明为该类的友元函数
    //Administrator 类的成员函数声明为该类的友元函数
    friend void Administrator::createStudent(int pId);
  private:
    int id;
    char* name;
    char sex;
};
void Administrator::createStudent(int pId)
{
    Student stu(1,"wang",'M');
    stu.id=pId;
    cout<<"id: "<<stu.id<<", "
        <<"name: "<<stu.name<<"; "
        <<"sex: "<<stu.sex<<endl;
```

```
Student::Student(int pId, char* pName, char pSex)
{
    cout<<"construct one student."<<endl;
    id=pId;
    sex=pSex;
    name=new char[strlen(pName)+1];
    if(name!=0)
        strcpy(name,pName);
}
Student::~Student()
{
    cout<<"deconstruct one student."<<endl;
    delete[] name;
}
void printStudent(Student& pStudent)
{
    cout<<"id: "<<pStudent.id<<", "
        <<"name: "<<pStudent.name<<", "
        <<"sex: "<<pStudent.sex<<endl;
}
int main()
{
    Student stu(1,"li",'F');
    //一般函数 printStudent()是类 Student 的友元函数
    printStudent(stu);
    Administrator admin;
    //类 Administrator 的成员函数 createStudent()是类 Student 的友元函数
    admin.createStudent(2);
    return 0;
}
```

程序运行结果：
```
construct one student.
id: 1, name: li, sex: F
construct one student.
id: 2, name: wang, sex: M
deconstruct one student.
deconstruct one student.
```

例 8-13 中的一般函数 printStudent()声明为类 Student 的友元函数，则该函数中可以访问类 Student 的私有数据成员 id、name 和 age；类 Administrator 的成员函数 createStudent()声明为类 Student 的友元函数，则该函数中同样可以访问类 Student 的私有数据成员。

8.12.2 友元类

如果一个类的所有成员函数都需要声明为另一个类的友元函数，则友元函数的做法就显得烦琐。一个更为简单的做法是声明为友元类，即将一个类声明为另一个类的友元类。例如：

```
class Administrator
{
    …
};
class Student
{
    friend class Administrator;
```

};

为了使管理员类 Administrator 可以访问学生类 Student 中的所有成员数据,上述代码将类 Administrator 声明为类 Student 的友元类,则类 Administrator 中的所有成员函数都可以访问到 Student 类的私有的、保护的和公有的成员数据。

对于友元类,需要注意:

① 友元关系不具有对称性。对于上述代码,只是声明管理员类 Administrator 是学生类 Student 的友元类,管理员类中的所有成员函数可以访问学生类 Student 的所有成员数据。但是,学生类 Student 的成员函数不可访问管理员类 Administrator 的私有的和保护的成员数据,即学生类 Student 不是管理员类 Administrator 的友元类。

② 友元关系不具有传递性。例如,将类 A 声明为类 B 的友元类,将类 B 声明为类 C 的友元类。但是,此时类 A 不是类 C 的友元类,即这种友元关系不具有传递性。

8.13 常 对 象

对于基本数据类型的变量,可以定义符号常量,其值在程序运行过程中一直保持不变。对于"类"这种用户自定义数据类型,同样可以定义一种对象,使得在程序运行过程中该对象的数据成员一直保持不变,这种对象称为常对象。

常对象的定义,使用关键字 const。语法形式为

类名 const 对象名;

与定义符号常量一样,定义常对象时必须同时初始化。例如:

```
class Administrator
{
  public:
    Administrator(int pId);
  public:
    int id;
};
Administrator::Administrator(int pId)
{
  id=pId;
}
int main()
{
  Administrator const admin(1);
  admin.id=2; //错误,admin 对象是常对象
}
```

上述代码中定义常对象 admin。该对象生成之后,不希望其成员数据发生变化,因此将其定义为常对象。

8.14 常 成 员

类包括成员数据和成员函数,因此可以定义相应的常成员数据和常成员函数。

8.14.1 常成员数据

常对象要求其所有成员数据的值在程序运行过程中保持不变。实际应用时，有时希望对象的部分成员数据的值保持不变，这时可以通过定义常成员数据来实现。常成员数据的定义与一般符号常量的定义相似，也使用关键字 const。其语法形式为

const 数据类型 变量名;

【例 8-14】定义类 Student，其成员数据 id 定义为常成员数据。

程序如下。
```
class Student
{
  public:
    Student(int pId, char* pName, int pAge);
  private:
    const int id;
    char* name;
    int age;
};
Student::Student(int pId, char* pName, int pAge):id(pId)
{
  cout<<"construct one student."<<endl;
  age=pAge;
  name=new char[strlen(pName)+1];
  if(name!=0)
      strcpy(name,pName);
  cout<<"id: "<<id<<","<<"name: "<<name<<","<<"age: "<<age<<endl;
}
int main()
{
  Student stu(1,"wang",20);
  return 0;
}
```

上述代码中，类 Student 的数据成员 id 定义为常成员数据。当学生对象生成后，学号 id 保持不变。常成员数据与一般符号常量的区别是：一般符号常量的定义和初始化是在同一条语句中实现的，而常成员数据的定义和初始化通常是分开进行的，其初始化是在类的初始化列表处进行。

8.14.2 常成员函数

关键字 const 修饰成员数据形成常成员数据，而关键字 const 修饰成员函数就形成常成员函数。常成员函数不能改变所属类的成员数据的值。其语法形式为

数据类型 函数名(形参列表) const;

【例 8-15】定义类 Administrator，其成员函数 printAdmin()定义为常成员函数。

程序如下。
```
class Administrator
{
  public:
    Administrator(int pId);
    void setId(int pId);
    int getId();
    void printAdmin();           //一般成员函数
    void printAdmin() const;     //常成员函数
```

```
    private:
        int id;
};
Administrator::Administrator(int pId)
{
    id=pId;
}
void Administrator::setId(int pId)
{
    id=pId;
}
int Administrator::getId()
{
    return id;
}
void Administrator::printAdmin()
{
    //setId(3);
    cout<<"ordinary member function, id: "<<id<<endl;
}
void Administrator::printAdmin() const
{
    //setId(3);
    //错误,常成员函数中不能调用一般成员函数
    cout<<"const member function, id: "<<id<<endl;
}
int main()
{
    Administrator admin1(1);
    admin1.printAdmin();
    Administrator const admin2(2);
    admin2.printAdmin();
    return 0;
}
```

程序运行结果:
```
ordinary member function, id: 1
const member function, id: 2
```

对于常成员函数,需要注意:

① 常成员函数不能改变所属类的数据成员的值,为了保证安全,规定常成员函数中不能调用一般成员函数。

② 关键字 const 可以作为函数重载的条件。例 8-15 中,函数 void printAdmin()和函数 void printAdmin() const 构成一对重载函数。

③ 常对象只能定义常成员函数,不能访问一般函数。例 8-15 中,对象 admin1 是一般对象,对象 admin2 是常对象,一般对象 admin1 调用的函数为一般函数 void printAdmin(),常对象 admin2 调用的函数为常成员函数 void printAdmin() const。

8.15 组 合 关 系

现实世界中对象与对象之间的整体—部分关系又称为组合关系。生活中有很多这方面的实例。

例如，一辆汽车由4个车轮、一个方向盘和一个发动机等部件组成，一个桌子由一个桌面和4个桌腿组成。那么，汽车对象和车轮对象、方向盘对象以及发动机对象之间就构成了组合关系，桌子对象和桌面对象以及桌腿对象之间也构成了组合关系。

当开发有关汽车部件的管理信息系统时，就需要开发汽车类，并通过汽车类生成汽车对象。而一个汽车对象由4个车轮对象、一个方向盘对象和一个发动机对象组成。因此，当开发汽车类时，考虑到汽车与其各个部件的组合关系，无需从底层做起，而应由汽车部件类构造形成汽车类。汽车与其各个部件之间的组合关系如图8-1所示。

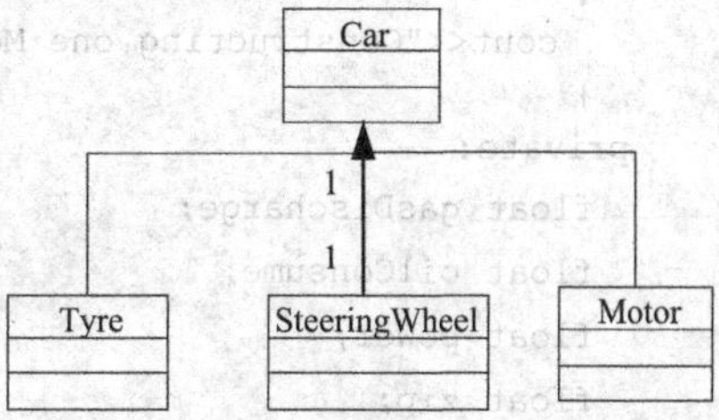

图8-1 汽车与其各个部件之间的组合1关系

【例8-16】组合关系应用举例。

程序如下。

```
/*
程序功能：组合关系
作    者：张三
创建时间：2010年9月3日
版    本：1.0
*/
#include<iostream>
using namespace std;
class Tyre                                    //轮胎类Tyre的定义
{
  public:
    Tyre()
    {
      cout<<"Constructing one Tyre."<<endl;
    }
  private:
    float maxSpeed;                           //最大速度
    int loadIndex;                            //载重指数
    float diameter;                           //直径
    char spec[20];                            //规格
    char company[20];                         //生产厂家
};
class SteeringWheel                           //方向盘类SteeringWheel的定义
{
  public:
    SteeringWheel()
    {
      cout<<"Constructing one SteeringWheel."<<endl;
    }
  private:
    int color;                                //颜色
    char material[20];                        //材质
    char type[10];                            //类型
    char company[20];                         //生产厂家
};
```

```cpp
class Motor                              //发动机类 Motor 的定义
{
  public:
    Motor()
    {
      cout<<"Constructing one Motor."<<endl;
    }
  private:
    float gasDischarge;                  //排气量
    float oilConsume;                    //耗油量
    float power;                         //功率
    float zip;                           //压缩比
    char company[20];                    //生产厂家
};
class Car                                //汽车类 Car 的定义
{
  public:
    Car()
    {
      cout<<"Constructing one Car."<<endl;
    }
  private:
    Tyre t4[4];                          //4 个车轮
    SteeringWheel sw;                    //一个方向盘
    Motor m;                             //一个发动机
};
int main()
{
  Car car;
  return 0;
}
```

程序运行结果：

Constructing one Tyre.
Constructing one Tyre.
Constructing one Tyre.
Constructing one Tyre.
Constructing one SteeringWheel.
Constructing one Motor.
Constructing one Car.

8.16 类 模 板

类模板是一个可以生成类的"超级数据类型"。定义类模板的语法格式为

template <class 标识符 1,…,class 表示符 n>

【例 8-17】定义类模板。

程序如下。

```
/*
程序功能：类模板
```

作　　者：张三
创建时间：2010 年 9 月 3 日
版　　本：1.0
*/
#include<iostream>
using namespace std;

template<class T>
class Max
{
public:
    Max(T pFirst, T pSecond, T pThird);
    T getMax();
private:
    T first;
    T second;
    T third;
};

template<class T>
Max<T>::Max(T pFirst, T pSecond, T pThird):
    first(pFirst),second(pSecond),third(pThird)
{}

template<class T>
T Max<T>::getMax()
{
    T t;
    t=first>second?first:second;
    t=t>third?t:third;
    return t;
}

int main()
{
    Max<int> nMax(1,2,3);
    cout<<"nMax is: "<<nMax.getMax()<<endl;
    Max<float> fMax(1.1f,2.2f,3.3f);
    cout<<"fMax is: "<<fMax.getMax()<<endl;
    return 0;
}
```

程序运行结果：
```
nMax is: 3
fMax is: 3.3
```

例 8-17 定义了一个类模板 Max，然后分别生成类型为 int 的具体类和类型为 float 的具体类，并基于生成的类定义两个对象 nMax 和 fMax。因此，类模板、类和对象之间的关系，如图 8-2 所示。

图 8-2　类模板、类和对象之间的关系
```

本章小结

类是一种用户自定义的数据类型。定义类时需要定义其成员数据和成员函数。构造函数和析构函数是两个特殊的成员函数。成员数据和成员函数都必须具有一定的访问属性，即私有访问属性、公有访问属性和保护访问属性。由于类是一种数据类型，可以定义类的指针、类的引用，调用函数时进行类的值传递、类的指针传递和类的引用传递。从成员归属类层次或者对象层次来看，成员可以是类的一般成员，也可以是类的静态成员。当在某个类的成员中定义另一个类的普通对象或对象数组时，就形成了整体—部分的组合关系。类可以定义或生成对象，同样，类模板可以定义或生成类。

习　题

一、单项选择题

1. 关于类和对象，不正确的描述是（　　）。
    A. 类是一种数据类型，它封装了数据和函数
    B. 类是对某一类对象的抽象
    C. 可以基于类这种数据类型定义类的引用
    D. 一个类的对象只有一个

2. 类定义的外部，可以被访问的类的成员有（　　）。
    A. public 的类成员
    B. public 或 private 的类成员
    C. private 或 protected 的类成员
    D. public 或 private 的类成员

3. 关于 this 指针，不正确的描述是（　　）。
    A. this 指针必须显式说明
    B. 当创建一个对象后，this 指针就指向该对象
    C. 成员函数拥有 this 指针
    D. 静态成员函数拥有 this 指针

4. 调用形式参数为普通对象的函数时，系统会自动调用相应类的（　　）。
    A. 名字不同于类名的一般成员函数
    B. 构造函数
    C. 析构函数
    D. 拷贝构造函数

5. 定义某类的对象后，再删除该对象，系统会自动调用（　　）。
    A. 名字不同于类名的一般成员函数
    B. 拷贝构造函数
    C. 构造函数

D. 析构函数
6. 对于析构函数，不正确的描述是（　　）。
   A. 系统可以提供默认的析构函数
   B. 析构函数不能进行重载
   C. 析构函数没有参数
   D. 析构函数可以设置默认参数
7. 关于静态成员，不正确的描述是（　　）。
   A. 静态成员函数可以访问一般成员数据
   B. 静态成员函数可以访问静态成员数据
   C. 静态成员函数不可以访问一般成员函数
   D. 静态成员函数可以访问静态成员函数
8. 关于友元，不正确的描述是（　　）。
   A. 关键字 friend 用于声明友元
   B. 一个类中的成员函数可以是另一个类的友元
   C. 类与类之间的友元关系不具有传递性
   D. 类与类之间的友元关系具有对称性
9. 下列有关类模板、类和对象的说法中，正确的是（　　）。
   A. 对象可以由类模板直接定义或生成
   B. 类可以定义或生成类模板
   C. 对象是类的实例，为对象分配存储空间而不是为类分配存储空间
   D. 类是对象的实例，为类分配存储空间而不是为对象分配存储空间
10. 下列关于类的可访问性，不正确的描述是（　　）。
    A. 类外的一般函数可以访问该类的公有成员数据
    B. 类外的一般函数可以访问该类的公有成员函数
    C. 同一个类的成员函数可以访问该类的公有成员数据
    D. 同一个类的成员函数不可访问该类的私有成员数据

二、简答题

1. 简要说明类与对象之间的关系。
2. 简要描述构造函数的作用，类的成员函数是构造函数需要满足什么条件。
3. 简要描述析构函数的作用，类的成员函数是析构函数需要满足什么条件。
4. 哪种情况下一定要手动编写析构函数代码？
5. 什么是浅拷贝构造函数？什么是深拷贝构造函数？
6. 哪种情况下一定要手动编写深拷贝构造函数代码？
7. 简要描述调用拷贝构造函数的几种情况。
8. 简要描述静态成员和一般成员的区别。
9. 从类的内部和类的外部两个方面描述访问属性 private 和 public 的访问规则。
10. 什么是组合关系，组合关系在 C++中是如何实现的？

三、程序阅读题

阅读如下程序，并试写出运行结果。

1. 写出以下程序的运行结果。

```cpp
#include<iostream>
using namespace std;
class Test
{
  private:
    int a;
    int b;
  public:
    Test(int x, int y)
    {
      a=x;
      b=y;
      cout<<"Constructor 1"<<endl;
      cout<<a<<","<<b<<endl;
    }
    Test(Test &t)
    {
      cout<<"Constructor 2"<<endl;
      cout<<t.a<<","<<t.b<<endl;
    }
};
int main()
{
  Test t1(9,7);
  Test t2(t1);
  return 0;
}
```

2. 写出以下程序的运行结果。

```cpp
#include<iostream>
using namespace std;
class Test
{
  private:
    int x,y;
  public:
    Test()
    {
      x=y=0;
    }
    Test(int a,int b)
    {
      x=a;
      y=b;
    }
    void disp()
    {
      cout<<"x="<<x<<",y="<<y<<endl;
    }
};
int main()
```

```
{
  Test s1,s2(1,2),s3(10,20);
  Test *pa[3]={&s1,&s2,&s3};
  for(int i=0;i<3;i++)
    pa[i]->disp();
  return 0;
}
```

3. 写出以下程序的运行结果。
```
#include<iostream>
using namespace std;
class Test
{
  char c1,c2;
public:
  Test(char a)
  {
    c2=(c1=a)-32;
  }
  void disp()
  {
    cout<<c1<<"转换为"<<c2<<endl;
  }
};
void main()
{
  Test a('a'),b('b');
  a.disp();
  b.disp();
}
```

4. 写出以下程序的运行结果。
```
#include<iostream>
using namespace std;
class Test
{
  int n;
  static int sum;
public:
  Test(int x)
  {
    n=x;
  }
  void add()
  {
    sum+=n;
  }
  void disp()
  {
    cout<<"n="<<n<<",sum="<<sum<<endl;
  }
};
int Test::sum=0;
void main()
```

```
{
    Test a(2),b(3),c(5);
    a.add();
    a.disp();
    b.add();
    b.disp();
    c.add();
    c.disp();
}
```

四、编程题

1. 定义一个长方体类 Box。该类中定义的成员数据包括：长度、宽度和高度；定义的成员函数包括：构造函数，析构函数，设置长方体长度、宽度和高度的成员函数，以及计算长方体体积的成员函数。在 main() 函数中创建该类对象，调用计算长方体体积的成员函数并输出结果。

2. 定义一个学生类 Student。该类中包括：一般成员数据 score（分数），静态成员数据 total（总分）和 count（学生总的人数），一般成员函数 scoreTotalCount(float s)（用于设置分数、计算总分和累计学生人数），静态成员函数 sum()（用于返回总分）和 average()（用于求平均值）。

3. 定义一个员工类 Employee，该类中包括的成员数据有：员工编号、员工姓名、员工部门、员工职位、员工年龄和员工学历，其中，员工姓名、员工部门、员工职位和员工学历以字符指针方式定义；该类中包括的成员函数有：构造函数、拷贝构造函数、析构函数和打印员工信息的成员函数。在 main() 函数中创建 3 个该类的对象，一种创建方式是调用一般构造函数，另一种创建方式是调用拷贝构造函数，再一种创建方式是使用 new 向堆空间申请，创建后分别调用打印员工信息的成员函数进行输出。

4. 设计一个 Bank 类，实现银行某账号的资金往来账目管理，包括建账号、存入、取出等。提示：Bank 类包括私有数据成员 top（当前账指针）、date（日期）、money（金额）、rest（余额）和 sum（累计余额），以及一个构造函数和 3 个成员函数 bankin()（处理存入账）、bankout()（处理取出账）和 disp()（输出明细账）。

第 9 章
继承与派生

【本章内容提要】
　　面向对象程序设计有 4 个主要特点：抽象、封装、继承和多态性。C++提供了类的继承机制，较好地解决了软件重用问题。本章介绍类的继承性的有关知识，主要内容包括：
（1）继承与派生的概念；
（2）实现继承的语法、继承方式；
（3）派生类的构造函数和析构函数；
（4）多继承中的二义性与虚函数。

【本章学习重点】
本章应重点掌握和理解的知识：
（1）理解继承与派生的概念；
（2）熟练掌握实现继承的方法；
（3）掌握 3 种继承方式的特点及使用；
（4）掌握派生类构造和析构函数的定义及调用顺序；
（5）理解多继承引起的二义性，掌握用虚基类解决二义性问题的方法。

9.1　继承和派生的概念

　　"继承"这个词大家并不陌生，就如同可以从祖辈那里继承财富一样，在 C++中，我们可以从已有的类派生出新的类，换言之就是新的类可以继承已有类的属性和操作。
　　现实世界中，继承的例子不胜枚举，例如，子女可以从父母那里继承"财富"，包括钱财、智慧、性格等。子女也可以有不同于父母的个性，以及在很多方面有所发展。再如，狗是哺乳动物的一种，所以它就继承了哺乳动物的所有特性，如胎生、哺乳等，但是它也有自己的"个性"，比如喜欢吃骨头、会狗叫等。
　　C++通过引入"继承"机制来模仿现实世界中事物的继承和发展。继承(inheritance)的概念如图 9-1 所示。
　　图 9-1 中类 B 继承了类 A（或者说类 B 是从类 A 派生而来的）。类 B 从类 A 继承了除构造函数和析构函数之外的所有成员，自己还增加了新的属性与操作。
　　类 A 称为类 B 的基类（也称父类），类 B 则称为类 A 的派生类（又称子类）。派生类对于基类的继承提供了代码的可重用性，而派生类增加的属性和操作提供了对原有代码的扩充和改进。

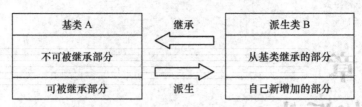

图 9-1 继承关系

C++的继承可以分为单继承和多继承两类。一个派生类可以有一个或多个基类。只有一个基类时，称为单继承，有多个基类时，称为多继承。

如同普通意义上的继承，C++中的继承关系可以是多级的，而且具有传递性，即可以有类 B 继承类 A，类 C 又继承类 B，这就隐含着类 C 间接继承了类 A。这就好比：父亲继承了爷爷的"财富"，而儿子又继承了父亲的"财富"，就相当于儿子也间接地通过父亲继承了爷爷的"财富"。在类族中派生出子类的父类称为子类的直接基类，而父类的父类或更高层的父类称为该子类的间接基类。

如图 9-2 所示，是动物的家谱图，其中体现了继承关系。

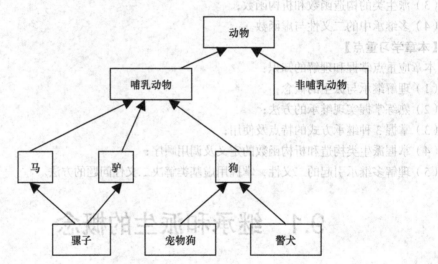

图 9-2 动物的家谱

9.2 继承的实现

9.2.1 派生类的定义

定义派生类的一般方式为

```
class 派生类名：继承方式 基类1,继承方式 基类2,…,继承方式 基类n
{
    //派生类新增加的成员声明
};
```

例如，设已有基类 base1 和 base2，定义派生类 deriver。
```
class deriver: public base1,private base2
{ private:
      int m_derdata;
  public:
      void derfun();
};
```
以上定义的派生类 deriver 以公有继承方式继承了基类 base1，以私有继承方式继承了基类 base2，派生类自己新增加的成员是数据成员 m_derdata 和成员函数 derfun()。

派生类定义中的继承方式标识符，只用于说明对紧随其后的基类的继承方式。在定义派生类时，对每一个直接基类都要说明继承方式。

对于单继承情况，派生类的定义可简化为
```
class 派生类名：继承方式 基类名
{
    //派生类新增加的成员声明
};
```

【例 9-1】定义一个几何图形类族，用来实现计算各种不同类型图形的面积、周长以及画图等功能。

分析：首先抽象出图形类的公共属性。任何图形都需要确定图形的位置和颜色，都需要计算面积、周长以及画图。所以先定义一个基类 shape，它的属性包括图形的位置 x 和 y，以及颜色 color。基本操作是设置位置和颜色，读取位置和颜色，还有画图等操作。

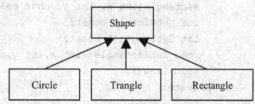

图 9-3 几何图形类继承关系

有了这个 Shape 类，就可以在此基础上定义派生类 Circle、Rectangle、Triangle 分别表示圆形、矩形和三角形 3 种图形，继承关系如图 9-3 所示。

类族声明代码（保存在头文件 shape.h 中）如下。
```
class Shape
{ public:
      Shape(int x=0, int y=0, char c='R');
      int GetX() const;
      void SetX(int x);
      int GetY() const;
      void SetY(int x);
      char GetColor() const;
      void SetColor(char c);
      void Draw();
  protected:
      char m_color;
      int m_x;
      int m_y;
};
class Circle : public Shape
{ public:
```

```cpp
        Circle(int x, int y, float r=1, char color='R');
        float GetRadius () const;
        void SetCircle(int x, int y, float r, char color);
        void Draw();
    private:
        float m_Radius;
};
class Triangle: public Shape
{
    public:
        Triangle(int x,int y,char color='R',float slen=1);
        float GetSideLength() const;
        void SetTriangle(int x,int y,char color,float slen);
        void Draw();
    private:
        float m_SideLength;
};
class Rectangle: public Shape
{
    public:
        Rectangle(int x, int y, char color, int length=10, int width=10);
        int GetWidth() const;
        int GetLength() const;
        void SetRectangle (int x,int y,char color,int length, int width);
        void Draw();
    private:
        int  m_Width;
        int  m_Length;
};
```

在这3个派生类中，不必再声明关于图形中心位置和颜色数据成员以及相应的成员函数，继承基类 Shape 的即可。每个派生类只需要定义自己特殊的成员，如 Circle 类中的 m_Radius、Trangle 类中的 m_SideLength、Rectangle 类中的 m_Width、m_Length 属性以及相应的处理函数。

9.2.2 派生类的构成

派生类的成员包括继承基类的成员和派生类定义时声明的成员。如图 9-4 所示为派生类对象成员构成。

派生类自己增加的成员，完成两个需求：修改基类成员和描述新的特征或方法。

例如，上述继承关系中，派生类 Circle、Triangle 和 Rectangle 中描述圆半径、三角形边长和矩形长宽的数据成员即是各个派生类中用以描述新的特征的数据成员。

由于基类 Shape 的对象还不能确定应该画什么图形，所以画图形函数 Draw()是不会有具体操作的。而派生类 Circle、Trangle 和 Rectangle 的对象则可表示具体的图形，所以可以在每个派生类中分别定义 Draw()函数，完成画圆形、三角形和矩形的任务。这 3 个 Draw()函数即是修改基类成员 Draw()，以适应各种特殊情况。

派生类修改基类的成员，通过在派生类中声明一个与基类成员同名的新成员来实现。在派生类作用域内或者在类外通过派生类的对象直接使用这个成员名，只能访问到派生类中声明的同名新成员，这个新成员覆盖了从基类继承的同名成员，这种情况称为同名覆盖。例如：

m_color m_x m_y GetX() SetX() GetY() SetY() GetColor() SetColor() Draw()	m_color m_x m_y GetX() SetX() GetY() SetY() GetColor() SetColor() Draw()	m_color m_x m_y GetX() SetX() GetY() SetY() GetColor() SetColor() Draw()	} 从基类继承的成员
m_Radius Circle() GetRadius() SetCircle() Draw()	m_SideLength Trangle() GetSideLength() SetTrangle() Draw()	m_Width m_Length Ractangle() GetWidth() GetLength() SetRactangle() Draw()	} 派生类增加的成员
（a）Circle类	（b）Trangle类	（c）Ractangle类	

图 9-4 派生类对象成员构成

【例9-2】同名覆盖示例。
```
#include<iostream>
using namespace std;
class base
{ public:
   void function(){cout<<"function ofclass base"<<endl;}
};
class deriver:public base
{ public:
   void function(){cout<<"function of class deriver"<<endl;}
};
int main()
{ deriver derobj;
  derobj.function();
  return 0;
}
```
输出结果是"function of class deriver"，即派生类同名函数的输出。

派生类对基类成员的同名覆盖，是以新的内容替代基类中同名的内容，改进更新了基类模块的功能。

类的继承性，使得我们在开发一个新的系统时，不必一切都从零开始，而是重用基类。派生类继承了基类中除构造函数和析构函数之外的所有成员，派生类不能选择继承一部分而舍弃另一部分成员。对于从基类继承来的在派生类中无用的成员，可以通过指定继承方式，使这些成员在派生类中成为不可访问的，从而减少数据冗余和增加数据的安全性。此外，还可以通过在派生类中定义与基类同名的成员来改造一些成员的功能，然后再增加一些新成员，以便建立功能更强的派生类，以解决更特殊、更深入的问题。派生类继承了基类的属性和行为，是基类的一个特殊版本，从而使编程不再总是"重新发明"。注意，如果在派生类中定义与基类同名的成员函数，则函数名和形参表都要完全相同，否则，就成为重载函数而不是覆盖了。

9.2.3 继承的访问控制

C++提供了公有继承（public）、私有继承（private）和保护继承（protected）3种继承方式，不同的继承方式使得派生类从基类继承的成员具有不同的访问控制权限，以实现数据的安全性和共享性控制。不同继承方式决定的不同访问控制权限体现在：

① 派生类的成员函数对所继承的基类成员的访问控制。
② 类外通过派生类对象对其所继承基类成员的访问控制。

下面是3种不同的继承方式的具体情况。

1. 公有继承

public是定义公有继承方式的关键字，以公有继承方式定义的派生类，具有以下的访问控制特性：
① 基类的公有成员、保护成员在派生类中仍将保持原来的访问属性。
② 派生类的成员函数可以访问基类的公有成员和保护成员，不能访问基类的私有成员。
③ 派生类以外的其他函数可以通过派生类的对象访问从基类继承来的公有成员。

2. 保护继承

protected是定义保护继承方式的关键字，以保护继承方式定义的派生类，具有以下的访问控制特性：
① 基类的公有成员、保护成员在派生类中都变为protected访问属性。
② 派生类的成员函数可以访问基类的公有成员和保护成员，不能访问基类的私有成员。
③ 派生类以外的其他函数不可以通过派生类的对象访问从基类继承的公有成员。

3. 私有继承

private是定义私有继承方式的关键字，以私有继承方式定义的派生类，具有以下的访问控制特性：
① 基类的公有成员、保护成员在派生类中都变为private访问属性。
② 派生类的成员函数可以访问基类的公有成员和保护成员，不能访问基类的私有成员。
③ 派生类以外的其他函数不可以通过派生类的对象访问从基类继承的公有成员。

综上所述，对于派生类的访问控制特性，可以归纳如下。

首先，不同的继承方式，不影响派生类的成员函数对从基类继承的成员的访问，即派生类的成员函数不能直接访问基类的私有成员，可以直接访问基类的保护成员和公有成员。

其次，不同的继承方式，对类外其他函数通过派生类对象访问从基类继承的公有成员，有不同的影响：只有公有继承方式时通过派生类对象可以访问从基类继承的公有成员，其他继承方式下，不能访问从基类继承的任何成员。

最后，在不同继承方式下，基类成员被继承到派生类后，访问属性有不同的变化。派生类继承的基类成员的访问属性如表9-1所示。

表9-1　　　　　　　　继承方式决定的派生类继承基类成员的访问属性

继承类型 \ 存取方式	public	protected	private
public	public	protected	不可访问
protected	protected	protected	不可访问
private	private	private	不可访问

【例 9-3】 定义一个基类 base，其中包括公有成员、保护成员和私有成员；再定义一个派生类 deriver，包括一个新增加的成员函数 derfunction()。在函数 derfunction()和 main()中对基类中的成员进行访问，指出当 deriver 在 public、protected、private 继承方式下，函数中哪些访问是不允许的。

程序如下。

```
#include<iostream>
using namespace std;
class base                        //基类
{ private:
    int m_private_data;
  protected:
    int m_protected_data;
  public:
    void basefunction1(){cout<<"basefunction1"<<endl;}
    void basefunction2(){cout<<"basefunction2"<<endl;}
};
class deriver: public base        //派生类，现在是public继承
{ private:
    int m_derdata;
  public:
    void derfunction();
}
void deriver::derfunction()
{ cout<<m_private_data<<endl;     //①
  cout<<m_protected_data<<endl;   //②
  basefunction1();
  basefunction2();
}
int main()
{ deriver obj;
  cout<<obj.m_protected_data<<endl;  //③
  obj.basefunction1();               //④
  obj.basefunction2();
  obj.derfunction();
  return 0;
}
```

① 当 deriver 是 public 继承时，有错误的语句是：
   语句①：派生类成员函数不能访问基类的私有成员；
   语句③：类外不能通过派生类对象访问基类的保护成员。

② 当 deriver 是 protected 继承时，有错误的语句还有：
   语句④：保护继承方式下，类外不能通过派生类对象访问基类的公有成员函数。

③ 当派生类 deriver 是私有继承时，错误的语句没有增加，错误的原因与保护继承方式相同。

这个例子给人的印象是：protected 继承和 private 继承对于访问控制的影响是一样的。请注意，这个结论是不正确的。例 9-3 是一种两层继承。如果在基类 base 和派生类 deriver 之间再加一层派生类 base01，构成 base-base01-deriver 的三层继承结构（base01 类可以任意定义），且 base01 和 deriver 都是私有继承，函数 derfunction()中就不能访问基类的 protected 成员了。

从第 8 章可知，类的受保护成员和私有成员都不能被类外访问，所以无法区分受保护成员和私有成员的不同。学习了类的继承性之后，我们知道基类的受保护成员可以被派生类的成员函数

访问，而基类的私有成员不能被任何派生类访问。这就好比父亲的"财富"可以被儿子继承，而父亲的隐私要保护起来，不能让儿子知道。所以，基类中的成员如果希望在派生类中能够被引用，应该把它们声明为保护成员。而如果在一个基类中声明了保护成员，就意味着该类可能要用作基类，在它的派生类中会访问这些成员。

3 种继承方式中，只有公有继承完整地继承了基类的功能：派生类的成员函数可以访问基类的公有成员和保护成员，派生类以外的其他函数可以通过派生类的对象访问从基类继承来的公有成员。对于基类的私有成员，可以通过派生类对象调用基类公有成员函数来访问。

9.3 派生类的构造函数和析构函数

C++类的派生类继承了基类中除构造函数和析构函数之外的所有成员。基类的构造函数和析构函数不能被派生类所继承，派生类需要定义自己的构造函数和析构函数。

构造函数的主要作用是对数据成员初始化。由于派生类继承了基类的所有数据成员，而又没有继承基类的构造函数，所以派生类的构造函数不仅要对自己增加的成员进行初始化，还要对从基类继承来的数据成员进行初始化。解决问题的思路是：在派生类的构造函数中调用基类的构造函数，完成对继承过来的基类成员的初始化。

9.3.1 派生类的构造函数

派生类构造函数定义的一般形式为

派生类名::派生类名(基类所需的形参，本类成员所需的形参)：基类 1(基类 1 参数表)，基类 2(基类 2 参数表)，…，基类 n(基类 n 参数表)，对象成员 1(对象 1 参数表)，对象成员 2(对象 2 参数表)，…，对象成员 m(对象 m 参数表)
{
　　//本类基本类型数据成员初始化
}

说明：

① 通常，派生类构造函数的形式参数表应该提供三部分参数：基类构造函数形参表所需要的参数；初始化派生类的对象数据成员所需要的参数；初始化派生类基本类型数据成员的参数。

② 调用基类的构造函数和子对象的构造函数的工作要在初始化列表中进行。

③ 实际使用时，应该根据所使用的基类和对象数据成员的构造函数的形式、基本类型数据成员的数目和是否需要初始化等具体情况，决定派生类构造函数形参表的复杂程度。

【例 9-4】已知一个派生类 deriver，它是基类 base1 和 base2 的多继承。deriver 类还有两个私有的内嵌对象成员。定义派生类 deriver 的构造函数。

程序如下。

```
class base1    //基类 1
{ private:
    int m_base_data;
  public:
    base1(int data){m_base_data=data;}
    //…
};
```

```cpp
class base2      //基类2
{ private:
    int m_base_data;
  public:
    base2(int data){m_base_data=data;}
    //…
};

class Abc
{
  private:
    float m_abc_data;
  public:
    Abc(float data){ m_abc_data=data;}
    //…
};
class deriver:public base1, public base2
{
  private:
    Abc m_member1, m_member2;
    double m_deriver_data;
  public:
    deriver(int bd1, int bd2, float id1, float id2, double dd);
    //…
};

deriver:: deriver(int bd1, int bd2, float id1, float id2, double dd):
base1(bd1),base2(bd2), m_member1(id1), m_member2(id2)
{
    m_deriver_data=dd;
}
```

如果使用基类无参构造函数，派生类构造函数形参表中不包含供给基类构造函数的参数。例如，前面代码中，如果基类 base1 和 base2 不定义构造函数，使用默认的构造函数，则派生类 deriver 的构造函数为

```cpp
deriver::deriver(float id1,float id2,double dd):
m_member1(id1),m_member2(id2)
{
  m_deriver_data=dd;
}
```

此时，系统会调用基类的默认构造函数，这个默认的构造函数只给派生类中的基类数据成员分配存储空间，不作任何初始化工作。需要强调的是，基类没有定义带参的构造函数时，才可以这样用。

如果使用对象数据成员的无参构造函数，派生类构造函数形参表中不包含初始化对象数据成员的参数。例如，前面代码中，派生类对象数据成员所属类如果没有定义构造函数，或没有定义带参数的构造函数，则派生类 deriver 的构造函数可写成：

```cpp
deriver ::deriver(int bd1,hat bd2,double dd):base1(bd1),base2(bd2)
{
  m_deriver_data=dd;
}
```

此时，系统会调用对象数据成员所属类的默认构造函数，只是没有显式地表示出来。

如果基类和对象数据成员的构造函数都无参数，派生类构造函数形参表中将只包含用于初始化它自己的基本类型数据成员的参数。如果这个派生类恰好没有基本类型的数据成员，则其构造函数的形参表为空，可以不定义构造函数，而使用系统提供的默认构造函数。

系统在建立派生类对象时，首先调用基类的构造函数，再调用其内嵌子对象的构造函数，然后系统才调用派生类的构造函数(执行派生类构造函数的函数体)。如果是多继承，系统调用基类构造函数的顺序是按照定义派生类时这些基类被继承的顺序进行的，与这些基类构造函数在派生类构造函数成员初始化列表的先后次序无关。如果派生类有多个对象数据成员，则系统调用这些对象数据成员的构造函数的顺序是依据派生类定义这些成员的顺序进行的，与派生类成员初始化列表中对象数据成员构造函数排列先后次序无关。例如：

```
deriver::deriver(int bd1,int bd2,float id1,float id2,double dd):
base2(bd2),base1(bd1),rn_member2(id2),m_member1(id1)
{
    m_deriver_data=dd;
}
```

系统不会按派生类构造函数成员初始化列表中的顺序调用基类和对象数据成员的，不妨实际检验一番。

如果没有定义基类的构造函数，派生类也可以不定义构造函数，系统将调用基类默认构造函数和派生类默认构造函数。此时，如果派生类有新增成员需要初始化，可以在派生类的其他成员函数中完成。

9.3.2 派生类的析构函数

派生类不能继承基类的析构函数，需要自己定义析构函数，以便在派生类对象消亡之前进行必要的清理工作。派生类的析构函数只负责清理它新定义的非对象数据成员，对象数据成员由对象成员所属类的析构函数负责析构，基类的清理工作由基类的析构函数负责。在执行派生类的析构函数时，系统自动调用基类的析构函数和子对象的析构函数，对基类和子对象进行清理。

【例 9-5】派生类的析构函数举例。

程序如下。

```
#include<iostream>
using namespace std;
class base
{
    private:
        int m_base_data;
    public:
        base(int data){m_base_data=data;}
        ~base(){cout<<"base object deconstruction."<<endl;}
    //...
};
class Abc
{
    private:
        float m_abc_data;
    public:
        Abc(float data){ m_abc_data=data; }
```

```cpp
    ~Abc(){cout<<"object member deconstruction."<<endl;}
    //…
};
class deriver:public base
{
   private:
      double m_deriver_data;
      Abc m_member1;
      int *m_ptr;
   public:
      deriver(int bd, float id, double dd);
      ~deriver();
      //…
};
deriver:: deriver(int bd, float id, double dd) : base(bd), m_member1(id)
{
   m_deriver_data=dd;
   m_ptr=new int[256];
   if(m_ptr==NULL)
      cout<<"memory error in deriver obj"<<endl;
}
deriver::~deriver()
{
   if(m_ptr!=NULL)
      delete [] m_ptr;
   cout<<"deriver obj deconstruction."<<endl;
}
int main()
{
   deriver obj(1,2,3);
   cout<<"The end of main function"<<endl;
   return 0;
}
```

程序运行结果：

```
The end of mam function
deriver obj deconstruction.
object member deconstruction
base object deconstruction
```

如果没有特殊指针数据成员需要清理，可以使用由系统提供的默认析构函数。

当派生类对象消亡时，系统调用析构函数的顺序与建立派生类对象时调用构造函数的顺序正好相反，既先调用派生类的析构函数(执行派生类析构函数的函数体)，再调用其对象数据成员的析构函数，最后调用基类的析构函数。

9.4 多继承中的二义性与虚函数

9.4.1 多继承中的二义性

多重继承可以反映现实生活中的情况，能够有效地处理一些较复杂的问题，使编写程序具有灵活性。但是多重继承增加了程序的复杂性，使程序的编写和维护变得相对困难，容易出错。其中最常见的问题就是由于继承的成员同名，而可能引起的成员访问的二义性或不确定性问题。特别是在如图 9-5 所示的类结构中，基类 base 的成员（数据成员和成员函数），要被继承到派生类 Fderiver1 和 Fderiver2，然后又被继承到派生类 Sderiver。则在派生类 Sderiver 中，基类 base 的成员有两份拷贝。因此，通过派生类 Sderiver 的对象访问基类 base 的公有成员时，编译系统就不知道应该如何从两份拷贝中进行选取，只好给出"ambiguous"的错误信息，也就是出现了二义性。

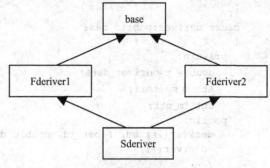

图 9-5 多继承类结构

【例 9-6】多继承时的二义性举例。

实现图 9-5 所示类结构的程序如下。

```
#include<iostream>
using namespace std;
class base
{ private: int m_data;
  public:
    base(int m)
    { m_data=m;
      cout<<"base construction"<<endl;
    }
    ~base(){cout<<"base deconstruction"<<endl;}
    void setdata(int data){m_data=data;}
    int getdata(int data){ return m_data;}
};

class Fderiver1: public base
{ private: int m_value;
  public:
    Fderiver1(int value,int data):base(data)
    { m_value=value;
      cout<<"Fderiver1 construction"<<endl;
    }
    ~Fderiver1(){cout<<"Fderiver1 deconstruction"<<endl;}
    //…
};
class Fderiver2: public base
{ private:  int m_number;
  public:
    Fderiver2(int number,int data):base(data)
    { m_number=number;
      cout<<"Fderiver2 construction"<<endl;
    }
    ~Fderiver2(){cout<<"Fderiver2 deconstruction"<<endl;}
    //…
};

class Sderiver: public Fderiver1, public Fderiver2
{ private: int m_attrib;
```

```
public:
    Sderiver(int attrib,int number,int value,int data):
      Fderiver1(value,data),Fderiver2(number,data)
    { m_attrib=attrib;
      cout<<"Sderiver construction"<<endl;
    }
    ~Sderiver(){cout<<"Sderiver deconstruction"<<endl;}
    //…
};

int main()
{
  Sderiver object(3,4,5,6);
  object.setdata(7);
  return 0;
}
```

请注意程序中第 2 层派生类 Sderiver 的构造函数首部的写法：

```
Sderiver(int attrib,int number,int value,int data):
  Fderiver1(value,data),Fderiver2 (number,data)
```

在多层次派生的情况下，派生类的构造函数的初始化列表中，只需写出直接基类构造函数的调用即可，由直接基类的构造函数再调用上层基类的构造函数。

程序中 main()函数所创建的 object 对象占用内存空间的情况如图 9-6 所示，其中数据成员 m_data 在对象 object 中有两个拷贝，分别通过两个直接基类 Fderiver1 和 Fderiber2 从基类 base 继承而来。基类的公有函数 setdata()和 getdata()也有两份拷贝。通过 object 对象调用 setdata()函数时，就会产生二义性，编译失败。

对于这种类结构，如果没有其他措施，以上所述的二义性是不可避免的。

观察程序运行结果，可以发现基类的构造函数调用了两次，当然也会析构两次。调用两次构造函数所产生的基类成员都被继承到派生类 Sderiver。二义性产生的原因也就在此。如果基类构造函数只调用一次，这种类型的二义性就可以解决。

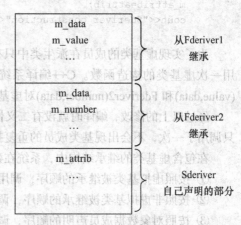

图 9-6 多继承的派生类对象内存使用

9.4.2 虚基类

C++提供了虚基类（virtual base class）的方法，使得在继承间接共同基类时只保留一份成员。解决了 9.4.1 小节所述的二义性问题。我们可以将共同基类设置为虚基类，这样，在创建派生类对象时，虚基类的构造函数就只会调用一次，虚基类的成员在第 3 层派生类对象中就只有一份拷贝，不会再引起二义性问题。

将共同基类设置为虚基类的方法是，在定义第 1 级派生类时用关键字 virtual 修饰说明继承关系，其语法形式为

```
class 派生类名:virtual 继承方式 基类名
{
  //…
};
```

在多继承情况下，虚基类关键字的作用范围和继承方式关键字相同，只对紧随其后的基类起作用。

在例 9-6 中，首先要将基类 base 声明为派生类 Fderiverl 和 Fderiver2 的虚基类：
```
class Fderiverl:virtual public base
{
    //原来的代码
};
class Fderiver2:virtual public base
{
    //原来的代码
};
```
经过这样的声明后，当虚基类 base 通过多条派生路径（Fderiverl 和 Fderiver2）被第 2 级派生类 Sderiver 继承时，该虚基类只被继承一次，也就是说，虚基类成员只保留一次。

其次，要对第 2 级派生类 Sderiver 的构造函数作如下修改：
```
Sderiver(int attrib,int number,int value,int data):base(data),
    Fderiver1(value,data),Fderiver2(number,data)
{
    m_attrib=attrib;
    cout<<"Sderiver construction"<<endl;
}
```
为了实现虚基类的成员在派生类中只有一份拷贝，第 2 级派生类 Sderiver 的构造函数只能调用一次虚基类的构造函数。C++编译系统只执行其中的 base(data)调用，而忽略通过 Fderiver1(value,data)和 Fderiver2(number,data)对虚基类构造函数的调用。

经过以上的修改，编译时就没有二义性的错误了。观察程序运行结果，基类 base 的构造函数只调用了一次，不会出现基类成员的重复拷贝。

在包含虚基类的继承结构中，系统在建立派生类的对象时，调用构造函数的顺序如下。

① 按照虚拟基类被继承的顺序，调用它们的构造函数。
② 按照非虚拟基类被继承的顺序，调用它们的构造函数。
③ 按照对象数据成员声明的顺序，调用它们的构造函数。
④ 执行派生类自己的构造函数。

析构派生类的对象时，析构函数的调用顺序正好与构造函数的调用顺序相反。

本章小结

本章主要介绍了类的继承性及其相关概念，类的继承性是软件重用的一种重要机制。派生类可以以公有、保护和私有继承 3 种方式继承基类，派生类能够继承基类中除构造函数和析构函数之外的所有成员。派生类继承了基类中有用的成员，发展了其自身的处理能力。基类往往表示的是对象的一般性，而派生类针对特殊类别，更具特殊处理能力。引入虚基类的概念，解决了多继承方式中共同基类成员在派生类对象中的多份拷贝问题。派生类定义自己的构造函数和析构函数，在定义派生类的构造函数时，不仅要考虑派生类新增数据成员的初始化，还要注意在成员初始化列表中对基类构造函数的调用和内嵌对象数据成员的初始化。

习 题

一、单项选择题

1. 在公有继承的情况下，基类公有成员在派生类中的访问权限是（ ）。
   A. 受限制　　　　　B. 保持不变　　　　C. 受保护　　　　D. 不受保护
2. 设置虚基类的目的是（ ）。
   A. 消除二义性　　　B. 简化程序　　　　C. 提高运行效率　　D. 减少目标代码
3. 有如下定义：
   ```
   class B0{ };
   class B1:public B0{};
   class B2:public B0{};
   class D1:public B1,public B2{};
   void main()
   {D1 d1;}
   ```
   程序段执行时 B0 的构造函数将被调用（ ）次。
   A. 1　　　　　　　B. 2　　　　　　　C. 3　　　　　　　D. 4
4. C++语言建立类族是通过（ ）实现的。
   A. 类的嵌套　　　　B. 类的继承　　　　C. 虚函数　　　　D. 抽象类
5. 假定类 A 已经定义，对于以 A 为基类的单一继承类 B，以下定义中正确的是（ ）。
   A. class B:public A{//...};　　　　　B. class A:public B{//...};
   C. class B:public class A{//...};　　D. class A:class B public {//...};
6. 下列虚基类的声明中正确的是（ ）。
   A. class virtual B: public A　　　　　B. class B: virtual public A
   C. class B: public A virtual　　　　　D. virtual class B: public A
7. 以下不可以访问类的对象的私有成员的是（ ）。
   A. 该类中说明的友元函数　　　　　　B. 该类的友元类成员函数
   C. 该类的派生类的成员函数　　　　　D. 该类本身的成员函数
8. 以下程序段的输出结果为（ ）。
   ```
   #include<iostream.h>
   class B0
   {
     public: void display(){cout<<"B0::display()"<<endl;}
   };
   class B1:public B0
   {
     public: void display(){cout<<"B1::display()"<<endl;}
   };
   class D1:public B1
   {
     public: void display(){cout<<"D1::display()"<<endl;}
   };
   int main()
   {
     D1 d1;
   ```

```
    d1.display();
    return 0;
}
```
    A. B0::display()   B. B1::display()   C. D1::display()   D. 不显示任何结果

9. 下面叙述不正确的是（   ）。

    A. 派生类一般都用公有派生

    B. 对基类成员的访问必须是无二义性的

    C. 公有继承的派生类对象可以赋值给基类对象

    D. 基类的公有成员在派生类中仍然是公有的

二、填空题

1. 面向对象程序设计的_____机制提供了重复利用程序资源的一种途径。

2. 在公有派生中，基类的公有成员在派生类中_____；基类的_____成员在派生类中是不可访问的。

3. 假定 Class1 为一个类名，则执行 Class1 a(5),b[2],*p[3];语句时，自动调用该类构造函数的次数为_____。

4. 如果已经定义了类 A，类 B 公有继承了类 A，相应的定义派生类 B 的语句是_____{//...};。

5. 如果已经定义了类 A 和类 B，类 C 公有继承了类 A，私有继承了类 B（叙述的顺序就是继承的顺序），相应的定义派生类 C 的语句是_____{//...};。

6. 若基类 A 和派生类 B 中都定义了公有成员函数 void fun();，obj 是派生类的对象。通过对象 obj 访问基类的 fun()函数的语句是_____。

7. 以下程序中包含一个基类和一个派生类。这个程序运行后，屏幕的显示是_____。
```
#include<iostream>
using namespace std;
class base
  {public: base() { cout <<'A'; } };
class deriver:private base
  {public: deriver() { cout <<'B'; } };
int main()
{ base a; deriver b;return 0}
```

8. 指出下列程序段中错误语句的行号_____。

（1）#include<iostream.h>

（2）class A{

（3）   friend class B;

（4）   int a;};

（5）class B{};

（6）class C:public B{

（7）   void func(A *pt);};

（8）void C::func(A *pt)   {pt->a++;}

三、程序阅读题

阅读如下程序，试写出运行结果。

1. 程序代码如下：
```
#include<iostream>
using namespace std;
```

```
class A
{ public:
    A(){cout<<"constructing A"<<ednl;}
    ~A(){cout<<"desstructing A"<<ednl;}
};
class B:public A
{ public:
    B(){cout<<"constructing B"<<ednl;}
    ~B(){cout<<"desstructing B"<<ednl;}
};
class C:public B
{ public:
    C(){cout<<"constructing C"<<ednl;}
    ~C(){cout<<"desstructing C"<<ednl;}
};
int main()
{ C c1;
  return 0;
}
```

2. 程序代码如下：

```
#include<iostream>
using namespace std;
class B1            //基类B1，构造函数有参数
{ public: B1(int i) {val1=i;cout<<"constructing B1 "<<val1<<endl;}
          ~B1() {cout<<"deconstructing B1 "<<val1<<endl;}
  private: int val1;
};
class B2            //基类B2，构造函数有参数
{ public: B2(int j) {val2=j;cout<<"constructing B2 "<<val2<<endl;}
          ~B2()    {cout<<"deconstructing B2 "<<val2<<endl;}
  private: int val2;
};
class B3            //基类B3，构造函数无参数
{ public: B3()     {cout<<"constructing B3 "<<endl;}
          ~B3()    {cout<<"deconstructing B3 "<<endl;}
};
class C: public B2, public B1, public B3
{ public:
    C(int a, int b): B1(a),B2(b){}
};
int main()
{ C obj(1,2); return 0;}
```

3. 程序代码如下：

```
#include<iostream>
using namespace std;
class A
{ public: int nv;
          A(int x) {nv=x;cout << "constructor of A:" << nv <<endl;}
          void fun(){cout << "Member of A:" << nv << endl;}
};
class B1:virtual public A
{
  public: int nv1;
```

```
            B1(int x,int y):A(y){nv1=x;cout << "constructor of B1: " << nv1 <<endl;}
};
class B2:virtual public A
{
  public: int nv2;
         B2(int x,int y):A(y) {nv2=x; cout << "constructor of B2: " << nv2 <<endl;}
};
class C:public B1,public B2
{
  public:
     C(int x, int y, int z): B1(y,x),B2(z,x),A(x)
     {cout << "constructor of C: " << nv <<endl;}
};
int main()
{
  C c1(1,2,3);
  c1.nv=2;
  c1.fun();
  return 0;
}
```

4. 程序代码如下:

```
#include<iostream>
using namespace std;
class Base1{public:Base1(){ cout <<"Base1\n"; }};
class Base2{public:Base2(){ cout <<"Base2\n"; }};
class Base3{public:Base3(){ cout <<"Base3\n"; }};
class Base4{public:Base4(){ cout <<"Base4\n"; }};
class Derived :public Base1, virtual public Base2,public Base3, virtual public Base4
{
  public:
     Derived() :Base4(), Base3(), Base2(), Base1(){}
};
int main()
{
  Derived aa;
  return 0;
}
```

5. 程序代码如下:

```
#include<iostream>
using namespace std;
class A
{
  public: int n;
};
class B:public A{};
class C:public A{};
class D:public B,public C
{
  int getn(){return B::n;}
};
int main()
{
  D d;
```

```
    d.B::n=10;
    d.C::n=20;
    cout<<d.B::n<<","<<d.C::n<<endl;
    return 0;
}
```

四、编程题

1. 定义一个基类 Shape，在此基础上派生出 Rectangle 和 Circle 类，二者都有 GetArea()函数（计算对象的面积）。使用 Rectangle 类创建一个派生类 Square，并应用相应类的对象测试。

2. 定义基类 Base，有两个公有成员函数 fun1()、fun2()，私有派生出 Derived 类，如果想通过 Derived 类的对象使用基类函数 fun1()，应如何设计？

第10章 多态性与虚函数

【本章内容提要】

多态性（polymorphism）是面向对象程序设计的主要特征之一。多态性对于软件功能的扩展和软件重用都有重要的作用，是学习面向对象程序设计必须要掌握的主要内容之一。本章在介绍多态性的基本概念的基础上，主要讲解运行时多态性的实现以及虚函数、纯虚函数、抽象类等面向对象编程技术。

【本章学习重点】

本章应重点掌握和理解的知识：

（1）理解多态性的概念；

（2）熟练掌握虚函数的定义及使用；

（3）理解并掌握纯虚函数和抽象类的定义及使用；

（4）初步掌握使用虚函数、纯虚函数和抽象类等技术，设计和实现一个具有良好通用性和可扩展性的系统。

10.1 多 态 性

10.1.1 多态性的概念

C++语言中的多态性是指相同的函数名或者运算符在不同的场合下使用时，能表现出不同的行为或特性。"函数重载"和"运算符重载"都是多态性的表现。例如，使用运算符"+"使两个数相加（如 a+b），就是调用函数 operator+()，而对于整数加、浮点数加和复数加，operator+()函数的实现代码都是不一样的。所以，它们以不同的行为或方法来响应同一消息。函数重载也是多态性的例子，对于有同样函数名的函数，实现体可能大不一样。例如，我们用函数名"area"表示对矩形求面积、对圆形求面积等。简而言之，多态性是指一个接口，多个实现方法。

在面向对象方法中一般是这样表述多态性的：向不同的对象发送同一个消息，不同的对象在接收时会产生不同的行为（即方法）。也就是说，每个对象可以用自己的方法去响应共同的消息。所谓消息，就是调用函数，不同的行为就是指不同的实现，即执行不同的函数。

C++的多态性可分为编译时的多态性和运行时的多态性。利用函数重载（overloading）及继承中的同名覆盖（overriding）可以实现编译时的多态性；用基类的指针或引用，访问类族中的虚函数可以实现运行时的多态性。许多面向对象程序设计的书籍中所说的多态性，就是这种运行时的多态性。

10.1.2 多态的实现——联编

对于同一个消息，也就是同一个函数调用语句（如 Pt->getArea();），当其作用于不同的对象时，会表现出不同的行为或方法。但是，这个具有多态性的程序语句，在执行的时候，必须确定究竟是调用哪一个函数。也就是说，在执行的时候调用哪个函数是唯一的、确定的。确定具有多态性的语句究竟调用哪个函数的过程，或者说把一条消息和一个对象的方法相结合的过程就称为联编（binding），有的资料也翻译成"绑定"。

联编有两种方式：静态联编和动态联编。在源程序编译的时候就能确定具有多态性的语句调用哪个函数，称为静态联编。对于重载函数的调用就是在编译的时候确定具体调用哪个函数，所以属于静态联编。通过函数重载（运算符重载实质上也是函数重载）和继承中同名覆盖实现的多态称为编译时的多态。

动态联编则是必须在程序运行时，才能够确定具有多态性的语句究竟调用哪个函数。用动态联编实现的多态，也称为运行时的多态。这种多态性是通过使用继承和虚函数完成的。以后我们会看到，在一个循环中的同一个语句，第1次循环时调用的是一个函数，第2次循环时调用的是另一个函数。这种结果，程序不运行是看不到的，所以称为动态联编。

有关编译时的多态性的应用（函数的重载和运算符重载）前面已经介绍过了，在本章中主要介绍运行时的多态性和虚函数。

10.2 继承中的静态联编

10.2.1 派生类对象调用同名函数

在派生类中可以定义和基类中同名的成员函数。这是对基类进行改造，为派生类增加新的行为的一种常用的方法。通过不同的派生类的对象，调用这些同名的成员函数实现不同的操作，也是多态性的一种表现。

在程序编译的时候，就可以确定派生类对象具体调用哪个同名的成员函数。这是通过静态联编实现的多态。

【例10-1】派生类对象调用基类同名函数。定义 Circle 类和 Rectangle 类为 Shape 类的派生类，通过 Circle 类和 Rectangle 类的对象调用类族的同名函数 getArea()显示不同对象的面积。

分析：程序由3个文件组成。头文件 shape.h 中是基类 Shape、派生类 Circle 和 Rectangle 的定义。源文件 shape.cpp 是类的成员函数的实现。应用程序 10_1.cpp 中创建了 Circle 类和 Rectangle 类的对象。两个对象分别调用 getArea()函数计算图形的面积。

程序如下。
```
//例10-1 派生类对象调用基类同名函数
//例10-1: shape.h
class Shape{                                    //基类 Shape 的定义
  pubic:
    double getArea()const;
    void print()const;
};                                              //Shape 类定义结束
```

```cpp
class Circle: public Shape {
  public:
    Circle (int=0, int=0, double=0.0);
    double getArea() const;                    //返回面积
    void print() const;                        //输出 Circle 类对象
  private:
    int x,y;                                   //圆心坐标
    double radius;                             //圆半径
};                                             //派生类 Circle 定义结束

class Rectangle : public Shape {
  public:
    Rectangle(int=0, int=0);                   //构造函数
    double getArea() const;                    //返回面积
    void print() const;                        //输出 Rectangle 类对象
  private:
    int a,b;                                   //矩形的长和宽
};                                             //派生类 Rectangle 定义结束

//例 10-1: shape.cpp
#include<iostream>
using namespace std;
#include "shape.h"
double Shape::getArea() const
{ cout<<"基类的 getArea()函数，面积是 ";
  return 0.0;
}                                              //Shape 类 getArea()函数的定义
void Shape::print() const
{
  cout<<"Base class Object"<<endl;
}                                              //Shape 类 print()函数的定义

Circle::Circle( int xValue, int yValue, double radiusValue )
{ x=xValue; y=yValue;
  radius=radiusValue;
}                                              //Circle 类构造函数
double Circle::getArea() const
{ cout<<"Circle 类的 getArea()函数，面积是 ";
  return 3.14159 * radius * radius;
}                                              //Circle 类 getArea()函数定义
void Circle::print() const
{ cout << "center is ";
  cout<<"x="<<x<<"   y="<<y;
  cout << "; radius is " << radius<<endl;
}                                              //Circle 类 print()函数定义

Rectangle::Rectangle( int aValue, int bValue )
{ a=aValue; b=bValue;
}                                              //Rectangle 类构造函数
double Rectangle::getArea() const
```

```cpp
{ cout<<"Rectangle 类的 getArea()函数，面积是 ";
  return a * b;
}                                                    //Rectangle 类 getArea()函数定义
void Rectangle::print() const
{ cout << "hight is "<<a;
  cout<<"width is"<<b<<endl;
}                                                    //Rectangle 类 print()函数定义

//例10-1: 10_1.cpp
#include<iostream>
using std::cout;
using std::endl;
 #include "shape.h"                                  //包含头文件
int main()
{ Circle circle (22, 8, 3.5);                        //创建 Circle 类对象
  Rectangle rectangle (10, 10);                      //创建 Rectangle 类对象
  cout << "调用的是 ";
  cout<<circle.getArea() << endl;                    //静态联编
  cout << "调用的是";
  cout<<rectangle.getArea() << endl;                 //静态联编
return 0;
}
```

程序运行后，屏幕显示的结果是：

调用的是 Circle 类的 getArea()函数，面积是 38.4845
调用的是 Rectangle 类的 getArea()函数，面积是 100

因此，对于派生类对象调用成员函数，可以有以下结论：
① 派生类对象可以直接调用本类中与基类成员函数同名的函数，不存在二义性。
② 在编译时就能确定对象将调用哪个函数，属于静态联编，不属于运行时的多态。

10.2.2 通过基类指针调用同名函数

派生类对象和基类对象显然是两个不同类型的对象，可以具有不同的属性和行为。但是，从继承的角度来看，两者又有一定的联系：派生类对象是基类对象的一个具体的特例。或者说，派生类对象是某一种特定类型的基类对象。例如，Circle 类是 Shape 类的公有继承，"圆"是"图形"的一种特例。或者说，圆是一种特定的图形，具有图形的基本特征。

但是，这种关系是不可逆的。不可以说基类的对象具有派生类对象的特征，基类对象也不是派生类对象的一个特例。

因此，当派生类是基类的公有继承时，在关于基类对象和派生类对象的操作上，可以允许：
① 派生类对象赋值给基类对象。
② 派生类对象的地址赋值给基类对象的指针。或者说，用派生类对象的地址初始化基类对象的指针。
③ 将基类对象的引用，定义为派生类对象的别名。或者说，用派生类对象初始化基类的引用。
④ 通过派生类对象的地址初始化的基类对象的指针，访问基类的公有成员，也可以访问类族中的虚函数，以实现运行时的多态性。

例如，设 Deriver 是 Base 的公有派生类，则：

```
Base b;              //定义基类 Base 的对象 b
Deriver d;           //定义基类 Base 的公有派生类 Deriver 的对象 d
b=d;                 //用派生类对象 d 对基类对象 b 赋值
Base *pt=&d;         //用基类指针 pt 指向派生类对象 d
Base &fb=d;          //用基类的引用 fb 作为派生类对象的别名
```

就像双精度型数据可以赋值给整型变量一样，公有派生类对象可以赋值给基类对象，在赋值时只将派生类中的基类成员的值赋给基类对象，而舍弃派生类自己新增加的成员，如图 10-1 所示。实际上，所谓赋值只是对数据成员赋值，对成员函数不存在赋值问题。

尽管可以用基类指针指向派生类对象和用基类的引用作为派生类对象的别名，但是用基类指针或引用访问派生类对象时，只能访问到派生类中的基类成员。如果希望通过基类指针访问派生类中和基类成员函数同名的函数，还要用到虚函数和多态性的知识，这将在 10.3 节讲述。

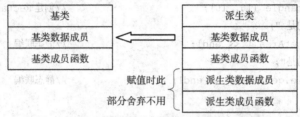

图 10-1 公有派生类对象赋值给基类对象示意图

就像整型数据不可以赋值给指针变量一样，在关于基类对象和派生类对象的操作上，还存在以下这些不可以进行的操作：

① 将基类对象赋值给派生类对象。
② 用基类对象的地址初始化派生类对象的指针。
③ 将派生类对象的引用定义为基类对象的别名。
④ 通过用派生类对象初始化的基类对象的指针，访问派生类新增加的和基类公有成员不重名的公有成员。

现在的问题是：通过派生类对象地址初始化的基类对象的指针访问和基类成员函数同名的函数，会有什么样的结果？下面举例来进行说明。

【例 10-2】在例 10-1 所定义的类的基础上，观察通过派生类对象地址初始化的基类对象的指针访问 getArea() 函数的结果。

分析：类结构和类成员函数的实现都不需要修改，只需要编写新的 main() 函数。程序如下。

```cpp
//例 10-2 用派生类对象地址初始化的基类的指针访问基类同名函数
//例 10-2：10_2.cpp
#include<iostream>
using namespace std;
#include "shape.h"
int main()
{ Shape *shape_ptr;
  Circle circle (22, 8, 3.5);
  Rectangle rectangle (10, 10);
  shape_ptr = &circle;
  cout<<"circle 对象初始化 shape_ptr 指针访问的 getArea()函数是"<<endl;
  cout<<shape_ptr->getArea() << endl;          //静态联编
```

```
    shape_ptr = &rectangle;
    cout<<"rectangle 对象初始化 shape_ptr 指针访问的 getArea()函数是"<<endl;
cout<<shape_ptr->getArea() << endl;                //静态联编
return 0;
}
```
程序运行结果：
circle 对象初始化 shape_ptr 指针访问的 getArea()函数是
基类的 getArea()函数，面积是 0
rectangle 对象初始化 shape_ptr 指针访问的 getArea()函数是
基类的 getArea()函数，面积是 0

程序运行结果表明：
① 确实可以用派生类对象的地址初始化基类对象的指针。
② 通过用派生类对象地址初始化的基类对象指针，只能调用基类的公有成员函数。在例 10-2 中，就是调用基类的 getArea()函数，而不是派生类的 getArea()函数。
③ 这种调用关系的确定，也是在编译的过程中完成的，属于静态联编，而不属于运行时的多态。

10.3 虚函数和运行时的多态

通过指向基类的指针访问基类和派生类的同名函数，是实现运行时的多态的必要条件，但不是全部条件。除此以外，还必须将基类中的同名函数定义为虚函数。

10.3.1 虚函数

所谓虚函数就是在基类的该函数声明前加上关键字 virtual，并由派生类重新定义的函数。
虚函数可以在基类的定义中声明函数原型时说明，格式为
virtual 函数类型 函数名(参数表);
在函数原型中声明函数是虚函数后，具体定义这个函数时就不需要再说明它是虚函数了。
如果在基类中直接定义同名函数，定义虚函数的格式为
virtual 函数类型 函数名(参数表) {函数体}
基类中的同名函数声明或定义为虚函数后，派生类的同名函数（函数名、函数返回值类型以及函数的参数与基类的虚函数完全一致）无论是不是用 virtual 来说明，都将自动地成为虚函数。从程序可读性考虑，一般都会在这些函数的声明或定义时，用 virtual 来加以说明。
只要对例 10-2 中的头文件稍加修改，也就是将基类和派生类中的 getArea()函数都声明为虚函数，再重新编译和运行程序，就可以得到运行时的多态的效果。

【例 10-3】虚函数和运行时的多态。将例 10-2 进行修改，使得程序具有运行时的多态的效果。
程序代码如下。

```
//例 10-3 虚函数和运行时的多态
//例 10-3: shape.h
class Shape {
    public:
        virtual double getArea() const;
        void print() const;
```

```cpp
    };                                              //Shape 类定义结束
    class Circle : public Shape {
      public:
        Circle( int=0, int=0, double=0.0 );
        virtual double getArea() const;             //返回面积
        void print() const;                         //输出 Circle 类对象 t
      private:
        int x,y;                                    //圆心坐标
        double radius;                              //圆半径
    };                                              //派生类 Circle 定义结束
    class Rectangle : public Shape {
      public:
        Rectangle(int=0, int=0);                    //构造函数
        virtual double getArea() const;             //返回面积
        void print() const;                         //输出 Rectangle 类对象
      private:
        int a,b;                                    //矩形的长和宽
    };                                              //派生类 Rectangle 定义结束
```

程序运行结果：
```
circle 对象初始化 shape_ptr 指针访问的 getArea()函数是
Circle 类的 getArea()函数，面积是 38.4845
rectangle 对象初始化 shape_ptr 指针访问的 getArea()函数是
Rectangle 类的 getArea()函数，面积是 100
```

这个结果和例 10-2 的结果大不相同。同样的 shape_ptr->getArea()函数调用，当 shape_ptr 指针中是 Circle 类对象地址时，访问的是 Circle 类的 getArea()函数。而 shape_ptr 指针中是 Rectangle 类对象的地址时，访问的是 Rectangle 类的 getArea()函数。

这种方式的函数调用，在编译的时候是不能确定具体调用哪个函数的。只有程序运行后，才能知道指针 shape_ptr 中存放的是什么对象的地址，然后再决定调用哪个派生类的函数。是一种运行时决定的多态性。

要实现运行时的多态，需要以下条件：

① 必须通过指向基类对象的指针访问和基类成员函数同名的派生类成员函数；或者用派生类对象初始化的基类对象的引用访问和基类成员函数同名的派生类成员函数。

② 派生类的继承方式必须是公有继承。

③ 基类中的同名成员函数必须定义为虚函数。

10.3.2 虚函数的使用

虚函数必须正确地定义和使用。否则，即使在函数原型前加了 virtual 的说明，也可能得不到运行时多态的特性。

虚函数使用时要遵循以下规则：

① 必须首先在基类中声明虚函数。在多级继承的情况下，也可以不在最高层的基类中声明虚函数。例如，在第 2 层定义的虚函数，可以和第 3 层的虚函数形成动态联编。但是，一般都是在最高层的基类中首先声明虚函数。

② 基类和派生类的同名函数，必须函数名、返回值类型、参数表全部相同，才能作为虚函数

来使用。否则,即使函数用 virtual 来说明,也不具有虚函数的行为。

③ 静态成员函数不可以声明为虚函数。构造函数也不可以声明为虚函数。

④ 析构函数可以声明为虚函数,即可以定义虚析构函数。

如果在多层继承中,最高层和第 3 层有两个原形相同的函数,并在最高层中声明为虚函数,则第 3 层的这个函数也是虚函数。这种关系不会因为第 2 层没有定义这个函数而受到影响。

【例 10-4】虚函数的正确使用。分析以下程序,编译时哪个语句会出现错误?为什么?将有错误的语句屏蔽掉以后,程序运行结果如何?其中哪些调用是静态联编,哪些是动态联编?

程序如下。

```
//例 10-4 虚函数的正确使用
#include<iostream.h>
class BB
{ public:
  virtual void vf1(){cout<<"BB::vf1()被调用\n";}
  virtual void vf2(){cout<<"BB::vf2()被调用\n";}
  void f(){cout<<"BB::f()被调用\n";}
};
class DD:public BB
{ public:
  virtual void vf1(){cout<<"DD::vf1()被调用\n";}
  void vf2(int i){cout<<i<<endl;}
  void f(){cout<<"DD::f()\被调用 n";}
};
int main()
{ DD d;
  BB *bp=&d;     //或&br=d;
  bp->vf1();     //或 br.vf1();
  bp->vf2();
  //bp->vf2(10);
  bp->f();
return 0;
}
```

分析:函数调用 bp->vf2(10);是错误的。因为派生类的 vf2()函数和基类的 vf2()函数的参数不同,派生类的 vf2()就不是虚函数。bp->vf2(10);语句就会调用基类的 vf2()函数。但是基类的 vf2()是不需要参数的,而现在有一个参数"10",出现了参数的不匹配,导致编译错误。

将这个语句注释掉后,运行结果将显示:

DD::vf1()被调用
BB::vf2()被调用
BB::f()被调用

其中,bp->vf1()调用是动态联编,bp->vf2()是静态联编,bp->f()也是静态联编。

10.3.3 虚析构函数

我们已经知道,在创建派生类对象时,系统调用构造函数的顺序是,先调用基类的构造函数,然后执行派生类的构造函数。而在释放派生类对象时,系统调用析构函数的顺序是,先执行派生类的析构函数,再调用基类的析构函数。

如果用动态创建的派生类对象的地址初始化基类的指针,创建的过程仍然是先调用基类构造函数,再执行派生类构造函数。但是,在用 delete 运算符删除这个指针的时候,由于指针是指向基类的，通过静态联编，只会调用基类的析构函数，释放基类成员所占用的空间。而派生类成员所占用的空间将不会被释放。

【例 10-5】虚析构函数和 delete 运算符的使用。定义简单的 Base 类和 Deriver 类，观察基类指针的创建和释放时如何调用构造函数和析构函数。

程序如下。

```
//例 10-5 虚析构函数和 delete 运算符的使用
#include<iostream>
using namespace std;
class Base{
  public:
    Base(){cout<<"Base 类构造函数被调用\n";}
    ~Base(){cout<<"Base 类析构函数被调用\n";}
};

class Deriver : public Base{
  public:
    Deriver() {cout<<" Deriver 类构造函数被调用\n";}
    ~Deriver () {cout<<" Deriver 类析构函数被调用\n";}
};

int main()
{ Base * base_ptr;
  base_ptr=new Deriver;
  delete base_ptr;
  return 0;
}
```

程序运行结果：

Base 类构造函数被调用
Deriver 类构造函数被调用
Base 类析构函数被调用

本程序的意图是希望用 delete 释放 base_ptr 指向的动态存储空间。但是，程序运行结果表明派生类的析构函数没有被调用。派生类新增加的成员所占的空间没有被释放。

原因在于 base_ptr 是基类 Base 的指针，当用 delete 释放它时，通过静态联编，只会调用基类 Base 的析构函数，释放基类成员所占用的空间。而不执行派生类 Deriver 的析构函数，故派生类新增加的成员所占用的空间将不会被释放。

为了解决派生类对象释放不彻底的问题，必须将基类的析构函数定义为虚析构函数。格式是在析构函数的名字前添加 virtual 关键字。函数原型为

virtual ~Base();

此时，无论派生类析构函数是不是用 virtual 来说明，都自动成为虚析构函数。

再用 delete base_ptr 来释放基类指针时，就会通过动态联编先调用派生类的析构函数，再调用基类的析构函数。

将例 10-5 程序中的~Base 析构函数修改为 virtual ~Base();，运行的结果为

Base 类构造函数被调用
Deriver 类构造函数被调用
Deriver 类析构函数被调用

Base 类析构函数被调用

结果显示了正常的构造函数和析构函数的调用顺序。

如果将基类的析构函数声明为虚函数，则由该基类派生的所有派生类的析构函数也都自动成为虚函数。这样，如果程序中用 delete 运算符删除一个对象，而 delete 运算符的操作对象是指向派生类对象的基类指针，则系统会自动调用相应类的析构函数。

所以，当使用动态创建的派生类对象的地址初始化基类的指针时，就需要使用虚析构函数。一般来说，如果一个类中定义了虚函数时，析构函数也应说明为虚函数。

虚析构函数在面向对象程序设计中是很重要的技巧。专业人员一般都习惯声明虚析构函数，即使基类并不需要析构函数，也显式地定义一个函数体为空的虚析构函数，以保证在撤销动态存储空间时能得到正确的处理。

10.4 纯虚函数和抽象类

10.4.1 纯虚函数

有时在基类中将某一成员函数定义为虚函数，并不是基类本身的要求，而是考虑到派生类的需要，在基类中预留了一个函数名，具体功能留给派生类根据需要去定义。在前面的几个例子中，基类 Shape 本身并不是一个具体的"形状"的抽象，而是各种实际的"形状"的抽象。它应该反映各种不同的"形状"所具有的共同属性和行为。例如，可以具有"面积"的属性和计算面积的行为。但是，具体的计算方法将因"形状"而异。所以，基类中的 getArea() 函数只是表示"形状"的一个共同的行为，实际上不能具体定义计算的方法。所以定义为

```
virtual float getArea() const { return 0;}
```

其返回值为 0，表示 Shape 类对象是没有面积的。其实，在基类中并不使用这个函数，其返回值也是没有意义的。为了简化，可以不写出这种无意义的函数体，只给出函数的原形，并在后面加上"=0"，例如：

```
virtual float getArea() const =0;              //纯虚函数
```

这样就将 getArea() 声明为一个纯虚函数（pure virtual function）。声明纯虚函数的一般形式为

```
virtual 函数类型 函数名(参数表)=0;
```

纯虚函数的声明和使用有以下特点：

① 纯虚函数没有函数体。函数体用"=0"来代替了，它只起形式上的作用，告诉编译系统"这是纯虚函数"。

② 这是一个声明语句，最后应有分号。

③ 纯虚函数只有函数的名字而不具备函数的功能，是不可以被调用的。凡是需要被调用的函数都不可以声明为纯虚函数。

④ 纯虚函数一定是在基类中声明的。

⑤ 在多级继承的情况下，纯虚函数除了在最高层基类中声明外，也可以在较低层的基类中声明。

纯虚函数的作用是在基类中为其派生类保留一个函数的名字，以便派生类根据需要对它进行定义。如果在基类中没有保留函数名字，则无法实现多态性。

如果在一个类中声明了纯虚函数，而在其派生类中没有对该函数定义，则该函数在派生类中

仍然为纯虚函数。

10.4.2 抽象类

在面向对象程序设计中，往往有一些类，它们不用来生成对象。定义这些类的唯一目的是作为基类去建立派生类。它们作为一种基本类型提供给用户，用户在这个基础上根据自己的需要定义出功能各异的派生类，用这些派生类去建立对象。

这种不用来定义对象而只作为基本类型用作继承的类，称为抽象类。凡是包含纯虚函数的类都是抽象类。抽象类的作用是为一个类族提供一个公共接口。

一个类层次结构中当然也可以不包含任何抽象类，每一层次的类都是实际可用的，都是可以用来建立对象的。但是，许多好的面向对象的系统，其层次结构的顶部是一个抽象类，甚至顶部有好几层都是抽象类。

抽象类定义的一般形式为

```
class 类名
{ public:
    virtual 函数类型 函数名(参数表)=0;
    //其他函数的声明
    //…
};
```

抽象类的定义和使用具有以下特点：

① 抽象类是不可以实例化的，也就是不可以定义抽象类的对象。

② 可以定义抽象类的指针和抽象类的引用。目的是通过这些指针或引用访问派生类的虚函数，实现运行时的多态。

③ 如果抽象类的派生类中没有具体实现纯虚函数的功能，这样的派生类仍然是抽象类。

④ 抽象类中除了纯虚函数外，还可以定义其他的非纯虚函数。如果这些函数是 public 的属性，继承方式也是 public，则派生类的对象是可以访问这些函数的。

虚函数、纯虚函数、多态性在面向对象程序设计中有很大的作用，可以增强程序的通用性、可扩展性和灵活性。

10.4.3 应用实例

【例 10-6】纯虚函数和抽象基类的应用。编写一个程序，可以动态地创建 Circle 类或者 Rectangle 类的对象，并且显示所创建对象的面积。

分析：为了使程序尽可能具有通用性，在基类 Shape 中定义函数 getArea()为纯虚函数。并且统一用指向基类的指针指向所创建的对象。

在 main()函数中通过函数 creat_object()来创建对象，所创建对象的地址赋值给基类指针*ptr。由于该函数是通过函数的参数修改指针中的地址，因此，不能直接用指针作为函数的参数，而是要用指针变量的地址来作为参数。

通过函数 display_area()输出对象的面积。

函数都使用同样的基类指针作为参数。该指针指向新创建的对象，显示指针指向对象的面积，删除指针指向的动态对象。

程序如下：

```
//例 10-6 纯虚函数和抽象类的应用
```

```cpp
//例10-6: shape.h
#ifndef SHAPE_H
#define SHAPE_H

class Shape {                                       //基类 Shape 的定义
  public:
    virtual double getArea() const=0;               //纯虚函数
    void print() const;
    virtual ~Shape(){}                              //虚析构函数
};                                                  //Shape 类定义结束
class Circle : public Shape {
  public:
    Circle(int=0, int=0, double=0.0 );
    virtual double getArea() const;                 //返回面积
    void print() const;                             //输出 Circle 类对象 t
  private:
    int x,y;                                        //圆心坐标
    double radius;                                  //圆半径
};                                                  //派生类 Circle 定义结束
class Rectangle : public Shape {
  public:
    Rectangle(int=0, int=0);                        //构造函数
    virtual double getArea() const;                 //返回面积
    void print () const;                            //输出 Rectangle 类对象
  private:
    int a,b;                                        //矩形的长和宽
};                                                  //派生类 Rectangle 定义结束
#endif

//例10-6: shape.cpp
#include<iostream>
using namespace std;
#include "shape.h"

void Shape::print() const
{   cout<<"Base class Object"<<endl;
}                                                   //Shape 类 print()函数定义
Circle::Circle(int xValue, int yValue, double radiusValue)
{ x=xValue; y=yValue;
  radius= radiusValue ;
}                                                   //Circle 类构造函数
double Circle::getArea() const
{ cout<<"Circle 类的 getArea()函数,面积是 ";
  return 3.14159 * radius * radius;
}                                                   //Circle 类 getArea()函数定义
void Circle::print() const
{ cout << "center is ";
  cout<<"x="<<x<<"   y="<<y;
  cout << "; radius is " << radius<<endl;
}                                                   //Circle 类 print()函数定义
```

```cpp
Rectangle::Rectangle(int aValue, int bValue)
{   a=aValue; b=bValue;
}                                                   //Rectangle类构造函数
double Rectangle::getArea() const
{   cout<<"Rectangle类的getArea()函数, 面积是 ";
    return a * b;
}                                                   //Rectangle类getArea()函数定义
void Rectangle::print() const
{   cout << "hight is "<<a;
    cout<<"width is"<<b<<endl;
}                                                   //Rectangle类print()函数定义

//例10-6:10_6.cpp
#include<iostream>
using namespace std;
#include"shape.h"

void creat_object(Shape **ptr);
void display_area(Shape *ptr);
void delete_object(Shape *ptr);

int main()
{ Shape *shape_ptr;
  for(int i=1;i<3;i++)
  {
    creat_object(&shape_ptr);
    display_area(shape_ptr);
    delete_object(shape_ptr);
  }
  return 0;
}

void creat_object(Shape **ptr)
{ char type;  *ptr=NULL;
  do{cout<<"创建对象。c:Circle类对象; r:Rectangle类对象"<<endl;
     cin>>type;
     switch(type)
     { case 'c':
       { int xx,yy;double rr;
         cout<<"请输入圆心的坐标和圆的半径: ";
         cin>>xx>>yy>>rr;
         *ptr=new Circle(xx,yy,rr);
         break; }
       case 'r':
       { int aa,bb;
         cout<<"请输入矩形的长和宽: ";
         cin>>aa>>bb;
         *ptr = new Rectangle(aa,bb);
         break; }
       default:cout<<"类型错误，请重新选择\n";
     }
  }while(*ptr==NULL);
```

```
}
void display_area(Shape *ptr)
{ cout<<"显示所创建对象的面积, 调用的是"<<endl;
  cout<<ptr->getArea()<<endl;
}
void delete_object(Shape *ptr)
{ delete ptr;
}
```

这个程序中, 使用了本章所介绍的虚函数、纯虚函数、虚析构函数和基类指针访问派生类对象等技术, 实现了运行时的多态。

程序具有很好的通用性。所创建的对象, 不论是哪个派生类的, 都通过同一个基类的指针来访问。而不论是哪个派生类的对象, 都通过同一个函数 display_area()来显示对象的面积。如果需要, 还可以编写另一个, 或者几个函数, 统一处理派生类对象的其他操作。例如, 通过一个display_object()显示对象的全面信息等。

程序具有很好的可扩展性。如果需要增加新的派生类, 不论是 Shape 的派生类还是 Circle 的派生类 (当然要增加和派生类定义有关的代码, 并且在创建对象时也要增加一种类型), 都很容易实现。而其他反映派生类对象行为的函数 (display_area()、display_object()等函数) 都不需要修改, 就可以显示新增加类的对象的面积。这种可扩展性也是多态性特点的一种具体的体现。

这个例子还显示了抽象类中可以为各派生类定义一些通用的接口。这些通用的接口就是抽象类中的纯虚函数。新增加的派生类的对象, 都可以使用这样的通用接口, 表现派生类对象的行为特性。

本章小结

本章介绍了多态性的概念, 虚函数、纯虚函数、虚析构函数和用基类指针访问派生类对象等面向对象编程技术, 并通过实例应用这些技术实现运行时的多态性操作。

所谓运行时的多态性是指, 通过基类指针或引用访问基类和派生类的同名函数, 用不同派生类对象的地址初始化这个基类指针, 在运行时调用不同派生类的同名函数, 产生不同的效果。要注意运行多态的条件。虚函数当然是必要条件, 但是还要有其他的条件, 不可忽略。

虚析构函数的作用是, 使类族中所有派生类的析构函数都自动成为虚函数, 以保证在撤销动态存储空间时能得到正确的处理。

纯虚函数和抽象类是客观实际的反映。在实际的分类系统中, 许多分类就是抽象的, 不会有具体的对象。此外, 更为重要的是体现了设计思想的变化。设计抽象类和纯虚函数就是首先考虑程序的可扩展性, 即将来可以根据需要随时将纯虚函数具体化。

习 题

一、单项选择题

1. 通过( )调用虚函数时, 采用动态联编。

　　A. 对象指针　　　B. 对象名　　　C. 成员名　　　D. 派生类名

2. 下列函数可以为虚函数的是（   ）。
   A. 构造函数   B. 析构函数
   C. 拷贝构造函数   D. 静态成员函数
3. 静态成员函数不能说明为（   ）。
   A. 整型函数   B. 浮点型函数   C. 虚函数   D. 字符型函数
4. C++中用来实现运行时多态性的是（   ）。
   A. 重载函数   B. 构造函数   C. 析构函数   D. 虚函数
5. 根据赋值兼容规则，下列叙述正确的是（   ）。
   A. 公有派生类的对象可以赋值给基类的对象
   B. 任何派生类的对象可以赋值给基类的对象
   C. 基类的对象可以赋值给派生类的对象
   D. 间接基类的对象可以赋值给直接基类的对象
6. 以下程序段的输出结果为（   ）。

```
#include<iostream.h>
class B0
{ public: virtual void display(){cout<<"B0::display()"<<endl;}
};
class B1:public B0
{ public: void display(){cout<<"B1::display()"<<endl;}
};
class D1:public B1
{ public: void display(){cout<<"D1::display()"<<endl;}
};
void main()
{ B0 b0; B1 b1; D1 d1;
  b0=d1; b0.display();
}
```

   A. B0::display()   B. B1::display()   C. D1::display();   D. 不显示任何结果
7. C++类体系中，不能被派生类继承的有（   ）。
   A. 构造函数   B. 虚函数   C. 受保护成员函数   D. 公有成员函数
8. 在派生类中重新定义虚函数时，必须在参数个数和（   ）方面与基类保持一致。
   A. 参数类型   B. 参数名字   C. 操作内容   D. 赋值
9. 以下基类中的成员函数表示纯虚函数的是（   ）。
   A. virtual void vf(int);   B. virtual void vf(int)=0
   C. virtual void vf()=0;   D. virtual void vf(){}

二、填空题

1. 对虚函数使用基类类型的指针或引用调用，系统使用＿＿＿＿联编；而使用对象调用时，系统使用＿＿＿＿联编。
2. 下面定义了有关虚函数的类，写出主函数，定义 3 个不同类的对象，再定义一个 A 类的指针变量 pa，并利用该指针分别访问 3 个类的 printi() 函数。

```
#include<iostream.h>
class A{
 public: int i;
   virtual void printi(){cout << i<<"inside A" << endl;}};
   class B1:public A{
```

```
    public: void printi(){cout << i << "inside B"<< endl;}};
  class B2:public A{
    public:
      B2(){A::i=4;}
    int i;
    void printi(){cout << i << "inside B.A::i is" << A::i<< endl;}};
void main()
{_____//定义一个A的指针变量pa
  A a; B1 b1; B2 b2;  a.i=10;   b1.i=1;   b2.i=2;
    _____//用pa访问a的printi()函数（不止一条语句）
    _____//用pa访问b1的printi()函数（不止一条语句）
    _____//用pa访问b2的printi()函数（不止一条语句）
}
```

3. 指出下面程序中错误语句的行号_____。
（1）class A
（2）{ public:
（3）   A(){fun();}
（4）   virtual void fun()=0;
（5）};

三、程序阅读题
阅读如下程序，试写出运行结果。
1. 程序代码如下：
```
#include<iostream.h>
class A{
  public: A() {cout << "constructor of A "; foo();}
          ~A() {}
          virtual void foo() {cout << "A::foo() is called" << endl;}
};
class B: public A{
  public:   virtual void foo() { cout << "B::foo() is called" << endl;}
};
int testFun(A * a)
{a->foo ();}
int main()
{ A b,* a=new B();
  cout << "begining in main:"<< endl;
  a->foo();       b.foo();
  testFun (a);    delete a;
return 0;
}
```
2. 程序代码如下：
```
#include<iostream.h>
class A
{ int m;
  public: A(int nM):m(nM){}
          int F(){return m;}
};
class B : public A
{ public: B(int nM): A(nM){}
          virtual int F(){return 0;}
};
```

```
int main()
{ A *p=new B(5);
  cout << (*p).F() << endl;
return 0;
}
```

3. 程序代码如下：

```
#include<iostream.h>
class A
{ public: virtual void F(){cout << "A::F()" << endl; G();}
         void G(){cout << "A::G()\n";}
         void H(){G();}
};
class B : public A
{ public:void F(){cout << "B::F()" << endl; G();}
         void G(){cout << "B::G()\n";}
};
class C : public B
{ public:void G(){cout << "C::G()\n";}
};
int main()
{ C c;
  A *ap=&c;
  ap->F();
  B b;
  b.H();
return 0;
}
```

4. 程序代码如下：

```
#include<iostream.h>
class base{
public: virtual int fun() {return 10;}
};
class derived: public base{
  public: int fun() {return 200;}
};
int main()
{ derived d;
  base & b=d;
  cout<<b.fun()<<endl;
return 0;
}
```

四、综合题

1. 通过基类对象的引用可以访问派生类中与基类函数同名的函数。试修改例 10-2 的 main() 函数，定义基类对象的引用，并通过引用来调用派生类的 getArea() 函数。观察运行的结果。

2. 修改例 10-3 的 main() 函数，定义基类指针数组，用指针数组的元素指向不同派生类的对象，在循环中通过数组元素调用 getArea() 函数，显示不同对象的面积。

3. 分析以下程序，编译时哪些语句会出现错误？为什么？将有错误的语句屏蔽掉以后，程序运行结果如何？其中哪些调用是静态联编，哪些调用是动态联编？

```
#include<iostream>
using namespace std;
class BB
{ public:
```

```cpp
        virtual void vf1(){cout<<"BB::vf1\n";}
        virtual void vf2(){cout<<"BB::vf2\n";}
        virtual void vf3(){cout<<"BB::vf3\n";}
    };
    class DD:public BB
    { public:
        virtual void vf1(){cout<<"DD::vf1\n";}
        void vf2(int i){cout<<i<<endl;}
        virtual void vf4(){cout<<"DD::vf1\n";}
    };
    class EE: public DD
    { public:
        void vf4(){cout<<"EE::vf4\n";}
        void vf2(){cout<<"EE::vf2\n";}
        void vf3(){cout<<"EE::vf3\n";}
    };
    int main()
    { DD d;  BB *bp=&d;
      bp->vf1();
      bp->vf2();
      d.vf2();
      EE ee;   DD *dp=&ee;
      dp->vf4();
      dp->vf2();
      dp->vf3();
    return 0;
    }
```

4. 在例 10-5 中，如果将 main() 函数修改为
```cpp
int main()
{ Derive der_obj;
Base & base_ref=der_obj;
  return 0;
}
```
或
```cpp
int main()
{ Derive * deriver_ptr = new Deriver;
    delete deriver_ptr;
    return 0;
}
```
在这两种情况下，基类 Base 的析构函数是不是必须定义为虚析构函数？再结合例 10-5 本身，对于虚析构函数的定义可以得出什么结论？

5. 在例 10-6 的基础上，增加一个 Rectangle 的派生类 Cube，也就是立方体类。创建 Circle、Rectangle、Cube 类的对象，并显示对象的面积。

第 11 章 运算符重载

【本章内容提要】

本章介绍 C++中的又一个重要特性：运算符重载（operator overloading）。C++提供的预定义运算符只能用于 C++基本类型数据的运算，通过运算符重载机制，用户可以把 C++的运算符扩展到自定义类型（比如类类型）的领域中，从而使 C++代码更直观、更易懂，类对象的使用更方便。主要内容如下。

（1）什么是运算符重载？
（2）为什么要进行运算符重载？
（3）运算符重载的语法和规则；
（4）具体介绍几种运算符（+、++、=、<<、>>）的重载。

【本章学习重点】

本章应重点掌握运算符重载的概念；掌握运算符重载的规则及语法；掌握几种常用运算符（+、++、=、<<、>>）重载的方法。

11.1 运算符重载的概念

重载（overloading）这个概念我们并不陌生，本书第 5 章介绍过函数重载。所谓重载，就是重新赋予新的含义，但是其原有功能仍然保留，也就是说同一个名字可以赋予多种不同的含义。函数重载就是对一个已有的函数赋予新的含义，使之实现新的功能。C++允许使用同一个函数名来定义多个具有不同功能的函数。在实际使用中，一般将功能类似而所处理的数据类型不同的问题编写成重载函数，以增加程序的可读性。

运算符也可以进行重载。实际上，C++系统已经对预定义的一些运算符进行了重载。如加法运算符"+"，它可以用于 int、float、double 等不同类型数据的加法运算，虽然使用相同的运算符，但用于不同类型数据时生成的代码不同，因为不同类型数据在内存中的表示是不同的。这时，"+"运算符具有多种不同的解释（即实现代码）。也就是说，"+"运算符在 C++中已被重载。又如，"<<"既是左移运算符又是插入运算符；">>"既是右移运算符又是提取运算符。C++系统对"<<"和">>"进行了重载，所以用户在不同场合下使用它们时，作用是不同的。运算符重载是对已有的运算符赋予多重含义，使同一个运算符作用于不同类型的数据时导致不同的行为。

C++系统提供了很多预定义运算符，并对其中的一些运算符进行了重载，使得运算符可用于各种基本类型数据。但是，实际上对于很多用户自定义类型（比如类类型），也需要类似的运算操作。例如，两个字符串合并，两个复数相加等。为了解决这个问题，C++允许用户根据自己的需要对C++已提供的运算符进行重载。例如，经过运算符重载，就可以直接对两个字符串类（string）对象进行加法运算：

```
string x, y;
x=x+y;
```

可以直接对复数类（complex）对象进行加法运算和输出：

```
complex c1,c2;
c1=c1+c2;
cout<<c1;
```

这些类的具体实现见后面的示例程序。

通过运算符重载，能够使程序代码更简洁明了，类对象的运算和使用更加方便，使C++具有更强大的功能。

11.2 运算符重载的规则和语法

1. 运算符重载的规则

运算符重载的规则如下。

① 重载运算符时，不能改变运算符的优先级、结合性，也不能改变操作数的个数。

② 不能创建新的运算符，只能重载C++中已有的运算符。

③ C++中绝大部分运算符允许重载，不能重载的运算符只有5个，如表11-1所示。

表11-1　　　　　　　　　　　　　不能重载的运算符

运　算　符	含　　义
.	类属关系运算符
.*	成员指针运算符
::	作用域运算符
?:	条件运算符
sizeof()	取数据类型长度运算符

表11-1中前两个运算符不能重载是为了保证C++中访问成员的功能不被改变；作用域运算符和sizeor()运算符的操作数是类型而不是变量或一般的表达式，因而不具备重载的特征。

④ 运算符重载是针对新类型的实际需求，对原有的运算符进行适当的改造。一般来说，重载后的运算符的功能应与原有运算符的实际意义相符。当然，可以把运算符"+"重载成减法的功能，但是，别忘了重载运算符的目的是增强代码的可理解性，不要背道而驰。

2. 运算符重载的语法

运算符重载的方法就是定义一个重载运算符的函数，在需要执行被重载的运算符时，系统就自动调用该函数，以实现相应的运算。因此，运算符重载实质上是函数的重载。

运算符重载的形式有两种：重载为类的成员函数和重载为类的友元函数。

● 重载为类的成员函数的一般语法形式为

函数类型 operator 运算符(形参表)

{对运算符的重载处理}

- **重载为类的友元函数的一般语法形式为**

在类的内部要声明友元函数的原型：

friend 函数类型 operator 运算符(形参表);

在类的外部和普通函数一样定义：

函数类型 operator 运算符(形参表)

{对运算符的重载处理}

其中，**函数类型**是重载运算符函数的返回值类型，也就是运算结果的类型；**operator**是定义运算符重载函数的关键字；**运算符**是要重载的运算符符号；重载函数的**函数名**是由 operator 和要重载的运算符符号组成的，比如对加法运算符"+"进行重载，函数名就是 operator +，意思是"对运算符+重载"。**形参表**中给出重载运算符需要的操作数（包括操作数的类型、个数及顺序）。由以上的分析可知，运算符重载函数与其他函数在形式上没有什么区别。

当运算符重载为类的成员函数时，函数参数的个数比原来的操作数个数要少一个（后置"++"、"--"除外），因为成员函数都是通过该类的某个对象来访问的，成员函数中有一个隐含的参数 this 指针，this 指针指向当前对象，而当前对象本身就是其中的一个操作数。当运算符重载为友元函数时，参数个数与原操作数个数相同。

【例 11-1】用成员函数实现运算符重载。重载运算符"+、-、+="，使之能用于复数的加法、减法和复合赋值运算。

程序如下。

```
//用成员函数重载运算符"+、-、+="
#include<iostream>
using namespace std;
class complex                                              //复数类声明
{
    public:                                                //外部接口
        complex(double r=0.0,double i=0.0){real=r;imag=i;} //构造函数
        complex operator +(complex &);                     //重载运算符的成员函数原型
        complex operator -(complex &);
        complex operator +=(complex &);
        void display()                                     //输出复数
        {
            cout<<"("<<real<<","<<imag<<"i)"<<endl;
        }
private:                                                   //私有数据成员
    double real;                                           //复数实部
    double imag;                                           //复数虚部
};
complex complex::operator +(complex &c)                    //重载运算符函数实现
{
    complex temp;
    temp.real=real+c.real;
    temp.imag=imag+c.imag;
    return temp;
}
complex complex::operator -(complex &c)                    //重载运算符函数实现
{
    return complex(real-c.real,imag-c.imag);               //创建一个临时无名对象作为返回值
}
complex complex::operator +=(complex &c)                   //重载运算符函数实现
```

```
{
    real+=c.real;
    imag+=c.imag;
    return *this;                                    //返回当前对象的值
}
int main()                                           //主函数
{
    complex c1(1,2),c2(3,4),c3;                      //定义复数类的对象
    c3=c1+c2;                                        //使用重载运算符完成复数加法
    cout<<"c3=";c3.display();
    c3=c1-c2;                                        //使用重载运算符完成复数减法
    cout<<"c3=";c3.display();
    c3+=c2+=c1;                                      //使用重载运算符完成复数复合赋值运算
    cout<<"c3=";c3.display();
    return 0;
}
```

程序运行结果：

```
c3=(4,6i)
c3=(-2,-2i)
c3=(2,4i)
```

从例 11-1 中可以看出，在将运算符 "+、-、+=" 重载为复数类的成员函数后，就可以直接对两个复数类的对象进行相加、相减等运算，如 main()函数中的语句 "c3=c1+c2;"、"c3=c1-c2;"、"c3+=c2+=c1;" 所示。在执行表达式 c1+c2 时，系统会自动调用 operator + 函数，C++编译系统将表达式 c1+c2 解释为

```
c1.operator +(c2)
```

即以第 2 个操作数 c2 作为实参，用第 1 个操作数 c1 (复数类对象) 调用运算符成员函数 operator +(complex &c)，执行函数，就可得到两个复数 c1、c2 之和。由此可见，调用运算符重载函数与调用普通函数在形式上有很大的不同，在这里 C++语言更多地考虑了程序员编程的方便性，如 c1+c2 完全使用了数学的表示方法，而调用函数的功能 c1.operator +(c2)则由编译系统代劳了。

将运算符 "+、-、+=" 重载为复数运算符后，这些运算符原有的功能都不改变，对整型数、浮点数等基本类型数据的运算仍然遵循 C++预定义的规则，同时添加了新的针对复数运算的功能。那么，同一个运算符可以代表多个不同的功能，编译系统是怎么判别该执行哪一个功能呢？它是根据运算符的操作数的类型来决定的，如对 1+2，则执行整数加法，对 1.2+2.4，则执行双精度数加法，对两个复数对象，则执行复数加法。

在重载运算符 "+" 的函数中，定义了一个 complex 类的对象 temp 用来存放运算结果。其后的两个赋值语句相当于：

```
temp.real=this->real+c.real;
temp.imag=this->imag+c.imag;
```

this 是当前对象的指针。函数的功能是计算当前对象和实参对象之和。函数返回值的类型是 complex 类对象，与操作数的类型一致。

在重载运算符 "-" 的函数中，程序简化为直接创建一个临时的无名对象作为返回值：return complex(real+c.real,imag+c.imag);，程序运行效率更高。

在重载运算符 "+=" 的函数中，return 语句中的表达式是*this，即当前对象的值。

【例 11-2】用友元函数实现运算符重载。重载运算符 "+、-、+="，使之能用于复数的加法、减法和复合赋值运算。

程序如下。

```cpp
//用友元函数重载运算符"+、-、+="
#include<iostream>
using namespace std;
class complex                                            //复数类声明
{
   public:                                               //外部接口
     complex(double r=0.0,double i=0.0){real=r;imag=i;}  //构造函数
     friend complex operator +(complex &, complex &);    //重载运算符的友元函数原型
     friend complex operator -(complex &, complex &);
     friend complex &operator +=(complex &, complex &);
     void display()                                      //输出复数
     {
        cout<<"("<<real<<","<<imag<<"i)"<<endl;
     }
private:                                                 //私有数据成员
  double real;
 double imag;
};
complex operator +(complex &c1, complex &c2)             //重载运算符友元函数实现
{
   return complex(c1.real+c2.real,c1.imag+c2.imag);
}
complex operator -( complex &c1, complex &c2)            //重载运算符友元函数实现
{
   return complex(c1.real-c2.real,c1.imag-c2.imag);
}
complex &operator +=( complex &c1, complex &c2)          //重载运算符友元函数实现
{
   c1.real+=c2.real;
   c1.imag+=c2.imag;
   return c1;
}
int main()                                               //主函数
{
    complex c1(1,2),c2(3,4),c3;
    c3=c1+c2;                                            //使用重载运算符完成复数加法
    cout<<"c3=";c3.display();
    c3=c1-c2;                                            //使用重载运算符完成复数减法
    cout<<"c3=";c3.display();
    c3+=c2+=c1;                                          //使用重载运算符完成复数复合赋值运算
    cout<<"c3=";c3.display();
    return  0;
}
```

程序运行结果：
c3=(4,6i)
c3=(-2,-2i)
c3=(2,4i)

在例 11-2 中，将运算符"+、-、+="重载为复数类的友元函数。使用和例 11-1 相同的 main() 函数对复数类进行测试，程序运行结果相同。

我们知道，类的友元函数可以通过类对象自由地访问该类对象的任何数据成员，这就是友元

函数能够作为运算符函数的原因。友元函数参数的类型一般为类对象、对象指针或对象引用。因为友元函数是类外面的函数，可以直接调用而不需要用对象来调用，所以，用友元函数重载运算符时，运算符所需要的操作数都需要通过函数形参表来传递，参数个数应与操作数个数相同，在参数表中形参从左到右的顺序就是运算符操作数的顺序。

将运算符重载为友元函数后，比如"+"，C++编译系统将程序中的表达式 **c1+c2** 解释为
`operator +(c1,c2)`

即执行 **c1+c2** 相当于调用友元函数 complex operator +(complex &c1 , complex &c2)，计算两个复数之和。

运算符重载函数可以是类的成员函数，也可以是类的友元函数，那么什么时候使用成员函数方式，什么时候使用友元函数方式呢？有些运算符必须用成员函数重载，比如赋值运算符"="、取下标运算符"[ ]"、函数调用运算符"()"以及间接指针运算符"->"。而有的运算符只能通过友元函数来重载，比如流插入"<<"和流提取">>"运算符、类型转换运算符。

由于友元的使用会破坏类的封装，因此从原则上说，要尽量将运算符重载函数作为成员函数。但考虑到各方面的因素，一般将单目运算符重载为成员函数，将双目运算符重载为友元函数。

上机实验时请注意，有的 C++编译系统（如 Visual C++ 6.0）没有完全实现 C++标准，它所提供的不带后缀.h 的头文件不支持把运算符重载为友元函数。上面例 11-2 程序在 Visual C++ 6.0 中会编译出错。但是 Visual C++所提供的老形式的带后缀.h 的头文件可以支持此项功能，因此可以将程序头两行修改一下，即可顺利运行：

`#include<iostream.h>`

以后如遇到类似情况，亦可照此办理。

11.3　"++"、"--"运算符的重载

运算符重载可以使类获得使用这些运算符的"权限"。例如，本节我们将创建时钟类 clock，并通过重载运算符"++"，使 clock 类对象具有自增运算的功能。

自增"++"、自减"--"运算符是一元运算符或称为单目运算符，即只有一个操作数。这两个运算符有前置和后置之分，当运算符放在操作数之前（如++x）时称为前置，放在操作数之后（如 x++）则称为后置，而且两种情况下运算规律不同。例如：

++x：前置自增运算符，先自身增 1，再将增加后的值作为表达式的值返回；

x++：后置自增运算符，先将本身的值作为表达式的值返回，自身再增 1。

回顾了"++"、"--"运算符的特性之后，就该考虑如何重载这两个运算符了。我们面临的问题是：同一个运算符应用于同一种类型的数据有两种不同的解释，也就是说，对同一种数据类型要重载两次。这时，重载函数的函数名相同、参数个数相同、参数类型也相同，那么，C++编译系统如何区分前置运算符函数和后置运算符函数呢？对于重载函数当然只能从形式参数上加以区分。所以，C++约定：如果在自增（自减）运算符重载函数中，增加一个 int 型形参，就是后置自增（自减）运算符重载函数。这个参数只用来与前置运算符函数进行区别，并不参加实际的运算。

【例 11-3】将"++"运算符重载为成员函数。创建一个时钟类 clock，模拟时钟，每次走 1 秒，满 60 秒进 1 分钟，满 60 分钟进 1 小时，此时秒又从 0 开始计算。

程序如下。

```cpp
//重载"++"为clock类对象的自增运算符
#include<iostream.h>
class clock                                          //时钟类声明
{
    public:                                          //外部接口
        clock(int h=0,int m=0,int s=0)               //构造函数
        {
            hour=h;minute=m;second=s;
        }
        clock operator ++();                         //前置"++"重载函数原型
        clock operator ++(int);                      //后置"++"重载函数原型
        void ShowTime()                              //显示时间函数
        {
            cout<<hour<<":"<<minute<<":"<<second<<endl;
        }
    private:                                         //私有数据成员
        int hour,minute,second;
};
clock clock:: operator ++()                          //前置"++"重载函数实现
{
    second++;
    if(second>=60)
    {
        second-=60;
        minute++;
        if(minute>=60)
        {
            minute-=60;
            hour++;
            hour=hour%24;
        }
    }
    return *this;                                    //返回自加后的当前对象值
}
clock clock:: operator ++(int)                       //后置"++"重载函数实现
{                                                    //注意形参表中的整形参数
    clock temp(*this);                               //将对象的当前值保存为临时对象
    second++;                                        //对象自增
    if(second>=60)
    {
        second-=60;
        minute++;
        if(minute>=60)
        {
            minute-=60;
            hour++;
            hour=hour%24;
        }
    }
    return temp;                                     //返回没有加1的临时对象
}
```

```cpp
int main()                                          //主函数
{
  clock myClock1(23,59,59),myClock2;
  cout<<"myClock1=";    myClock1.ShowTime();
  myClock2=++myClock1;
  cout<<"++myClock1="; myClock1.ShowTime();
  cout<<"myClock2=";    myClock2.ShowTime();
  myClock2=myClock1++;
  cout<<"myClock1++="; myClock1.ShowTime();
  cout<<"myClock2=";    myClock2.ShowTime();
  return 0;
}
```

程序运行结果：

```
myClock1=23:59:59
++myClock1=0:0:0
myClock2=0:0:0
myClock1++=0:0:1
myClock2=0:0:0
```

在例 11-3 中，将前置和后置的"++"运算符重载为 clock 类的成员函数，从而使 clock 类对象具有了自增运算的功能。在前置"++"运算符重载函数中，实现了对象先自加，然后返回自加后的对象的功能。在后置"++"运算符重载函数中，实现了对象自加，并返回自加前的对象的功能。

从本例可以看出，重载后置自增运算符时，多了一个 int 类型的参数，增加这个参数只是为了与前置自增运算符重载函数有所区别，此外没有任何作用，在定义函数时也不必使用此参数，因此可以省略数名，只需在括号中写 int 即可。编译系统在遇到重载后置自增运算符时，会自动调用此函数。

此外，也可以将前置自增和后置自增运算符重载为友元函数，如例 11-4 所示。

【例 11-4】将 "++" 运算符重载为友元函数。创建一个时钟类 clock，模拟时钟，每次走 1 秒，满 60 秒进 1 分钟，满 60 分钟进 1 小时，此时秒又从 0 开始计算。

程序如下。

```cpp
//重载"++"为 clock 类对象的自增运算符
#include<iostream.h>
class clock                                         //时钟类声明
{
   public:                                          //外部接口
    clock(int h=0,int m=0,int s=0)                  //构造函数
     {
      hour=h;minute=m;second=s;
     }
    friend clock &operator ++(clock&);              //前置"++"重载友元函数原型
    friend clock operator ++(clock&,int);           //后置"++"重载友元函数原型
    void ShowTime()                                 //显示时间函数
     {
      cout<<hour<<":"<<minute<<":"<<second<<endl;
     }
   private:                                         //私有数据成员
      int hour,minute,second;
};
clock &operator ++(clock &c)                        //前置"++"重载友元函数实现
{
    c.second++;
```

```
            if(c.second>=60)
            {
                c.second-=60;
                c.minute++;
                if(c.minute>=60)
                {
                    c.minute-=60;
                    c.hour++;
                    c.hour=c.hour%24;
                }
            }
            return c;                                           //返回自加后的当前对象值
        }

        clock operator ++(clock &c,int)                         //后置"++"重载函数实现
        {                                                       //注意形参表中的整形参数
            clock temp(c);                                      //将对象的当前值保存为临时对象
            c.second++;                                         //对象自增
            if(c.second>=60)
            {
                c.second-=60;
                c.minute++;
                if(c.minute>=60)
                {
                    c.minute-=60;
                    c.hour++;
                    c.hour=c.hour%24;
                }
            }
            return temp;                                        //返回没有加1的临时对象
        }
        int main()                                              //主函数
        {
            clock myClock1(23,59,59),myClock2;
            cout<<"myClock1=";   myClock1.ShowTime();
            myClock2=++myClock1;
            cout<<"++myClock1="; myClock1.ShowTime();
            cout<<"myClock2=";   myClock2.ShowTime();
            myClock2=myClock1++;
            cout<<"myClock1++="; myClock1.ShowTime();
            cout<<"myClock2=";   myClock2.ShowTime();
            return 0;
        }
```

程序中使用和例 11-3 同样的 main()函数，对钟表类进行测试，运行结果相同。重载前置自增和后置自增运算符为友元函数，在函数原型中都增加了一个本类型的形参，其运算符使用同重载为成员函数的运算符一样。

11.4 赋值运算符 "=" 的重载

赋值运算符 "=" 可以被重载，而且必须被重载为成员函数。

当用户在一个类中显式地重载了赋值运算符"="时，称用户定义了类赋值运算。它将一个类的对象逐域拷贝（拷贝所有的成员）到赋值号左端的类对象中。如果用户没有为一个类重载赋值运算符，编译程序将生成一个缺省的重载赋值运算符。缺省的赋值运算简单地把源对象的值一一对应地拷贝到目标对象中。对于许多简单的类，缺省的赋值函数能正确地赋值，如前面的 complex 类：

```
complex c1(1,2),c2(3,4);
//其他程序代码
c2=c1;
```

在上面这段代码中，创建了两个复数类对象 c1 和 c2，并在执行过一些程序代码之后，把对象 c1 的值赋给 c2，这时，系统调用缺省的赋值运算符函数，能够正确地为已有对象赋值（改变已有对象的值）。

但是，如果用户定义的类的数据成员中有指针成员，而且涉及动态申请内存的问题，那么系统提供的缺省的简单赋值运算，就会使得两个对象中的指针成员指向同一块存储空间，运行时就会发生错误。这时，用户必须显式地为类定义赋值运算。此问题类似于我们在第 8 章讲到的拷贝构造函数。

下面以一个例子说明如何重载赋值运算符。

【例 11-5】定义 student 类，并重载赋值运算符。

程序如下。

```
//重载"="为 student 类对象的赋值运算符
#include<iostream.h>
#include<string.h>
class student                                    //student 类声明
{
    public:                                      //外部接口
     student(char *str=NULL,int a=0);            //构造函数
     student(student &);                         //拷贝构造函数
     student operator=(student &);               //重载赋值运算符
     ~student()
     { delete pName;
     }
     void print()                                //显示函数
     { cout<<"name:"<<pName<<",age:"<<age<<endl;
private:                                         //私有数据成员
    char *pName;
    int age;
    //其他成员略
};
student::student(char *str,int a)                //构造函数
{
    if(str==NULL)
    {pName=NULL;age=a;}
    else
    {
    pName=new char[strlen(str)+1];
    strcpy(pName,str);
    age=a;
```

```cpp
    }
}
student::student(student &s)                    //拷贝构造函数
{
    pName=new char[strlen(s.pName)+1];
    strcpy(pName,s.pName);
    age=s.age;
}
student student::operator=(student &s)          //重载赋值运算符函数
{
    //如果源对象的地址和this指针相等,说明它们是同一个对象,是自赋值
    if(this==&s)
        return *this;
    delete pName;                               //删除原有的空间
    pName=new char[strlen(s.pName)+1];          //分配新的存储空间
    strcpy(pName,s.pName);                      //将源对象的值赋给当前对象
    age=s.age;
    return *this;                               //返回当前对象
}
int main()                                      //主函数
{
    student s1("test=operator",18),s2("Wang",20);
    student s3=s1;                              //调用拷贝构造函数
    s3.print();
    s3=s2;                                      //调用重载赋值运算符函数
    s3.print();
    return 0;
}
```

程序运行结果:
```
name:test=operator,age:18
name:Wang,age:20
```

在例 11-5 中,由于在类对象的构造过程中动态申请了内存,因此必须自定义拷贝构造函数(深拷贝)和重载赋值运算符。这两个函数都是把一个对象的数据成员拷贝到另一个对象,它们的函数体实现非常相似,但是它们是有区别的:

拷贝构造函数是以一个已经存在的对象来创建一个新对象,在创建对象时调用,如程序中的语句"student s3=s2;"。因为此时对象还不存在,只需要申请新的空间,而不需要释放原有资源空间;

赋值运算符是以一个已经存在的源对象来改变另一个已存在的目标对象的值,在对象已经存在的条件下调用,如程序中的语句"s3=s2;"。因此需要先释放原对象的指针变量指向的空间,然后申请新的空间。

在赋值运算符的重载函数中,通过语句"if(this==&s) return *this;"检查了自赋值的情况。当我们使用引用或者指针的间接引用时,自赋值的情况很可能发生,例如:
```
student s1;
//…
student &s2=s1;
//…
s1=s2;     //自赋值
```

以上程序段中,当执行语句"s1=s2;"时,调用赋值运算符函数,先释放 s1 占用的原存储空

间（delete pName;），再分配新的存储空间，而 s2 是 s1 的引用，由于存储空间已经被释放，所以赋值时就会出现问题。

这样，通过重载赋值运算符，很好地解决了当成员变量是指针的问题和自赋值的问题。

11.5 插入提取运算符"<<"">>"的重载

C++在类库中提供了流插入运算符"<<"和流提取运算符">>"，并且提供了输入流类 istream 和输出流类 ostream。cin 和 cout 分别是 istream 类和 ostream 类的对象。因此，"<<"和">>"运算符可以用来输出和输入 C++标准类型的数据。

对于用户自己定义的类型的数据，是不能直接用"<<"和">>"来输出和输入的。如果想用它们输出和输入自己声明的类型的数据，必须对它们进行重载。

对"<<"和">>"重载的函数形式为

```
ostream&operator<<(ostream &output,自定义类名 &);
istream&operator>>(istream &input, 自定义类名 &);
```

"<<"和">>"都是双目运算符，插入运算符"<<"的第 1 个操作数是 ostream 类的对象，提取运算符">>"的第 1 个操作数是 istream 类的对象，它们的第 2 个操作数都是要进行输入/输出操作的自定义类的对象。所以必须使用友元函数实现运算符"<<"和">>"的重载，而不能使用成员函数。因为若重载为成员函数，则第 1 个参数将是隐式的 this 指针，也即第 1 个操作数必须是本类的对象。

【例 11-6】 在复数类 complex 中重载运算符"<<"和">>"，以便实现复数的直接输入/输出。程序如下。

```
//在复数类 complex 中重载运算符"<<"和">>"
#include<iostream.h>
class complex
{
    public:
        complex (double r=0.0,double i=0.0){real=r;imag=i;}      //构造函数
        friend complex operator+(complex &c1,complex &c2);        //重载加运算符"+"
        friend ostream &operator <<(ostream &output,complex &c);  //重载插入运算符"<<"
        friend istream &operator >>(istream &input,complex &c);   //重载提取运算符">>"
    private:
        double real;
        double imag;
}
complex operator+(complex &c1,complex &c2)
{
    return complex(c1.real+c2.real,c1.imag+c2.imag);
}
ostream& operator <<(ostream &output,complex &c)
{
    output<<"("<<c.real<<"+"<<c.imag<<"i)";
    return output;
}
istream& operator >>(istream &input,complex &c)
{
```

```
    cout<<"input a complex number:";
    input>>c.real>>c.imag;
    return input;
}
int main()
{ complex c1,c2;
  cin>>c1>>c2;
  cout<<"c1="<<c1<<endl;
  cout<<"c2="<<c2<<endl;
  cout<<"c1+c2="<<c1+c2<<endl;
return 0;
}
```

程序运行结果：

```
input a complex number:1 2↙
input a complex number:3 -4↙
c1=(1+2i)
c2=(3+-4i)
c1+c2=(4+-2i)
```

在上面的程序中，通过友元函数实现了运算符"<<"和">>"的重载，这样，就可以直接输出和输入 complex 类的对象，如 cout<<c1，形式直观，可读性好，易于使用。

以上程序的运行结果无疑是正确的，但并不完善。当复数的虚部为正值时，输出的结果是没有问题的，但当虚部为负数时，就不理想。如运行结果的最后两行，在虚部前面多了一个"+"号，这显然是不合适的。可将重载运算符"<<"函数修改为

```
ostream& operator <<(ostream &output,complex &c)
{
  output<<"("<<c.real;
  if(c.imag>=0) output<<"+";           //虚部为正数时，在虚部前加"+"号
  output<<c.imag<<"i)";                //虚部为负数时，在虚部前不加"+"号
  return output;
}
```

这样，运行时就能获得令人满意的输出结果：c2 = (3-4i) 和 c1+c2 = (4-2i)。

11.6 类型转换运算符的重载

在 C++中，数据类型转换对于基本数据类型有两种方式：隐式数据类型转换和显式数据类型转换，后者也称为强制类型转换。

对于自定义类型和类类型，类型转换操作是没有定义的。那么，如果需要将一个自定义的类类型转换成其他类型，比如将一个 complex 类对象转换成 double 类型数据，用什么办法解决呢？

C++提供类型转换函数（type conversion function）来解决这个问题。类型转换函数的作用是将一个类的对象转换成另一类型的数据。如果已声明了一个 complex 类，可以在 complex 类中这样定义类型转换函数：

```
operator double()
{return real;}
```

函数返回 double 型变量 real 的值。它的作用是将一个 complex 类对象转换为一个 double 型数据，其值是 complex 类中的数据成员 real 的值。函数名是 operator double。这和运算符重载时

的规律一致（在定义运算符"+"的重载函数时，函数名是 operator +）。类型转换函数的一般形式为

```
operator 类型名()
{实现转换的语句}
```

在函数名前面不能指定函数类型，其返回值的类型是由函数名中指定的类型名来确定的。函数没有参数。函数的功能是将本类对象的类型转换成类型名规定的类型。类型转换函数只能作为成员函数，因为转换的主体是本类的对象。从函数形式可以看到，它与运算符重载函数相似，都是用关键字 operator 开头，只是被重载的是类型名，使类型名增加了新的含义。因此类型转换函数也称为类型转换运算符重载函数。

当我们在类中重载了转换运算符之后，有两种使用方法：

① 直接调用：当需要将对象转换为指定的数据类型时，通过语句直接调用，如在 complex 类中重载了 double 类型，则对复数类对象 c1 可通过语句 double(c1)转换成 double 型数据。

② 自动调用：当表达式中对象运算不能进行时，自动寻找重载的转换函数，如果转换后表达式的运算可以进行，就计算结果，否则就报错。

【例 11-7】使用类型转换函数的简单例子。

程序如下。

```cpp
//在complex类中重载double类型
#include<iostream>
using namespace std;
class complex
{
    public:
        complex (double r=0.0,double i=0.0){real=r;imag=i;}    //构造函数
        operator double (){return real; }                      //类型转换函数
    private:
        double real;
        double imag;
};
int main()
{ complex c1(3,4),c2(5,-6),c3;
  double d;
d=c1+2.5;
cout<<d<<endl;
return 0;
}
```

对于 d=c1+2.5;，C++系统按照如下顺序进行工作：

① 寻找重载"+"运算符的成员函数。
② 寻找重载"+"运算符的友元函数。
③ 寻找转换运算符函数。
④ 验证转换后的类型是否支持"+"运算。

编译系统在处理表达式 c1+2.5 时，发现运算符"+"的左侧是 complex 类对象，而右侧是 double 型数据，又无运算符"+"重载函数，不能直接相加，编译系统发现有对 double 的重载函数，因此调用这个函数，将 complex 类对象 c1 转换成 double 型数据，然后与 2.5 相加。

转换运算符重载由于会发生转换的二义性，一般建议尽量少使用。

本章小结

运算符重载可以使程序易于理解并方便对对象进行操作。几乎所有的运算符都可以进行重载，但应注意重载运算符有一定的规则和限制：

（1）重载运算符时，运算符的优先级和结合性不变，操作数个数不变。

（2）重载运算符含义必须清楚。

（3）一般来说，单目运算符最好重载为成员函数，双目运算符最好重载为友元函数，但友元函数不是纯面向对象的程序设计，而赋值运算符应重载为成员函数，插入和提取运算符必须重载为友元函数。

（4）重载运算符时要注意函数的返回值类型，根据运算符本身的含义确定是引用返回还是值返回。

（5）前增量和后增量运算符的重载，要注意使用 int 形参进行区分。

（6）赋值运算符重载要注意内存空间的释放和重新申请。

（7）转换运算符重载函数不能设置返回值类型，因为在函数名中指出了它的返回值类型，通过转换运算符重载可以在表达式中使用不同类型的对象，但要注意转换运算符重载不可滥用。

习 题

1. 什么是运算符重载？为什么要进行运算符重载？
2. 重载为成员函数的二元运算符有几个参数？
3. 修改例 11-1 中的复数类定义，增加并实现乘（*）及除（/）运算符的重载。
4. 定义并实现一个字符串类，重载加（+）运算符，实现字符串的合并。

第 12 章
标准模板库

【本章内容提要】

标准模板库是容器、算法和迭代器的综合，使用标准模板库可以大大改进代码编写质量和提高系统开发效率，是软件重用思想的极好体现。

【本章学习重点】

理解标准模板库的基本概念；掌握常见容器的使用方法。

12.1 标准模板库概述

标准模板库（Standard Template Library，STL），是一个具有较强工业应用价值且高效的C++程序库。它是C++标准程序库（C++ Standard Library）的一部分，是ANSI/ISO C++标准中最新的也是极具应用价值的一部分。标准模板库包含了许多计算机科学领域里常用的基本数据结构和基本算法，高度体现了软件的可重用性。标准模板库类似于Microsoft Visual C++中的微软基础类库（Microsoft Foundation Class Library，MFC）和Borland C++ Builder中的可视组件库（Visual Component Library，VCL）。

从逻辑层次看，标准模板库中体现了泛型编程的思想（Generic Programming），引入了许多新的概念，如需求（Requirement）、概念（Concept）、模型（Model）、容器（Container）、算法（Algorithm）和迭代（Iterator）等。与面向对象的编程（Object-Oriented Programming，OOP）中多态的概念一样，泛型是一种软件复用技术。

从实现层次看，标准模板库是以类型参数化（Type Parameterized）的方式实现的。这种方式基于C++标准中的模板（Template）机制。如果能够查看标准模板库的源代码，就会发现模板是标准模板库的基础。

标准模板库的主要内容包括：容器、算法和迭代器，3种要素之间的关系如图12-1所示。

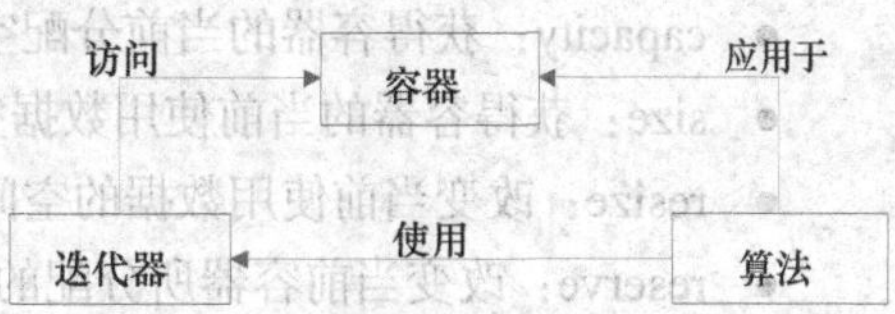

容器是容纳数据元素的集合，可以简单地理解为数据结构，反应数据元素与数据元素之间的关系。标准模板库定义两种大小可变的容器：序列式容器（Sequence Container）和关联式容器（Associative Container）。其中，序列式容器包括向量（Vector）、栈（Stack）、双端队列（Deque）和列表（List）等；关联式容器包括集合（Set）、映射（Map）、多重集合（Multiset）和多重映射（Multimap）等。

图 12-1 标准模板库的组成

迭代器可以简单地理解为指针，实际上是一种面向所有类型数据的范型指针，用于指向并访问容器中的数据。算法就是通过迭代器来实现对容器中的数据元素进行操作。根据应用情况来划分,迭代器可以分为输入迭代器(Input Iterator)、数据迭代器(Output Iterator)、正向迭代器(Forward Iterator)、双向迭代器(Bidirectional Iterator)和随机访问迭代器(Random Access Iterator)。

算法是标准模板库的核心,是各种标准算法的泛化形式。所谓泛化形式,指的是标准模板库中的算法不拘泥于某种具体的数据类型。例如,标准模板库中的排序算法适用于整型、字符型和字符串等各种数据类型。算法的这一泛化能力,是通过迭代器的指向与容器分离,从而具有通用性。常见的算法包括查找(find, search)、排序(sort)、比较(equal)、计算(accumulate, partial_sum)、统计(max, min)、管理(swap, fill, replace, copy, unique, rotate, reverse)等。

12.2 容　　器

C++标准模板库中主要有以下容器:

① 向量:大小可变,可以像数组一样进行直接访问,也可以像链表一样进行顺序访问。
② 栈:满足先进后出或后进先出访问要求的元素集合。
③ 列表:标准模板库中的列表是一种双向链表结构。
④ 双端队列:两端都可以进行插入和删除的队列。
⑤ 集合:容器中不允许出现重复元素。
⑥ 多重集合:容器中可以出现重复元素。
⑦ 映射:容器中的元素具有"主键、键值"的形式,支持快速根据主键获取键值。

12.2.1　向量

向量在使用形式上等同于一个动态数组,它既能像数组一样对容器内部数据进行直接访问,又能像链表一样对容器内部数据进行顺序访问。其基本的成员函数包括:

- push_back:在容器的最后添加一个数据。
- pop_back:删除容器的最后一个数据。
- at:得到编号位置的数据。
- begin:得到容器的头指针。
- end:得到容器的最后一个单元+1的指针。
- front:得到容器的头引用。
- back:得到容器的最后一个单元的引用。
- max_size:得到容器的最大存储容量。
- capacity:获得容器的当前分配空间大小。
- size:获得容器的当前使用数据空间大小。
- resize:改变当前使用数据的空间大小,如果它比当前使用的大,则填充默认值。
- reserve:改变当前容器所分配的空间大小。
- erase:删除指针指向的数据项。
- clear:清空当前的容器。
- rbegin:将容器数据反转后的开始指针返回(其实就是原来的end-1)。
- rend:将容器数据反转后的结束指针返回(其实就是原来的begin-1)。
- empty:判断容器是否为空。

- swap：与另一个容器交换数据。

【例 12-1】一维向量的数据存取。

程序如下。

```
/*
程序功能：一维向量的数据存取
作    者：张三
创建时间：2010 年 10 月 26 日
版    本：1.0
*/
#include<iostream>
#include<vector>
using namespace std;
int main()
{
  int i = 0;
  vector<int> v;                    //定义一个元素为整型的一维向量
  for(i=0;i<10;i++)
  {
    v.push_back(i);                 //把元素一个一个存入到 vector 中
  }
  for(i=0;i<v.size();i++)           //v.size()获取 vector 存入元素的个数
  {
    cout<<v[i]<<" ";                //打印每个元素
  }
  cout << endl;
  return 0;
}
```

程序运行结果：

0 1 2 3 4 5 6 7 8 9

在例 12-1 中首先定义一个元素为整型的向量，然后执行循环语句将 0～9 共 10 个整数通过 push_back()函数存入到该向量中，再使用直接访问形式"向量名[位置]"来循环输入向量中的元素。该例中展示了使用传统数组元素访问形式来访问向量元素。实际上，访问容器中的元素，例如，向量中的元素，还可以使用迭代器的形式。因此，将例 12-1 中的代码：

```
for(i=0;i<v.size();i++)             //v.size()获取 vector 存入元素的个数
{
  cout<<v[i]<<" ";                  //打印每个元素
}
```

替换为：

```
vector<int>::iterator iter;         //定义访问向量中整型元素的迭代器
//v.begin()获得容器的头指针
//v.end()获得容器的最后一个单元+1 的指针
for(iter=v.begin(); iter!=v.end(); iter++)
{
  cout<<*iter<< " ";                //*运算获取迭代器所指向的元素
}
```

新的代码执行后，能得到同样的结果。

【例 12-2】二维向量的数据存取。

程序如下。

```
/*
程序功能：二维向量的数据存取
作    者：张三
创建时间：2010 年 10 月 26 日
版    本：1.0
*/
#include<iostream>
#include<vector>
using namespace std;
int main()
{
  int i=0,j=0;
  vector< vector<int> > twoArray;           //定义一个基本元素为整型的二维向量
  for(i=0;i<5;i++)
  {
    vector<int> row;
    for(j=0;j<5;j++)
    {
      row.push_back(i*j);
    }
    twoArray.push_back(row);
  }
  for(i=0;i<5;i++)
  {
    vector<int> row = twoArray[i];
    vector<int>::iterator iter;             //定义访问向量中整型元素的迭代器
    for(iter=row.begin(); iter!=row.end(); iter++)
    {
      cout<<*iter<< " ";                    //*运算获取迭代器所指向的元素
    }
    cout<<endl;
  }
  return 0;
}
```

程序运行结果：

```
0 0 0 0 0
0 1 2 3 4
0 2 4 6 8
0 3 6 9 12
0 4 8 12 16
```

例 12-2 中定义了一个基本元素为整型的二维向量，外层向量是以内层向量为元素的。访问二维向量时，联合使用了两种访问方式：使用数组直接访问形式访问外层向量中的元素；使用迭代器形式访问内层向量中的元素。

【例 12-3】向量的简单算法应用。

程序如下。

```
/*
程序功能：向量的简单算法应用
作    者：张三
创建时间：2010 年 10 月 26 日
版    本：1.0
*/
```

```
#include<iostream>
#include<vector>
#include<numeric>
using namespace std;
int main()
{
    vector<double> vd;
    vd.push_back(1.2f);
    vd.push_back(2.2f);
    vd.push_back(3.6f);
    vd.push_back(0.8f);
    cout<<"the accumulate is: "<<accumulate(vd.begin(),vd.end(),0.0f)<<endl;
    return 0;
}
```

程序运行结果：

```
the accumulate is: 7.8
```

例 12-3 定义了一个元素类型为 double 的向量，然后分别存入 4 个浮点数，再调用来自于文件"numeric"中的函数 accumulate()实现对向量中的所有元素做累加运算，并输出累加和。accumulate()函数的模板形式为

```
template<class InIt, class T> T accumulate<InIt first, InIt last, T val>;
```

该函数实现在迭代器 first 和 last 之间依次取得数据，每次使用该值与 val 值进行求和并替代 val，直到最后返回 val 值。

12.2.2 列表

标准模板库中的列表是一种双向链表结构，可以在链表的头部或尾部进行插入和删除操作。其基本的成员函数与向量大致相同。

对于列表容器来说，实现列表的双向链表操作特点，即头部和尾部都可进行插入和删除操作，需要使用的成员函数包括：

- push_back：从列表尾部插入新的数据。
- push_front：从列表头部插入新的数据。
- pop_back：从列表尾部删除数据。
- pop_front：从列表头部删除数据。

【例 12-4】列表的双向链表的操作特点及简单算法应用。

程序如下。

```
/*
程序功能：列表的双向链表的操作特点及简单算法应用
作    者：张三
创建时间：2010 年 10 月 26 日
版    本：1.0
*/
#include<iostream>
#include<string>
#include<list>
#include<algorithm>
using namespace std;
void printList(list<string>& l)
```

```cpp
{
  list<string>::iterator it;
  for(it=l.begin();it!=l.end();it++)
  {
    cout<<*it<<" ";
  }
  cout<<endl;
}
int main()
{
  list<string> strList;                               //定义一个数据元素类型为string的列表
  list<string>::iterator it;                          //定义访问列表中string类型元素的迭代器
  strList.push_back("Zhang San");                     //从列表尾部插入新的数据
  strList.push_back("Li Si");
  printList(strList);
  strList.push_front("Wang Wu");                      //从列表头部插入新的数据
  strList.push_front("Zhou Liu");
  printList(strList);
  strList.pop_front();                                //从列表头部删除数据
  printList(strList);
  strList.pop_back();                                 //从列表尾部删除数据
  printList(strList);
  it=find(strList.begin(),strList.end(),"Zhang San"); //查找数据
  if (it==strList.end())
    cout<<"the find result is null"<<endl;
  else
    cout<<"the find result is: "<<*it<<endl;
  return 0;
}
```

程序运行结果：

```
Zhang San Li Si
Zhou Liu Wang Wu Zhang San Li Si
Wang Wu Zhang San Li Si
Wang Wu Zhang San
the find result is: Zhang San
```

例 12-4 使用列表的 4 个成员函数 push_back、push_front、pop_back 和 pop_front 实现双向链表的头部和尾部的插入和删除操作。find()函数来自于文件 "algorithm"，实现对容器中的元素的查找。find 函数的模板形式为

```cpp
template<class Iterator, class T>
Iterator find(Iterator first, Iterator last, const T& value);
```

该函数实现在迭代器 first 和 last 之间依次取得数据，并将取得的数据与 value 进行比较，如果相等，则返回当时的迭代器；否则，返回容器的最后一个单元+1 的指针，即没有找到与 value 相等的数据元素。

12.2.3 栈

栈是一种操作上遵从"后进先出"原则的容器。其基本的成员函数包括：

- push：将数据元素压入栈中。
- pop：将栈顶数据元素弹出。

- size：获得栈中的数据元素的个数。
- empty：判断栈是否为空。
- top：查询栈顶元素。

【例 12-5】利用栈的"后进先出"的操作特点，将字符串"12345"以逆序"54321"的形式输出。程序如下。

```
/*
程序功能：基于栈实现字符串的逆序输出
作    者：张三
创建时间：2010 年 10 月 26 日
版    本：1.0
*/
#include<iostream>
#include<stack>
using namespace std;
int main()
{
  int i;
  string str="12345";
  stack<char> sk;                    //定义一个数据元素类型为 char 的栈
  for(i=0;i<str.size();i++)
  {
    sk.push(str[i]);                 //压栈
  }
  while(!sk.empty())                 //判断栈是否为空
  {
    cout<<sk.top();                  //取栈顶数据元素
    sk.pop();                        //将栈顶数据元素弹出栈
  }
  cout<<endl;
  return 0;
}
```

程序运行结果：
54321

例 12-5 中首先定义一个数据元素类型为 char 的栈，并将字符串中的字符按顺序压入栈中，再利用栈的弹出操作和取栈顶数据元素的操作将栈中的元素进行遍历，其操作过程如图 12-2 所示。

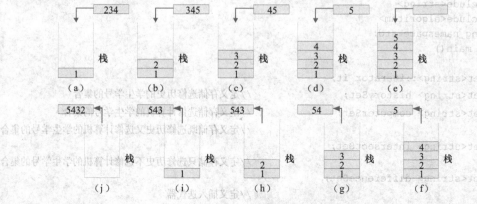

图 12-2 栈的操作过程

对于图 12-2（a）～（e）表示压栈过程，（f）～（j）表示出栈过程。

12.2.4 集合

集合是一种非线性容器，与向量、列表和栈等线性容器最主要的区别是，集合中不含相同元素。对于集合容器，常见的集合运算有：是否子集、求交集和求差集。其中，是否子集是由函数 includes() 实现的，includes() 函数的模板形式为

```
template<class InIt1, class InIt2>
bool includes(InIt1 first1, InIt1 last1, InIt2 first2, InIt2 last2);
```

该函数实现判断 InIt2 指示的集合范围（first2, last2）是否是 InIt1 所指示的集合范围（first1, last1）的子集。

求交集的函数为 set_intersectioin()，其函数模板形式为

```
template<class InIt1, class InIt2, class OutIt>
OutIt set_intersection(InIt1 first1, InIt1 last1, InIt2 first2, InIt2 last2, OutIt x);
```

该函数实现计算 InIt1 指示的集合范围（first1,last1）与 InIt2 指示的集合范围（first2,last2）的交集，并将结果存储于 x 中。

求差集的函数为 set_difference()，其函数模板形式为

```
template<class InIt1, class InIt2, class OutIt>
OutIt set_difference(InIt1 first1, InIt1 last1, InIt2 first2, InIt2 last2, OutIt x);
```

该函数实现计算 InIt1 指示的集合范围（first1,last1）与 InIt2 指示的集合范围（first2,last2）的差集，并将结果存储于 x 中。

【例 12-6】集合的各种运算的应用，包括集合的求交集、求差集和判断一个集合是否是另一个集合的子集。

程序如下。

```
/*
程序功能：集合的各种运算
作    者：张三
创建时间：2010 年 10 月 26 日
版    本：1.0
*/
#include<iostream>
#include<set>
#include<iterator>
#include<string>
#include<algorithm>
using namespace std;
int main()
{
    set<string>::iterator it;
    set<string> historySet;           //定义存储选修历史的学生学号的集合
    set<string> computerSet;          //定义存储选修计算机的学生学号的集合
                                      //定义存储既选修历史又选修计算机的学生学号的集合
    set<string> intersectSet;
                                      //定义存储只选修历史不选修计算机的学生学号的集合
    set<string> differenceSet;
                                      //定义插入迭代器
    insert_iterator< set<string> > intersectSet_it(intersectSet,intersectSet.begin());
```

```cpp
    //定义插入迭代器
    insert_iterator< set<string> > differenceSet_it(differenceSet,differenceSet.begin());
    historySet.insert("100001");                                    //插入数据元素到集合
    historySet.insert("100002");
    historySet.insert("100003");
    historySet.insert("100005");
    historySet.insert("100006");
    computerSet.insert("100002");
    computerSet.insert("100003");
    computerSet.insert("100006");
    computerSet.insert("100007");
    computerSet.insert("100008");
    set_intersection(historySet.begin(),historySet.end(),           //求交集运算
        computerSet.begin(),computerSet.end(),
        intersectSet_it);
    set_difference(historySet.begin(),historySet.end(),             //求差集运算
        computerSet.begin(),computerSet.end(),
        differenceSet_it);
    cout<<"既选修历史又选修计算机的学生学号为: "<<endl;
    it=intersectSet.begin();
    while(it!=intersectSet.end())
    {
      cout<<*it<<endl;
      it++;
    }
    cout<<"只选修历史不选修计算机的学生学号为: "<<endl;
    it=differenceSet.begin();
    while(it!=differenceSet.end())
    {
      cout<<*it<<endl;
      it++;
    }
    cout<<"是否所有选修历史的学生都选修了计算机? "<<endl;
    bool b=includes(computerSet.begin(),computerSet.end(),
      historySet.begin(),historySet.end());
    if(b)
      cout<<"是"<<endl;
    else
      cout<<"否"<<endl;
    return 0;
}
```

程序运行结果：
既选修历史又选修计算机的学生学号为：
100002
100003
100006
只选修历史不选修计算机的学生学号为：
100001
100005
是否所有选修历史的学生都选修了计算机：
否

例 12-6 定义两个集合 historySet 和 computerSet 分别存储选修历史和选修计算机的学生学号。求既选修历史又选修计算机的学生学号是通过对集合 historySet 和 computerSet 求交集来实现的；求只选修历史不选修计算机的学生学号是通过对集合 historySet 和 computerSet 求差集来实现的；而判断是否所有选修历史的学生都选修了计算机是通过对判断集合 historySet 是否是集合 computerSet 的子集来实现的。

12.2.5 映射

映射是一种关联式容器。容器中的数据元素具有"主键、键值"的形式，支持快速根据主键获取键值。例如，当需要根据学生学号快速获取学生对象的全部信息时，就需要建立以学生学号为主键，以学生对象为键值的映射。

【例 12-7】定义一个以学生学号为主键、以学生对象为键值的映射，支持快速根据学生学号来访问学生对象。

程序如下。

```
/*
程序功能：映射容器的使用
作    者：张三
创建时间：2010 年 10 月 26 日
版    本：1.0
*/
#include<iostream>
#include<map>
#include<iterator>
using namespace std;
class Student                                           //Student 类定义
{
  public:
    int id;
    char* name;
    char sex;
  public:
    Student(int pId, char* pName, char pSex);
    ~Student();
};
Student::Student(int pId, char* pName, char pSex)       //构造函数
{
  id=pId;
  name=new char[strlen(pName)+1];
  if(name!=0)
    strcpy(name,pName);
  sex=pSex;
}
Student::~Student()                                     //析构函数
{
  delete[] name;
}

int main()
{
```

```
    map<int,Student*> mStu;                    //创建一个主键类型为 int 键值类型为 Student*的映射
    mStu.insert(map<int,Student*>::value_type(101,new Student(101,"Zhang San",'M')));
    mStu.insert(map<int,Student*>::value_type(102,new Student(102,"Li Si",'F')));
    mStu.insert(map<int,Student*>::value_type(103,new Student(103,"Wang Wu",'M')));
    map<int,Student*>::iterator it = mStu.find(101);           //根据主键查找映射容器
    if(it==mStu.end())                                         //没有找到主键对应的键值
    {
      cout<<"not find the student."<<endl;
    }
    else                                                       //找到主键对应的键值
    {
      cout<<"find the student: "<<it->second->id<<","
          <<it->second->name<<","<<it->second->sex<<endl;
    }
    return 0;
    }
```

程序运行结果如下：

```
find the student: 101,Zhang San,M
```

例 12-7 首先定义一个主键类型为 int、键值类型为 Student*的映射，并连续 3 次调用成员函数 insert()插入 3 条记录，每条记录都符合"主键类型为 int、键值类型为 Student*"的要求；然后调用成员函数 find()，根据主键查找映射容器，如果容器中找不到给定主键对应的记录，则迭代器指向容器的最后一个单元+1 的位置，否则，指向找到的记录。

本章小结

标准模板库包含了许多计算机科学领域里常用的基本数据结构和基本算法，高度体现了软件的可重用性。标准模板库的主要内容包括容器、算法和迭代器。常见的容器包括向量、列表、栈、集合和映射。其中，向量、列表和栈是序列式容器；集合和映射是关联式容器。向量是一种动态数组，其容纳数据元素的数目可变；列表是一种双向链表结构，头部和尾部都可进行插入和删除操作；栈满足"后进先出"的访问关系；集合中不允许出现重复数据元素；容器中的数据元素具有"主键、键值"的形式，支持快速根据主键获取键值。标准模板库体现了一种泛型编程思想，使用标准模板库能够极大地改进代码质量，提高软件开发效率。

习 题

一、简答题

1. 标准模板库的主要组成要素有哪些？各个要素之间是什么关系？
2. 容器可以分为哪两类？每个类别各包括哪些容器？
3. 序列式容器，如向量、列表和栈，各具有什么特点？
4. 关联式容器，如集合和映射，各具有什么特点？
5. 迭代器的作用是什么？迭代器有哪些种类？

二、编程题

1. 给定 5 个浮点数：1.20, 2.20, 2.30, 3.10, 0.78，采用数组和向量两种数据结构，分别编写代码实现求这 5 个浮点数的累加和。当增加一个浮点数 2.05 时，通过修改代码来体会数组和向量的不同。

2. 火车调度系统中，设有 3 个火车 A、B 和 C 先后进栈，使用序列式容器栈数据结构，模拟以下的火车出栈情况：CBA、ACB、BAC 和 ABC。

3. 使用关联式容器映射数据结构存储下列表格的员工数据，依次输出所有员工信息，并实现根据员工编号查询员工信息的功能。

员工信息表

编 号	姓 名	性 别	年 龄	职 位
1001	张三	男	28	销售总监
1005	李四	男	35	销售助理
1002	王五	女	39	总经理
1003	董六	女	22	售前工程师
1008	刘七	男	19	售后工程师
1006	高九	女	29	销售助理

第 13 章 输入/输出流

【本章内容提要】

本章重点介绍 C++中的数据输入输出的流操作，数据处理层次、文件流的基本概念和文件基本操作，并以实例说明了顺序文件和随机访问文件的建立、读取和更新操作。

【本章学习重点】

- 数据流的基本概念；
- 数据层次；
- 文件的基本概念和文件的基本操作；
- 顺序文件的操作；
- 随机访问文件的操作。

程序是一个计算过程，计算必须首先要获得数据，现代程序设计，总是将获得数据的程序和处理数据的程序分离，以使处理速度大幅度提高。在处理数据的程序中，需要获得输入数据，这些输入数据多数从数据文件而不是从标准输入中获得。而专门有一些软件将手工输入的数据送到数据文件中，例如文本编辑软件、高考分数录入系统等。除了减少维护工作量、增加重用性这一原因外，提高处理速度也是程序何以要分离数据的一个重要原因。文件操作在操作系统的底层中十分复杂，然而，C++早已为我们做了文件操作的绝大部分工作。程序员只要以流的概念来实施文件操作即可。

13.1 流

程序运行的最初时刻需要初始数据的引入，数据处理结束时需要显示运行结果，这些都要用到输入/输出语句。输入语句负责从输入设备中获得数据，输出语句负责将数据送到输出设备。计算机直接从用户那里交互地（边看屏幕边按键）获得数据的输入设备是键盘（标准输入，可以输入文本字符），直接让用户看到结果信息的输出设备是显示器（若是标准输出，输出的也是文本字符）。所以，尽管编程语言本身不跟这些具体的各不相同的设备打交道，但其开发工具（将程序转换为机器代码）却必须首先能够使用这些设备。

控制这些设备的软件是操作系统，所以，C++的工具必须将针对一定操作系统的操作集合提供给编程人员，这个操作集合就是标准输入/输出流。流是同 C++语言工具捆绑的资源库。在计算机硬件中，输入/输出设备的底层操作是很复杂的，但编程人员通过简单地想象水流的流入/流出，就可以把握流操作，这便是高级程序设计中显著的抽象特征。

输入/输出系统的任务实际上就是以一种稳定、可靠的方式在设备与内存之间传输数据。传输过程中通常包括一些机械运动,如磁盘和磁带的旋转、在键盘上击键等,这个过程所花费的时间要比处理器处理数据的时间长得多,因此要使性能发挥到最大程度就需要周密地安排I/O操作。

C++提供了低级和高级I/O功能。低级I/O功能(即无格式I/O)通常只在设备和内存之间传输一些字节。这种传输过程以单个字节为单位,它确实能够提供高速度并大容量的传输,但是使用起来不太方便。人们通常更愿意使用高级I/O功能(即格式化I/O)。高级I/O把若干个字节组合成有意义的单位,如整数、浮点数、字符、字符串以及用户自定义类型的数据。这种面向类型的I/O功能适合于大多数情况下的输入/输出,但在处理大容量的I/O时不是很好。

C++的标准输入/输出库就是我们已经在用的头文件iostream。它不但提供了IO库,也提供了使用该库的流模式,从"cin>>"流入和"cout<<"流出到输出设备的操作符,正是流入与流出的形象描述。

13.2 文 件 流

存储在变量和数组中的数据是临时的,这些数据在程序运行结束后都会消失。文件用来永久地保存大量的数据,计算机把文件存储在二级存储设备中(特别是磁盘存储设备)。本章要讨论怎样用C++程序建立、更新和处理数据文件(包括顺序存储文件和随机访问文件)。

(1)能够建立、读写和更新文件;
(2)熟悉顺序访问文件的处理方式;
(3)熟悉随机访问文件的处理方式;
(4)指定高性能无格式的I/O操作;
(5)了解格式化与"原始数据"文件处理的差别;
(6)用随机访问文件处理建立事务处理程序。

13.2.1 数据的层次

计算机处理的所有数据项最终都是0和1的组合。采用这种组合方式是因为它非常简单,并且能够经济地制造表示两种稳定状态的电子设备(一种状态代表1,另一种状态代表0)。计算机所完成的复杂功能仅仅涉及最基本的对0和1的操作。

0和1可以认为是计算机中的最小数据项,称之为"位"(bit)。bit是binary digit(二进制数字)的缩写。计算机电路完成各种简单的位操作,如查询某个位的值、设置某个位的值和反转某个位的值(0变为1,1变为0)等。

程序员如果以底层位的形式处理数据会感到很麻烦,所以更喜欢用十进制数字(即0、1、2、3、4、5、6、7、8和9)、字母(即A~Z和a~z)和专门的符号(即$、@、%、&、*、(、)、-、+、":;、?、/等)处理数据。数字、字母和专门的符号称为"字符"(character)。能够在特定计算机上用来编写程序和代表数据项的所有字符的集合称为"字符集"(character set)。因为计算机只能处理1和0,所以计算机字符集的每一个字符都是用称为"字节"(byte)的0、1序列表示的,目前最常见的是用8位构成一个字节。程序员以字符为单位建立程序和数据项,计算机按位模式操作和处理这些字符。

就像字符是由位构成的,域(field)是由字符构成的。一个域就是一组有意义的字符。例如,一个仅包含大写字母和小写字母的域可用来表示某人的名字。计算机处理的数据项构成了"数据的层次"（data hierarchy）。在这个结构中，数据项从位到字符再到域越来越大、越来越复杂。

记录（即 C 语言中的结构）是由多个域构成（在 C++ 中称为成员）。例如，在一张工资表中，为某个特定雇员建立的一条记录可能由如下域组成：

（1）雇员标识号
（2）名字
（3）地址
（4）每小时工资等级
（5）免税申请号
（6）年度收入
（7）联邦税收额
……

因此，一条记录是一组相关的域。在上面的例子中，每一个域都针对同一个雇员。当然，特定的公司会有许多雇员，所以要为每一个雇员建立一个工资表（记录），一个文件就是一组相关的记录。某个公司的工资表文件通常包含为每一个雇员建立的记录，较小公司的工资表文件可能只包含 22 条记录，而大型公司的工资表文件可能要包含 100 000 条记录。一个机构建立成百上千个文件，而每一个文件又包含几百万甚至几十亿个字符信息。图 13-1 反映了数据的层次。

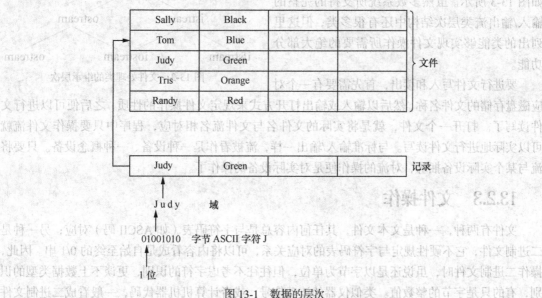

图 13-1 数据的层次

为了检索文件中指定的记录，每个记录中至少要选出一个域作为"记录关键字"（record key）。记录关键字标识了属于某人或某个实体的记录。例如，在本节的工资表记录中，"雇员标识号"通常选作记录关键字。

文件中的记录有多种组织方式。最常见的组织方式是按记录关键字字段的顺序存储记录，按这种方式存储记录的文件称为"顺序文件"（sequential file）。在工资表文件中，记录通常按雇员标识号的顺序存储。在第 1 个雇员的记录中，该雇员的雇员标识号最小，其后的记录中包含的雇员标识号依次递增。

多数商业机构要用许多文件来存储数据。例如，公司里可能要有工资表文件、应收账目文件

（列出客户的欠款）、应付账目文件（列出欠供应商的金额）、存货文件（列出经商的货物）和其他多种类型的文件。有时把一组相关的文件称为"数据库"（database）。为建立和管理数据库而设计的文件集合称为"数据库管理系统"（DBMS）。

13.2.2　文件和流

C++语言把每一个文件都看成一个有序的字节流（见图 13-2），每一个文件或者以文件结束符（end-of-file marker）结束，或者在特定的字节号处结束（结束文件的特定的字节号记录在由系统维护和管理的数据结构中）。当打开一个文件时，该文件就和某个流关联起来。

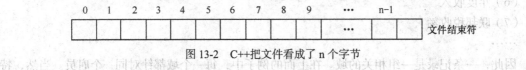

图 13-2　C++把文件看成了 n 个字节

要在 C++中进行文件处理，就要包括头文件<iostream.h>和<fstream.h>。<fstream.h>头文件包括流类 ifstream（从文件输入）、ofstream（向文件输出）和 fstream（从文件输入/输出）的定义。生成这些流类的对象即可打开文件。这些流类分别从 istream、ostream 和 iostream 类派生（即继承它们的功能）。I/O 类的继承关系如图 13-3 所示。虽然多数系统所支持的完整的输入/输出流类层次结构中还有很多类，但这里列出的类能够实现文件操作所需要的绝大部分功能。

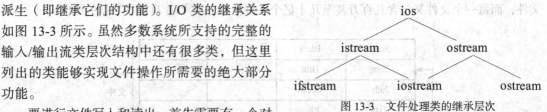

图 13-3　文件处理类的继承层次

要进行文件写入和读出，首先需要有一个对应磁盘存储的文件名称，然后以输入或输出打开方式来规定文件操作的性质，之后便可以进行文件读写了。打开一个文件，就是将实际的文件名与文件流名相对应，程序中只要操作文件流就可以实际地进行文件读写。与标准输入/输出一样，流被看作是一种设备、一种概念设备。只要将流与某个实际设备捆绑，对流的操作便是对实际设备的操作了。

13.2.3　文件操作

文件有两种，一种是文本文件，其任何内容总是与字符码表（如 ASCII 码）对应；另一种是二进制文件，它不硬性规定与字符码表的对应关系，可以将内容看成是自始至终的 0/1 串。因此，操作二进制文件时，虽说还是以字节为单位，但往往不考虑字符的识别，更谈不上数据类型的识别，有的只是字节的整数值。类似仪器的波动信号，或者计算机机器代码，一般看成二进制文件信息；而生活中大量的其他信息都是用文本数据文件来保存与传输的。

1. 打开文件

在 fstream 类中，有一个成员函数 open()，就是用来打开文件的，其原型为

void open(const char* filename,int mode,int access);

其中：

① filename：要打开的文件名。

② mode：要打开文件的方式。

③ access：打开文件的属性，常用的值如表 13-1 所示。

打开文件的方式在类 ios（是所有流式 I/O 类的基类）中定义，常用的值如表 13-2 所示。

表 13-1　　　　　　　　　　　　　　打开文件的方式

mode 取值	打开方式
ios::app	以追加的方式打开文件
ios::ate	文件打开后定位到文件尾，ios:app 包含此属性
ios::binary	以二进制方式打开文件，缺省的方式是文本方式
ios::in	文件以输入方式打开
ios::out	文件以输出方式打开
ios::nocreate	不建立文件，所以文件不存在时，打开失败
ios::noreplace	不覆盖文件，所以打开文件时，如果文件存在，打开失败
ios::trunc	如果文件存在，把文件长度设为 0

注：可以用"或"把以上属性连接起来，如 ios::out|ios::binary。

表 13-2　　　　　　　　　　　　　　打开文件的属性

access 取值	打开文件的属性
0	普通文件，以追加的方式打开文件
1	只读文件文，件打开后定位到文件尾，ios:app 包含此属性
2	隐含文件，以二进制方式打开文件，缺省的方式是文本方式。两种方式的区别见前文
4	系统文件如果存在，把文件长度设为 0

注：可以用"或"或者"+"把以上属性连接起来，如 3 或 1|2 就是以只读和隐含属性打开文件。

例如，以二进制输入方式打开文件 c:\config.sys。程序代码如下。
```
fstream file1;
file1.open("c:\\config.sys",ios::binary|ios::in,0);
```
说明：

① 如果 open()函数只有文件名一个参数，则是以读/写普通文件方式打开，即：
```
file1.open("c:\\config.sys",ios::in|ios::out,0);
```
② fstream 有和 open()一样的构造函数，因此对于上例，在定义的时候就可以打开文件了，即：
```
fstream file1("c:config.sys");
```
③ 需要特别提出的是，fstream 有两个子类：ifstream(input file stream)和 ofstream(output file stream)，ifstream 默认以输入方式打开文件，而 ofstream 默认以输出方式打开文件。

```
ifstream file2("c:\\pdos.def");        以输入方式打开文件
ofstream file3("c:\\x.123");           以输出方式打开文件
```

所以，在实际应用中，根据需要的不同，选择不同的类来定义：如果想以输入方式打开，就用 ifstream 来定义；如果想以输出方式打开，就用 ofstream 来定义；如果想以输入/输出方式打开，就用 fstream 来定义。

2. 关闭文件

打开的文件使用完成后一定要关闭，fstream 提供了成员函数 close()来完成此操作，例如：
```
file1.close();    //把 file1 相连的文件关闭
```

3. 文本文件的读写

读写文件分为文本文件的读取和二进制文件的读取。对于文本文件的读取比较简单，用插入器（<<）向文件输出；用析取器（>>）从文件输入。

假设 file1 是以输入方式打开，file2 以输出打开。示例如下：

```
file2<<"Hello, Cplusplus ";        //向文件写入字符串" Hello, Cplusplus "
int i;
file1>>i;                          //从文件输入一个整数值
```

这种方式还有简单的格式化功能，具体的格式如表 13-3 所示。

表 13-3　　　　　　　　　　　　文本文件读写的格式

格 式 符	功　　能	输入/输出
dec	格式化为十进制数值数据	输入和输出
endl	输出一个换行符并刷新此流	输出
ends	输出一个空字符	输出
hex	格式化为十六进制数值数据	输入和输出
oct	格式化为八进制数值数据	输入和输出
setpxecision(int p)	设置浮点数的精度位数	输出

例如，要把 123 当作十六进制输出的代码为

```
file1<<hex<<123;
```

要把 3.1415926 以 5 位精度输出的代码为

```
file1<<setpxecision(5)<<3.1415926;
```

4. 二进制文件的读写

二进制文件的读取相对于文本文件的读写要复杂些。

（1）put()

put()函数向流写入一个字符，其原型是 ofstream &put(char ch)，使用也比较简单，例如：

```
file1.put('c');                    //向流写一个字符'c'。
```

（2）get()

get()函数比较灵活，有 3 种常用的重载形式：

一种就是和 put()对应的形式：

```
ifstream &get(char &ch);
```

这种形式功能是从流中读取一个字符，结果保存在引用 ch 中，如果到文件尾，返回空字符。例如：

```
file2.get(x);                      //表示从文件中读取一个字符，并把读取的字符保存在 x 中
```

另一种重载形式的原型是为

```
int get();
```

这种形式是从流中返回一个字符，如果到达文件尾，返回 EOF。例如：

```
x=file2.get();                     //和上例功能是一样的
```

还有一种形式的原型为

```
ifstream &get(char *buf,int num,char delim='\n');
```

这种形式把字符读入由 buf 指向的数组，直到读入了 num 个字符或遇到了由 delim 指定的字

符，如果没使用 delim 这个参数，将使用缺省值换行符'\n'。例如：
```
file2.get(str1,127,'A');    //从文件中读取字符到字符串 str1, 当遇到字符'A'或读取了 127 个字
                            //符时终止
```

（3）读写数据块

要读写二进制数据块，使用成员函数 read()和 write()，它们原型为
```
read(unsigned char *buf,int num);
write(const unsigned char *buf,int num);
```
上述函数的功能如下。

① read() 从文件中读取 num 个字符到 buf 指向的缓存中，如果在还未读入 num 个字符时就到了文件尾，可以用成员函数 int gcount();来取得实际读取的字符数。

② write()从 buf 指向的缓存写 num 个字符到文件中，值得注意的是，缓存的类型是 unsigned char *，有时可能需要类型转换。

例如：
```
unsigned char str1[]="I Love You";
int n[5];
ifstream in("xxx.xxx");
ofstream out("yyy.yyy");
out.write(str1,strlen(str1));               //把字符串 str1 全部写到 yyy.yyy 中
in.read((unsigned char*)n,sizeof(n));       //从 xxx.xxx 中读取指定整数一个字符,注意类型转换
in.close();out.close();
```

（4）检测 EOF

成员函数 eof()用来检测是否到达文件尾，如果到达文件尾返回非 0 值，否则返回 0。原型为
```
int eof();
```

例如：
```
if(in.eof())  cout<<"已经到达文件尾! "<<endl;
```

（5）文件定位

与 C 语言的文件操作方式不同的是，C++的 I/O 系统管理两个与一个文件相联系的指针。一个是读指针，它说明输入操作在文件中的位置；另一个是写指针，它说明下次写操作的位置。每次执行输入或输出时，相应的指针自动变化。所以，C++的文件定位分为读位置的定位和写位置的定位，对应的成员函数是 seekg()和 seekp()，seekg()是设置读位置，seekp()是设置写位置。它们最通用的形式为
```
istream &seekg(streamoff offset,seek_dir origin);
ostream &seekp(streamoff offset,seek_dir origin);
```
其中的参数说明如下。

① offset：文件位置指针是个整数值，指定距离文件开头的相对位置（也称为离文件开头的偏移量）；streamoff 定义于 iostream.h 中，定义偏移量 offset 所能取得的最大值。

② origin：指定移动的基准位置，是一个枚举类型，枚举值如表 13-4 所示。

表 13-4　　　　　　　　　　　　seek_dir 的枚举值

seek_dir 的取值	功　　能
ios::beg	文件开头
ios::cur	文件当前位置
ios::end	文件结尾

下面是一些 get 文件位置指针的例子：

```
//定位到 fileObject 中的第 n 个字节
//假设 ios::beg
fileObject.seekg(n);
//position n bytes forward in fileObject
fileObject.seekg(n, ios::cur);
//position y bytes back from end of fileObject
fileObject.seekg(y, ios::end);
//position at end of fileObject
fileObject.seekg(o, ios::end);
```

ostream 成员函数 seekp()也可以进行类似的操作。成员函数 tellg()和 tellp()分别返回 get 和 put 指针的当前位置。下列语句将获取文件位置指针值赋给 long 类型的变量 location。

```
location=filObject.tellg();
```

说明：这两个函数一般用于二进制文件，因为文本文件会因为系统对字符的解释而可能与预想的值不同。

例如：

```
file1.seekg(1234,ios::cur);        //把文件的读指针从当前位置向后移 1234 个字节
file2.seekp(1234,ios::beg);        //把文件的写指针从文件开头向后移 1234 个字节
```

13.3 顺序文件操作

13.3.1 建立顺序文件

因为 C++把文件看作是无结构的字节流，所以记录等说法在 C++文件中是不存在的。为此，程序员必须提供满足特定应用程序要求的文件结构。例 13-1 建立了一个简单的顺序访问文件，说明如何为文件强加一个记录结构。

【例 13-1】建立一个简单的顺序访问文件程序，该文件可用于应收账目管理系统中跟踪公司借贷客户的欠款数目。要求：程序能够获取每一个客户的账号、客户名和对客户的结算额。一个客户的数据就构成了该客户的记录。账号在应用程序中用作记录关键字，文件按账号顺序建立和维护。

分析：本例假定用户是按账号顺序键入记录的（为了让用户按任意顺序键入记录，完善的应收账目管理系统应该具备排序能力），然后把键入的记录保存并写入文件。

程序如下。

```
//创建顺序文件
#include<iostream >
# include<fstream>
#include<cstdlib>
using namespace std;

int main()
{
    //ofstream 构造函数打开文件
    ofstream outClientFile( "clients.dat", ios::out );

    if ( !outClientFile ) {              //overloaded ! operator
        cerr << "File could not be opened" << endl;
```

```
        exit(1);                              // prototype in stdlib.h
    }
    cout << "Enter the account, name, and balance.\n"
         << "Enter end-of-file to end input.\n? ";

    int account;
    char name[30];
    float balance;

    while (cin >> account >> name >> balance) {
      outClientFile << account << ' ' << name
                   << ' ' << balance << '\n';
      cout << "? ";
    }
    return 0;                                 // ofstream destructor closes file
 }
```

程序运行结果:
```
Enter the account, name, and balance.
Enter end-of-file to end input.
? 100 Jones 24.98
? 200 Doe 345.67
? 300 White 0
? 400 Stone -42.16
? 500 Rich 224.62
? ^z
```

下面对上述程序进行分析, 以了解基本的文件操作的程序实现。

（1）打开文件

文件通过建立 ifstream、ofstream 或 fstream 流类的对象而打开。在例 13-1 中，要打开文件以便输出，因此生成 ofstream 对象。向对象构造函数传入两个参数: 文件名和文件打开方式, 文件的打开方式的取值和含义参见表 13-1。对于 ostream 对象, 文件打开方式可以是 ios::out（将数据输出到文件）或 ios::app（将数据添加到文件末尾, 而不修改文件中现有的数据）。现有文件用 ios::out 打开时会截尾, 即文件中的所有数据均删除。如果指定文件不存在, 则用该文件名生成这个文件。例 13-1 程序段中的第 10 行:

```
        ofstream outClientFile("clients.dat",ios::out);
```

生成 ofstream 对象 outClientfile, 与打开输出的文件 clients.dat 相关联。

默认情况下, 打开 ofstream 对象以便输出, 因此下列语句:

```
        ofstream outClientFile ("clients.dat");
```

与上述语句功能等价。

① 常见编程错误 1: 在引用文件之前忘记打开该文件。

② 常见编程错误 2: 打开一个用户想保留数据的现有文件进行输出（ios::out 方式）。这种操作会删除文件的内容而不会给予警告。

③ 可以生成 ofstream 对象而不打开特定文件, 而在后面再将文件与对象相连接。例如, 下列声明:

```
        ofstream outClientFile;                              //生成 ofstram 对象 outClientFile
        outClientFile open("clients.dat", ios::out);         //打开文件并将其与现有 ofstream 对
                                                             //象相连接
```

（2）测试打开文件是否成功

例 13-1 程序段中 if 结构中的操作（第 12～第 15 行）的功能就是测试文件打开是否成功。如果条件表示打开操作不成功，则输出错误消息"File could not be opened"，并调用函数 exit() 结束程序，exit()的参数返回到调用该程序的环境中，参数 0 表示程序正常终止，任何其他值表示程序因某个错误而终止。exit()返回的值让调用环境（通常是操作系统）对错误作出相应的响应。

```
if (!outClientFile) {
    cerr << "File could not be opened" << endl;
    exit(1);
}
```

重载的 ios 运算符成员函数 operator!()可用来确定打开操作是否成功。如果 open 操作的流已设置 failbit 或 badbit，则这个条件返回非 0 值（true）。可能的错误是试图打开读取不存在的文件、试图打开读取没有权限的文件或试图打开文件以便写入而磁盘空间不足。

（3）文件的输入操作

如果文件打开成功，则程序开始处理数据，即由用户从键盘上输入文件的内容，输入文件结束符意味着输入的结束。

ios 运算符成员函数 operator void*()将流变成指针，指针值可为 0（空指针）或非 0（任何其他指针值），operator void*()函数可以测试输入对象的文件结束符，而不必对输入对象显式地调用 eof()成员函数。如果 failbit 或 badbit 对流进行设置，则返回 0（false）。下列 while 首部的条件自动调用 operator void*()成员函数：

```
while (cin >> account >> name >> balance)
```

只要 cin 的 failbit 和 badbit 都没有设置，则条件保持 true，输入文件结束符设置 cin 的 failbit。因此上述语句的功能是输入每组数据并确定是否输入了文件结束符。输入文件结束符或不合法数据时，cin 的流读取运算符>>返回 0（通常这个流读取运算符>>返回 cin），while 结构终止。用户输入文件结束符告诉程序没有更多要处理的数据。当用户输入文件结束符组合键时，设置文件结束符；只要没有输入文件结束符，while 结构就一直循环。

不同计算机系统中文件结束符的键盘组合也不同，如表 13-5 所示。

表 13-5　　　　　　　　　各种流行的计算机系统中的文件结束组合键

计算机系统	组　合　键
UNIX 系统	Ctrl+D
IBM PC 及其兼容机	Ctrl+Z
Macintosh	Ctrl+D
VAX（VMS）	Ctrl+Z

用流插入运算符<<和程序开头与文件相关联的 outClientFile 对象将一组数据写入文件"clients.dat"，程序代码如下。

```
outClientFile << account << ' ' << name
              << ' ' << balance << '\n';
```

例 13-1 中生成的文件是文本文件，可以用任何文本编辑器读取。

（4）文件的关闭操作

输入文件结束符后，main()终止，使得 outClientFile 对象删除，从而调用其析构函数，关闭文件 clients.dat。程序员可以用成员函数 close 显式地关闭 ofstream 对象，代码如下。
```
outClientFile.close();
```

程序不再引用的文件应立即显式关闭，这样可以减少程序继续执行时占用的资源。这种方法还可以提高程序的清晰性。

13.3.2　读取顺序访问文件中的数据

本小节通过例 13-2 说明如何按顺序读取文件中的数据。

【例 13-2】读取文件"clients.dat"（例 13-1 的程序中建立）中的记录，并打印出记录的内容。

分析：

（1）打开文件

通过建立 ifstream 类对象打开文件以便输入。向对象传入的两个参数是文件名和文件打开方式。例如：

```
ifstream inClientFile( "clients.dat", ios::in );
```

生成 ifstream 对象 inClientFile，并将其与打开以便输入的文件 clients.dat 相关联。打开 ifstream 类对象默认为进行输入，因此下列语句和上述语句功能等价。

```
ifstream inClientFile( "Clients.dat" );
```

与 ofstream 对象一样，ifstream 对象也可以生成而不打开特定文件，然后再将对象与文件相连接。

如果文件内容不能修改，那么只能打开文件以便输入（用 ios::in），避免不小心改动文件。这是最低权限原则的一个应用。

（2）判断文件打开是否成功

程序用!inClientFile 条件确定文件是否打开成功，然后再从文件中读取数据。语句：

```
while (inClientFile >> account >> name >> balance)
```

从文件中读取一组值（即记录）。执行过程为：第 1 次执行完该条语句后，account 的值为 100，name 的值为"John"，balance 的值为 24.98；之后每次执行程序中的该条语句时，函数都读取文件中的下 1 条记录，并把新的值赋给 account、name 和 balance；记录用函数 outputLine()显示，该函数用参数化流操纵算子将数据格式化之后再显示；到达文件末尾时，while 结构中的输入序列返回 0（通常返回 inClientFile 流），ifstream 析构函数将文件关闭，程序终止。

（3）读取顺序文件的数据

为了按顺序检索文件中的数据，程序通常要从文件的起始位置开始读取数据，然后连续地读取所有的数据，直到找到所需要的数据为止。程序执行中可能需要按顺序从文件开始位置多次处理文件中的数据。istream 类和 ostream 类都提供成员函数，使程序把"文件位置指针"（file position pointer，指示读写操作所在的下一个字节号）重新定位。这些成员函数是 istream 类的 seekg（"seekget"）和 ostream 类的 seekp（"seek put"）。每个 istream 对象有一个 get 指针，表示文件中下一个输入相距的字节数，每个 ostream 对象有一个 put 指针，表示文件中下一个输出相距的字节数。语句：

```
inclientFile.seekg(0);
```

将文件位置指针移到文件开头（位置 0），连接 inclientFile。

例 13-2 的程序代码如下：

```cpp
// Reading and printing a sequential file
#include<iostreamo>
#include<fstream>
#include<iomanip>
#include<cstdlib>
using namespace std;
void outputLine(int, const char *, double);

int main()
{
    // ifstream constructor opens the file
    ifstream inClientFile("clients.dat", ios::in);

    if (!inClientFile) {
        cerr << "File could not be opened\n";
        exit(1);
    }

    int account;
    char name[30] ;
    double balance;

    cout << setiosflags(ios::left) << setw(10) << "Account"
         << setw(13) << "Name" << "Balance\n";

    while (inCiientFile >> account >> name >> balance)
        outputLine(account, name, balance);

    return 0;  // ifstream destructor closes the file
}

void outputLine(int acct, const char *name, double bal)
{
    cout << setiosflags(ios::left) << setw(10) << acct
         << setw(13) << name << setw(7) << setprecision(2)
         << resetiosflags( ios::left )
         << setiosflags( ios::fixed | ios::showpoint )
         << bal << '\n';
}
```

程序运行结果：

```
Account    Name         Balance
100        Jones        24.98
200        Doe          345.67
300        White        0.00
400        Stone        -42.16
500        Rich         224.62
```

13.3.3 更新顺序访问文件

格式化和写入顺序访问文件的数据，修改时会有破坏文件中其他数据的危险。例如，如果要把名字"White"改为"Worthinglon"，并不是简单地重定义旧的名字。White 的记录是以如下形式写入文件中的：

```
300 White 0.00
```

如果用新的名字从文件中相同的起始位置重写该记录，记录的格式就成为：

```
300 Worthington 0.00
```

因为新的记录长度大于原始记录的长度，所以从"Worthington"的第 2 个"o"之后的字符将重定义文件中的下一条顺序记录。出现该问题的原因在于：在使用流插入运算符<<和流读取运算符>>的格式化输入/输出模型中，域的大小是不定的，因而记录的大小也是不定的。例如，7、14、-17、2047 和 27 383 都是 int 类型的值，虽然它们的内部存储占用相同的字节数，但是将它们以格式化文本打印到屏幕上或存储在磁盘上时要占用不同大小的域。因此，格式化输入/输出模型通常不用来更新已有的记录。

当然也可以修改上述名字，但比较危险。比如，在 300 White 0.00 之前的记录要复制到一个新的文件中，然后写入新的记录并把 300 White 0.00 之后的记录复制到新文件中。这种方法要求在更新一条记录时处理文件中的每一条记录。如果文件中一次要更新许多记录，则可以用这种方法。

13.4 随机访问文件

顺序访问文件不适合快速访问应用程序，即要立即找到特定记录的信息。快速访问应用程序的例子有航空订票系统、银行系统、销售网点系统、自动柜员机和其他要求快速处理特定数据的事务处理系统（transaction processing system）。银行要面对成千上万的客户，但自动柜员机要求能在瞬间作出响应。这种快速访问应用程序是用随机访问文件（random access file）实现的。随机访问文件的各个记录可以直接快速访问，而不需要进行搜索。

前面曾介绍过，C++不提供文件结构。因此应用程序要自己生成随机访问文件。虽然实现随机访问文件还有其他方法，但是本书的讨论只限于使用定长记录的这种简洁明了的方法。因为随机访问文件中的每一条记录都有相同的长度，所以能够用记录关键字的函数计算出每一条记录相对于文件起始点的位置。由定长记录组成的随机访问文件就像一列火车，一些车箱是空的，还有一些车箱满载货物，但是火车中的每节车箱具有相同的长度，可以在不破坏其他数据的情况下把数据插入到随机访问文件中，也能在不重写整个文件的情况下更新和删除以前存储的数据。

13.4.1 建立随机访问文件

ostream 成员函数 write()把从内存中指定位置开始的固定个数的字节送到指定流中，当流与文件关联时，数据写入到 put 文件位置指针所指示的位置。istream 成员函数 read()把固定个数的字节从指定流输入到内存中指定地址开始的区域。如果流与文件相关联，则该字节从 get 文件位置指针指定的文件地址开始输入。

现在，将整型 number 写入文件时，并不使用语句：

```
outFile << number;
```

对 4 字节整数打印 1 位或 11 位（10 位加一个符号位，各要 1 字节存储空间），改用：

```
outFile.write(reinterpret_cast<const char *>(&number), sizeof(number));
```

这种方法总是写入 4 字节（在 4 字节整数计算机上）。write()函数要求一个 const char *类型的参数为第 1 个参数，因此用 reinterpret_cast<const char*>强制类型转换运算符将 number 的地址变为const char *指针。write()的第2个参数是size_t类型的整数，指定写入的字节数。istresm的成员函数read()能将4个字节读回到整型变量number中。

随机存取文件处理程序很少只把一个域写入文件中，通常会一次写入一个结构或一个类对象。

【例13-3】建立一个能够存储100个定长记录的借贷处理系统。要求使用随机访问文件方式实现系统，每一条记录由账号（用作记录关键字）、姓、名和借贷金额组成。程序要能够更新、插入和删除一条记录，以及能够以格式化文本形式列出所有的记录。

分析：用struct定义一条记录格式（在clntdata.h头文件中定义），程序需要实现打开一个随机访问文件以及把数据写入磁盘的功能。

程序如下。

```
//clntdata.h
//Definition of struct clientData used in
#ifndef CLNTDATA_H
#define CLNTDATA_H

struct clientData {
 int accountNumber;
 char lastName[15];
 char firstName[10];
 float balance;
};

#endif
//Creating a randomly accessed file sequentially
//main.cpp
    #include<iostream>
    #include<fstream>
    #include<cstdlib>
using namespace std;
#include "clntdata.h"

int main()
{
ofstream outCredit("credit.dat", ios::out);

  if (!outCredit) {
    cerr << "File could not be opened." << endl;
    exit(1);
  }

    clientData blankClient={0, "", "", 0.0};

    for (int i=0; i<100; i++)
      outCredit.write(
        reinterpret_cast<const char *>(&blankClient),
        sizeof(clientData) );
    return 0;
}
```

说明：

① 程序用write()函数和空结构初始化了文件credit.dat的所有100条记录。每一个空结构中，

账号都为 0，姓氏和名为 NULL，借贷金额为 0.0。文件以这种方式初始化后就在磁盘上建立了存储文件的空间，并且能够确定某条记录是否包含数据。

② 下列语句（第 34～36 行）：

```
outCredit.write( reinterpret cast<const char*>(&blankClient), sizeof( clientData ) );
```

功能是将长度为 sizeof(clientData)的 blankClient 结构写入与 ofstream 的对象 outCredit 相关联的文件 credit.dat 中。运算符 sizeof 返回括号中对象的长度（字节数）。注意，第 34 行函数 write()的第 1 个参数应为 const char*类型，但&blankClient 的数据类型为 clientData *。要将&blankClient 变为相应指针类型，表达式：

```
reinterpret cast<const char *>( &blankClient )
```

用强制类型转换运算符 reinterpret_cast 将 blankClient 地址变为 const char *类型，因此调用 write()能顺利编译，而不产生语法错误。

13.4.2 向随机访问文件中随机地写入数据

向随机访问文件中随机地写入数据就是利用 stream 的函数 seekp()和 write()将数据存储在文件中指定的位置。程序先用函数 seekp()把文件位置指针指向文件中指定的位置，然后用 write()函数写入数据。

【例 13-4】修改例 13-3，允许将用户从键盘上输入的数据存到文件的指定位置上。

分析：例 13-2 中定义的头文件 clntdata.h 需要被包含在本例的程序中。

程序如下。

```
// Writing to a random access file
 #include<iostream>
 #include<fstream>
 #include<cstdlib>
 using namespace std;
 #include "clntdata.h"

 int main()
 {
   ofstream outCredit( "credit.dat", ios::ate );

   if (!outCredit) {
      cerr << "File could not be opened." << endl;
      exit(1);
   }

   cout << "Enter account number "
        << "(1 to 100, 0 to end input)\n? ";

   clientData client;
   cin >> client.accountNumber;

   while ( client.accountNumber>0 &&
           client.accountNumber <= 100 ) {
     cout << "Enter lastname, firstname, balance\n? ";
     cin >> client.lastName>> client.firstName
         >> client.balance;

     outCredit.seekp( (client.accountNumber-1) *
           sizeof(clientData) );
     outCredit.write(
```

```
            reinterpret_cast<const char *>(&client),
            sizeof(clientData) );

        cout << "Enter account number\n? ";
        cin >> client.accountNumber;
    }

    return 0;
}
```

程序的一个运行实例：
```
Enter account number (1 to 100, 0 to end input)
? 37
Enter lastname,firstname,balance
? Barker Doug 0.00
Enter account number
? 29
Enter lastname, firstname, balance
? Barker Nancy -24.54
Enter account number
? 96
Enter lastname, firstname, balance
? Stone Sam 34.98
Enter account number
? 88
Enter lastname, firstname, balance
? Smith Dave 258.34
Enter account number
? 33
Enter lastname, firstname, balance
? Dunn Stacey 314.33
Enter account number
?0
```
本例程序代码中的第 29 行和第 30 行：
```
outCredit.seekp( (client.accountNumber-1) * sizeof(ciientData) );
```
功能是将 outCredit 对象的 put 文件位置指针放在(client.accountNumber-1)*sizeof(clientData)求出的字节位置处。由于账号在 1～100 之间，因此计算记录的字节位置时要从账号减 1。这样，对于记录 1，文件位置指针设置为文件的字节 0。注意 ofstream 的对象 outCredit 用文件打开方式 ios::ate 打开。文件位置指针最初设置为文件末尾，但数据可以在文件中的任何位置写入。

13.4.3 从随机访问文件中顺序地读取数据

【例 13-5】顺序读取例 13-4 中建立的 credit.dat 文件中的每个记录，要求检查每个记录中是否包含数据，并打印包含数据的记录。

分析：前面的例子已经生成了随机访问文件并将数据写入这个文件中。本节要开发的程序，要求能顺序读取这个文件，打印只包含数据的记录。例 13-3 中定义的头文件 clntdata.h 需要被包含在本例的程序中。

程序如下。
```
// Reading a random access file sequentially
#include<iostream>
#include<iomanip>
#include<fstream>
```

```cpp
#include<cstdlib.h>
using namespace std;
#include "clntdata.h"

void outputLine(ostream&, const clientData &);

int main()
{
    ifstream inCredit("credit.dat", ios::in);

    if (!inCredit) {
        cerr << "File could not be opened." << endl;
        exit(1);
    }

    cout << setiosflags(ios::left) << setw(10) << "Account"
         << setw(16) << "Last Name" << setw(11)
         << "first Name" << resetiosflags(ios::left)
         << setw(10) << "Balance" << endl;

    clientData client;
    inCredit.read(reinterpret_cast<char *> (&client),
                  sizeof(clientData) );

    while (inCredit && !inCredit.eof()) {

        if (client.accountNumber != 0)
            outputLine(cout, client);

        inCredit.read(reinterpret_cast<char *>(&client),
                      sizeof(clientData) );
    }
    return 0;
}

void outputLine(ostream &output, const clientData &c)
{
    output << setiosflags(ios::left) << setw(10)
        << c.accountNumber << setw(16) << c.lastName
        << setw(11) << c.firstName << setw(10)
        << setprecision(2) << resetiosflags(ios::left)
        << setiosflags(ios::fixed | ios::showpoint)
        << c.balance << '\n';
}
```

程序运行结果：

```
Account     Last Name   First Name   Balance
29          Brown       Nancy        -24.54
33          Dunn        Stacey       319.33
37          Barker      Doug           9.00
88          Smith       Dave         258.34
96          Stone       Sam           34.98
```

说明：

① istream 的函数 read()从指定流的当前位置向对象输入指定字节数。语句：

```
inCredit.read(reinterpret_cast<char *>(&client), sizeof(clientData));
```

功能是从与 ifstrem 的对象 inCredit 相关联的文件中读取 sizeof(clientData)指定的字节数，并将数据存放在结构 client 中。注意函数 read()要求第 1 个参数类型为 char*。由于&client 的类型为 clientData *，因此&client 要用强制类型转换运算符 interpret_cast 变为 char*。

② 程序顺序读取 credit.dat 文件中的每个记录，检查每个记录中是否包含数据，并打印包含数据的记录。第 30 行的条件：

```
while(inCredit && !inCredit.eof()){
```

用 ios 成员函数 eof()确定是否到达文件末尾，如果到达文件末尾，则终止执行 while 循环结构。如果读取文件时发生错误，则循环终止，因为 inCredit 值为 false。从文件中输入的数据用 outputLine()输出，outputLine()有两个参数，即 ostream 对象和要输出的 clientData 结构。ostream 参数类型可以支持任何 ostream 对象（如 cont）或 ostream 的任何派生类对象（如 ofstream 类型的对象）作为参数。这样，同一函数既可输出到标准输出流，也可输出到文件流，不必编写另一个函数。

③ 上述程序还有一个优点，输出窗口中的记录已经按账号排序列出，这是用直接访问方法将这些记录存放到文件中的结果。用直接访问方法排序会快很多，这个速度是通过生成足够大的文件来保证完成每个记录而实现的。当然，大多数时候文件存储都是稀松的，因此会浪费存储空间。这是一个以空间换取时间的例子，由此可知加大空间可以得到更快的排序算法。

本章小结

对象的数据成员输出到磁盘文件时，就会丢失对象的类型信息。因为存盘的只有数据，而没有类型信息。如果读取这个数据的程序知道其对应的对象类型，数据便可读取到该类型的对象。

如果同一文件中存放不同类型的对象，如何在读取程序时区分它们（或其数据成员集合）呢？当然，问题在于对象通常没有类型域。方法之一是让每个重载的输出运算符输出类型代码，放在表示一个对象的数据成员集合前面，然后对象输入总是以读取类型代码域开头，并用 switch 语句调用相应的重载函数。尽管这个方法没有多态编程那么巧妙，但提供了在文件中保持对象并在需要时读取的机制。

- 计算机处理的所有数据项最终都是 0 和 1 的组合。
- 可以认为计算机中的最小数据项是 0 和 1，该数据项称为"位"。
- 数字、字母和专门的符号称为"字符"。能够在特定计算机上用来编写程序和代表数据项的所有字符的集合称为"字符集"。因为计算机只能处理 1 和 0，所以计算机字符集中的每一个字符都是用称为"字节"的 8 位 0、1 模式表示的。
- 一个域就是一组有意义的字符。
- 记录是一组相关的域。
- 每个记录中通常至少要选出一个域作为"记录关键字"。记录关键字标识了文件中属于某人或某个实体的记录。
- 在文件中组织记录的最常用的方法是把记录组织成顺序访问文件。
- 为建立和管理数据库而设计的程序集合称为"数据库管理系统"（DBMS）。

- C++语言把每一个文件都看成一个有序的字节流。
- 每一个文件根据与计算机相关的文件结束符结束。
- 流提供文件与程序之间的通信通道。
- 要在 C++中进行文件的 I/O 处理,就要包括头文件<iostream.h>和<fstream.h>。<fstream.h>的首部包括流类 ifstream 和 ofstream 和 fstream 的定义。
- 文件通过建立 ifstream、ofstreara 和 fstream 流类对象而打开。
- 因为 C++把文件看成是无结构的字节流,所以记录等说法在 C++语言中是不存在的。为此,程序员必须提供满足特定应用程序要求的文件结构。
- 通过生成 ofstream 对象而打开文件以便输出。向对象传入两个参数——文件名和文件打开方式。
- 对于 ofstream 对象,文件打开方式可取 ios::out(将数据输出到文件)或 ios::app(将数据添加到文件末尾,而不修改文件中现有的数据)。现有文件用 ios::out 打开时会截尾,即文件中的所有数据均删除。如果指定文件还不存在,则用该文件名生成这个文件。
- 用 ios 运算符成员函数 operator!()确定打开操作是否成功。如果 open 操作的流设置了 failbit 或 badbit,则这个条件返回非 0 值(true)。
- 程序可以不处理文件、处理一个文件或处理几个文件。每个文件有唯一的名字,与相应的文件流对象相关联。所有文件处理函数还引用相应对象的文件。
- istream 类和 ostream 类都提供成员函数,使程序把"文件位置指针"重新定位。这些成员函数是 istream 类的 seekg(seek get)和 ostream 类的 seekp(seek put)。每个 istream 对象有一个 get 指针,表示文件中下一个输入相距的字节数;每个 ostream 对象有一个 put 指针,表示文件中下一个输出相距的字节数。
- 成员函数 tellg()和 tellp()分别返回 get 和 put 指针的当前位置。
- 实现随机访问文件的简便方法是只用定长记录。这样,程序就可以迅速计算记录相对于文件开头的具体位置。
- 可以在不破坏其他数据的情况下把数据插入到随机访问文件中,也可在不重写整个文件的情况下更新和删除以前存储的数据。ostream 成员函数 write()把从内存中指定位置开始的固定个数的字节送到指定流中,当流与文件关联时,数据写入到 put 文件位置指针所指示的位置。
- istream 成员函数 read()把一定的字节数从指定流输入到内存中指定地址开始的区域。该字节从 get 文件位置指针指定的文件地址开始输入。
- write()函数要求一个 const char*类型的参数为第 1 个参数,因此用强制类型转换运算符将其他类型的地址变为 const char *指针。
- 编译时,一元运算符 sizof 返回括号中对象的长度(字节数),sizeof 返回无符号整数。istream 函数 read()从指定流的当前位置向对象输入指定字节数,read()要求参数类型为 char*。
- ios 成员函数 eof()确定是否到达文件末尾,如果读取文件时发生错误,则设置文件结束符。

习 题

一、填空题

1. 计算机处理的所有数据项最终都是_____和_____的组合。

2. 计算机所能处理的最小数据项称为_____。
3. 一个_____是一组相关的记录。
4. 数字、字母和专门的符号称为_____。
5. 一组相关的文件称为_____。
6. fstream、ifstream 和 ofstream 文件流类的成员函数_____用于关闭文件。
7. istream 成员函数_____从指定流中读取一个字符；istream 用于成员函数_____和_____从指定流中读取一行数据。
8. fstream、ifstream 和 ofstream 文件流类成员函数_____用于打开一个文件。
9. 以随机访问方式读取文件中的数据通常使用 istream 成员函数_____。
10. istresm 和 ostrcam 类成员函数_____、_____把文件位置指针重定位到输入流与输出流中指定的位置。

二、判断题

判断下列说法是否正确，如果不正确，请说明原因。
1. 函数 read() 不能从标准输入流对象 cin 读取数据。
2. 程序员必须显式地生成 cin、cout、Cerr 和 clog 对象。
3. 程序必须明确地调用函数 close() 关闭与 fstream、ifstream 和 ofstream 对象相关的文件。
4. 如果文件位置指针没有指向顺序访问文件的起始位置，要从文件起始位置读取数据，必须关闭文件，然后再打开它。
5. ostream 成员函数 write() 能够把数据写入标准输出流 cout。
6. 更新顺序访问文件中的数据，一般不会重定义其他数据。
7. 查找随机访问文件中的指定记录不必从头逐条查找。
8. 随机访问文件中的记录必须有统一的长度。
9. 函数 seekp() 和 seekg() 只能定位相对于文件起始点的位置。

三、编程题

1. 用一条语句分别完成下列要求。假定每一条语句用于同一个程序。
（1）编写一条语句，打开以便输入数据的文件 oldmast.dat，用 ifstream 对象 inOldMaster。
（2）编写一条语句，打开以便输入数据的文件 trans.dat，用 ifstream 对象 Transaction。
（3）编写一条语句，打开以便输出（以及建立）数据的文件 newmast.dat，用 ofstream 对象 outNewMaster。
（4）编写一条语句，读取文件 oldMast.dat 中的一条记录。记录是由整数 accountNum、字符串 name 和浮点数 currntBalance 组成的，用 ifstream 对象 inOldMaster。
（5）编写一条语句，读取文件 trans.dat 中的一条记录。记录是由整数 accountNum 和浮点数 dollarAmount 组成的，用 ifstream 对象 inTransaction。
（6）编写一条语句，向文件 newmast.dat 中写入一条记录。记录是由整数 aecoumNum、字符串 name 和浮点数 currentBalance 组成的，用 ofstream 对象 outNewMaster。

2. 写出完成如下要求的语句。假定已经定义了下面的结构并打开了用于写入数据的随机访问文件。

```
struct person{
  char lastName[15];
  char firstName[15];
  char age[2];
};
```

(1) 初始化文件 nameage.dat, 使它拥有 100 个 lastName="unsigned"、firstName=""、age="0" 的记录。

(2) 输入 10 个姓、名和年龄,并将它们写入文件。

(3) 更新已有信息的文件, 如果没有信息则告诉用户"No info"。

(4) 删除一条已有信息的记录(可以重新初始化这条记录)。

3. 为五金商店的店主编制一份商品目录, 方便查看工具种类、工具数量以及每件工具的价格。要求编写一个程序, 把文件"hardware.dat"初始化为 100 条空记录, 输入每件工具的有关数据, 能够列出所有工具的清单、删除某个工具不存在的记录以及更新文件中的任何信息。用工具标识号作为记录号, 在文件中使用下列信息:

记录号	工具名	数量	价格
3	Electric sander	7	57.98
17	Hammer	76	11.99
24	jig saw	21	11.00
39	Lawn mower	3	79.50
56	Power saw	18	99.99
68	Screwdriver	106	6.99
77	Sledge hammer	11	21.50
83	Wrench	34	7.50

4. 编写一个程序, 用 sizeof 运算符确定自己的计算机系统中各种数据类型占用的字节数。为便于以后打印, 把结果写入文件 datasize.dat 中。文件中的信息格式如下。

```
charData type            size
unsigned char            1
short int                2
unsigned short int       2
int                      4
unsigned int             4
long int                 4
unsigned long int        4
float                    4
double                   8
long double              16
```

注意   读者计算机系统中的数据类型大小可能与上面列出的不一样。

307

第14章 异常处理

【本章内容提要】

程序设计人员在编写程序的时候，要能够预计到程序运行时可能发生的一些问题，并加以处理。例如，在做除法运算的时候要防止除数等于0。但是，如果只是能够预计到问题的发生，而没有一种有效机制来解决这些可能发生的问题，程序运行后，还是有可能导致严重后果。C++异常处理（exception handling）就是要提出或者是研究一种机制，能够较好地处理程序运行中可能出现的异常问题。本章主要介绍了什么是异常和异常处理，什么是 C++的异常处理机制；在程序中使用异常处理、传递异常的方法。

【本章学习重点】

本章应重点掌握和理解的知识：

（1）理解异常和异常处理的概念；

（2）理解并掌握异常处理机制结构：try-throw-catch 结构，并掌握在程序中使用这种异常处理方法；

（3）了解使用 exception 类处理异常的方法。

14.1 程序的出错处理

编写程序，不可能不出现错误。程序的错误包括3种：语法错误、逻辑错误和运行错误。

语法错误是初学者最常见的错误。如一个语句后面遗漏了分号，常量放到了赋值号左边，等等。语法错误是可以在程序编译的时候，被编译系统发现的，所以，语法错误有时候也称为编译错误。语法错误一般是最容易发现和改正的错误。

逻辑错误是在程序逻辑上出现的错误。出现的原因往往也是使用语句不当而造成的，例如：

```
for(i=0;i<k;i++)
    if(minValue>score[i]);
        minValue=score[i];
```

该程序段目的是求数组 score 的最小值，但是编程的时候在 if 条件后添加了不应该添加的分号，客观上导致了逻辑上的错误。当然，也可能是算法上出现的问题导致的逻辑错误。逻辑错误一般不会使程序运行非正常结束，但一定会导致程序执行结果的不正确。逻辑错误一般通过程序调试加以发现和解决。

运行错误是在程序运行时出现的错误。运行错误有可能导致程序运行的非正常结束。例如，当指针没有恰当初始化时，程序运行以后就会中止。还有一些运行错误是需要在一定的条件下才会发生。例如，在做除法的时候，可能出现除数等于0的错误。如果不出现除数为0的情况，除法将正常进行，不出现运行错误；反之，如果除数为 0，除法就不能正常进行，出现运行错误。类似的运行错误可以有很多，例如，计算圆的面积，当输入的半径是负数时，就无法计算等。对于这种类型的运行错误，是有可能意识到并采取相应的措施的。

【例 14-1】编写程序，要求输入圆的半径，调用函数计算圆面积。计算时要检查圆的半径不能是负数。

分析：设计算圆面积的函数是 CircleArea()，它有一个 double 类型的参数。当检查半径正常时，返回圆的面积，当半径是负数时，就不能正常返回，调用系统函数，终止程序执行。

程序如下。

```
//例14-1 用一般的方法处理非正常输入
#include<iostream.h>
#include<stdlib.h>
const double PI=3.14159;
double CircleArea(double r)
{
    if (r<0)                                    //检测半径是不是为负数
    {
        cout << "半径不可以为负数!"<<endl;
        abort();                                //调用abort()函数终止运行
    }
    return PI*r*r;
}
int main()
{   double radius, area;
    cout<<"输入半径radius: ";
    while (cin >> radius)
    {   area=CircleArea(radius);
        cout << "半径为" << radius << "的圆面积是"<<area<<endl;
        cout << "再次输入半径（输入非数字表示结束）: ";
    }
    cout << "Bye!\n";
    retnru 0;
}
```

程序运行后，如果输入的圆半径是负数，程序将给出错误信息，并终止执行，如图 14-1 所示。

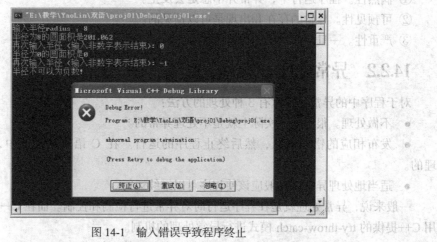

图 14-1 输入错误导致程序终止

当然，对于输入错误的处理还可以有其他方式。这里采用程序终止的做法是为了便于和C++异常处理做比较。在C++异常处理中，也是这样的处理思路，但是程序不会终止，可以重新输入后继续运行。

14.2 异常及异常处理

为了更好地处理程序运行中可能发生的错误，C++提出了异常处理机制。支持面向对象程序设计和异常处理机制是C++语言的两大特点，也是现代程序设计语言的两大特点。

14.2.1 异常及其特点

异常（exceptions）是一个可以正确运行的程序在运行中可能发生的错误。这种错误一旦发生，如果处理不当，往往会导致程序运行的终止。

程序运行中一定会发生的错误，不属于异常。一定会发生的运行错误，必须通过修改程序加以解决。

如果异常不发生，程序的运行就没有一点问题，但是，如果异常发生了，程序的运行就可能不正常，甚至会终止程序的运行。常见的异常，如：

① 溢出错误。运算的结果可能太大（上溢出），或者太小（下溢出），超过了变量允许表示数据的范围。

② 系统资源不足导致的运行错误。如因为内存不足，用 new 运算符申请动态内存失败，运算无法继续进行。

③ 文件读写错误。例如，在读文件时不能找到需要读出的文件，写文件时，不能创建要输出的文件，等等。

④ 类型转换错误。在进行强制类型转换时，也可能因为不允许进行转换而发生运行错误。

⑤ 用户操作错误导致运算关系不正确。如出现分母为0、数据超过允许的范围等，使得运算不能继续进行而出现运行错误，有的资料上也将这类错误称为异常中的逻辑错误。

异常有以下的一些特点：

① 偶然性。程序运行中，异常并不总是会发生。
② 可预见性。异常的存在和出现是可以预见的。
③ 严重性。一旦异常发生，程序可能终止，或者运行的结果不可预知。

14.2.2 异常处理方法

对于程序中的异常，通常有3种处理的方法：

- 不做处理。很多程序实际上就是不处理异常的。
- 发布相应的错误信息，然后终止程序的运行。在 C 语言的程序中，往往就是这样处理的。
- 适当地处理异常，一般应该使程序可以继续运行。

一般来说，异常处理就是在程序运行时对异常进行检测和控制。而在C++中，异常处理就是用C++提供的 try-throw-catch 模式进行异常处理的机制。

例14-1 就属于第2种处理方式。这种处理方式的特点如下。

① 异常的检测和处理都是在一个程序模块（CircleArea()函数）中进行的。
② 由于要求函数的返回值是大于 0 的圆的面积值，因此，即使检测到圆半径小于 0 的情况，也不能通过返回值来反映这个异常。只能调用函数 abort()终止程序的运行。
结束程序运行的系统函数还有 exit()，它和 abort()函数都需要 stdlib.h 头文件的支持。

14.3 C++异常处理机制

C++的异常处理机制可以用 3 个关键词、两个程序块来概括。3 个关键词就是 try、throw 和 catch；两个程序块就是 try 模块和 catch 模块。

14.3.1 C++异常处理的基本过程

C++异常处理的语法可以表述如下：

```
try
{ 受保护语句；
  throw 异常；
  其他语句；
}
catch(异常类型)
{ 异常处理语句；
}
```

try 程序块（try block）是用一对大括号{}括起来的块作用域的程序块，对有可能出现异常的程序段进行检测，如果检测到异常，就通过 throw 语句抛出一个异常。try 块中的"其他语句"是在没有检测和抛出异常时要执行的语句，执行以后，推出 try 程序块；一旦抛出了异常（执行了 throw 语句），这些"其他语句"就不再执行，直接退出 try 程序块。

catch 程序块的作用是捕获异常和处理异常。一个 try 程序块必须至少有一个 catch 块与之对应。在 try 块中抛出的异常由 catch 块捕获，并根据所捕获的异常的类型来进行异常处理。

在 C++术语中，异常会有两种形式出现：Exceptions 和 Exception。Exceptions 是指异常概念的总称。例如，讨论什么是异常，就用 Exceptions。而结尾没有 s 的 Exception 是一个异常，它是作为专用名词出现的，就是将异常检测程序所抛出的"带有异常信息的对象"称为"异常"。当然，这样的异常如果抛出的不止一个，也会使用复数形式。而对异常处理过程和具体捕获异常并进行处理的程序都称为 Exception Handler。

【例 14-2】基本的异常处理过程应用。
本例只用来说明基本的异常处理过程。
程序如下。

```
#include<iostream>
using namespace std;
int main()
{ int x;
  cout << "In main." << endl;
  //定义一个try block
  try
  { cin>>x;
```

```
    if(x<0)
    { cout << "在 try block 中，准备抛出一个异常。" << endl;
      throw -1;
    }
    cout << "没有抛出异常时显示的信息，有异常时不会看到。" << endl;
}
//这里必须相对应地至少定义一个catch block
catch(int& value)
{
    cout << "在 catch block 中，处理异常错误。异常对象value 的值为："<< value << endl;
}
cout << "回到main，继续执行。" << endl;
return 0;
}
```

这个程序在 try 块中检测是否出现输入为负数的输入异常。如果没有输入负数出现，程序的输出为

In main.
10
没有抛出异常时显示的信息，有异常时不会看到。
回到main，继续执行。

如果输入出现负数，程序的输出为

In main.
-10
在 try block 中，准备抛出一个异常。
在 catch block 中，处理异常错误。异常对象value的值为：-1
回到main，继续执行。

说明：

① try 块中包含三部分语句：
- 无论有没有异常都要执行的语句，如例子中的 cin>>x;语句，当然，也可以没有这样的语句。
- 受保护语句，即检测异常和抛出异常的语句，在本例中就是其中的 if 语句。
- 其他语句，即没有异常时，将继续执行的语句，在本例中是 try 块中最后的 cout 语句，如果出现异常，这个语句就不执行。

② 抛出的异常可以是各种类型的数据或对象，在本例中就是抛出了一个整数-1，也可以是其他类型的常数，或者是变量，以及自定义的对象。

③ try 块后面，必须有至少一个 catch 程序块，而且 catch 程序块必须紧接着 try 程序块，两者之间不能有其他语句，否则在编译的时候就会有语法错误。

④ 程序执行的流程有两种：
- 没有异常：try→受保护语句→其他语句。
- 有异常：try→受保护语句→throw 异常→catch→异常处理语句。

⑤ catch 关键词后面括号中必须指定一个"异常类型"，一般应该是和抛出的异常具有相同类型的变量或者引用。只有 catch 后面的"异常类型"和抛出的异常的类型一致时，抛出的异常才会被捕获，才会进一步地进行异常处理。

⑥ 如果抛出的异常不能被捕获，系统给出错误信息，程序运行将终止。例如，将本例中 catch 后面的引用 value 的类型由 int 改为 float，try 块中抛出的异常就不能被捕获，程序运行后的显示如图 14-2 所示。

图 14-2　不能捕获异常的程序执行结果

通过以上说明可以看出，C++处理异常有两个基本的做法：

① 异常的检测和处理是在不同的代码段中进行的。认为检测异常是程序编写者的责任，而异常的处理是程序使用者要关心的问题。或者说，不同的人使用相同的程序，有可能对于异常会有不同的处理方式。

② 由于异常的检测和处理不是在同一个代码段中进行的，在检测异常和处理异常的代码段之间需要有一种传递异常信息的机制，在 C++中是通过"对象"来传递异常的。这种对象可以是一种简单的数据（如整数），也可以是系统定义或用户自定义的类的对象。

例 14-2 是异常处理最简单的一种情况。有时候，在 try 程序块中，可以调用其他函数，并在所调用的函数中检测和抛出异常，而不是在 try 程序块中直接抛出异常。这时，看起来抛出异常不是在 try 块中进行，实际不然，在 try 块中所调用的函数，仍然是属于这个 try 模块的，所以这个模块中的 catch 部分，仍然可以捕获它所抛出的异常并进行处理。请看下面的例子。

【例 14-3】利用 C++的异常处理机制重新处理例 14-1。

分析：希望通过 C++的异常处理后，不但能检测到输入半径为负数的异常，发布相应的信息，而且程序还要继续运行下去，直到程序结束。

程序代码如下。

```
//例 14-3 用 C++的异常处理机制修改例 14-1，处理输入异常
#include<iostream.h>
#include<stdlib.h>
const double PI=3.14159;
double CircleArea(double r)
{
  if (r < 0)                              //检测半径是不是为负数
    
    throw "半径不可以为负数!";             //抛出异常
}
```

```cpp
        return PI*r*r;                               //没有异常，返回圆面积
    }
    int main()
    {
        double radius, area;
        cout<<"输入半径radius: ";
        while (cin >> radius)                        //输入非数字结束循环
        {   try                                      //try block
            {area = CircleArea(radius);
            }
            catch(const char *s)                     //catch block
            {
                cout<<s<<endl;
                cout<<"请重新输入圆半径: ";
                continue;
            }
            cout << "半径为" << radius << "的圆面积是"<<area<<endl;
            cout << "再次输入半径（输入非数字表示结束）: ";
        }
        cout << "程序结束，再见!\n";
        return  0;
    }
```

程序运行的一种结果：

输入半径radius：6↵
半径为6的圆面积是113.097
再次输入半径（输入非数字表示结束）：-1↵
半径不可以为负数!
请重新输入圆半径：5↵
半径为5的圆面积是78.5397
再次输入半径（输入非数字表示结束）：a↵
程序结束，再见!

这个程序要注意以下几点：

① 在 try 的复合语句中，调用了函数 CircleArea()。因此，尽管 CircleArea()函数是在 try 模块的外面定义的，它仍然属于 try 模块，要在 try 语句块中运行。

② CircleArea()函数检测到异常后，抛出一个字符串作为异常对象，异常的类型就是字符串类型。

③ 如果 CircleArea()函数抛出了异常，throw 后面的语句就不执行了，也就是不需要考虑这时的返回值应该是什么，而将异常处理交给异常处理程序完成。

④ catch 程序块指定的异常对象类型是 char*，可以捕获字符串异常。捕获异常后的处理方式是通过 continue 语句，跳过本次循环，也不输出结果，直接进入下一次循环，要求用户再输入一次半径。

⑤ 等到输入一个非数字的字符时，while 循环结束。整个 try 模块的运行也就结束。最后再运行 try 模块外的语句：输出信息"程序结束，再见!"。

在开始学习 C++异常处理机制的时候，要注意掌握异常处理的执行过程。例 14-3 的执行过程的简要表示，如图 14-3 所示。

```
main()函数
{main() 函数中的语句
    while（条件）
    {try
        { 调用 CircleArea()函数      CircleArea()函数
        }                            如果有异常 throw 异常
                                     否则，正常返回
        catch（异常类型）
        { 捕获和处理异常
            continue；
        }
        其他语句；
    }
    main() 函数中其他语句
}
```

图 14-3　例 14-3 执行过程示意图

从这个过程中，可以清楚的看到：尽管在程序中，throw 语句看起来没有在 try 块中，但因为 CircleArea()函数是属于 try 块的，所以 throw 语句也是在 try 块中的。

14.3.2　C++异常处理的其他形式

除了一个 try block 对应一个 catch block 外，C++异常处理还可以有多种其他的处理方式。这里介绍两种比较简单的方式：多个 catch 块结构和多个 try-catch 块的结构。

1. 一个 try 块对应多个 catch 块

一个 try 语句块后面可以有多个 catch 语句，每个 catch block 匹配一种类型的异常错误对象的处理，多个 catch block 就可以针对不同的异常错误类型分别处理。

下面来修改一下例 14-3：在函数 CircleArea()中处理两种异常，一种是输入半径为 0，一种是输入半径为负数。输入半径等于 0 时，抛出异常对象是一个字符串；输入半径等于负数时，抛出的异常对象是类型为 double 的半径值。这时，就要用两个 catch block 来捕捉不同的异常对象。

【例 14-4】一个 try block 对应多个 catch blocks 的例子。

```cpp
//例14-4 一个try 块，对应两个catch 块
#include<iostream.h>
#include<stdlib.h>
const double PI=3.14159;
double CircleArea(double r)
{
    if (r==0)                                       //检测半径是不是等于零
    {
        throw "半径为0不考虑!";                       //抛出一种异常
    }
    if(r<0)                                         //检测半径是不是为负数
    {
```

```
            throw r;                                    //抛出另一种异常
        }
        return PI*r*r;                                  //没有异常,返回圆面积
}
int main()
{
    double radius, area;
    cout<<"输入半径radius: ";
    while (cin >> radius)                               //输入非数字结束循环
    { try                                               //try block
        {area=CircleArea(radius);
        }
      catch(const char *s)                              //第1个catch block
      {
           cout<<s<<",请重新输入圆半径: ";
             continue;
      }
      catch(double r)                                   //第2个catch block
      {
           cout<<"现在输入的半径是"<<r<<",请重新输入圆半径: ";
             continue;
      }
      cout << "半径为" << radius << "的圆面积是"<<area<<endl;
      cout << "再次输入半径(输入非数字表示结束): ";
    }
    cout << "程序结束,再见!\n";
    return 0;
}
```

程序运行的一种结果:

输入半径radius: 0✓
半径为0不考虑!,请重新输入圆半径: 2✓
半径为2的圆面积是12.5664
再次输入半径(输入非数字表示结束): -1✓
现在输入的半径是-1,请重新输入圆半径: 3✓
半径为3的圆面积是28.2743
再次输入半径(输入非数字表示结束): d✓
程序结束,再见!

对于单个try、多个catch块的结构,特别要注意的是,虽然在一个try块中可以有多个throw语句,抛出多个异常,但是,每次进入try块,仍然只能抛出一个异常,而不是可以连续地抛出多个异常。

请看下面的程序段(来自一个介绍多个catch块的资料):

```
int main()
{
    try
    {
        cout << "在try block中,准备抛出一个int数据类型的异常。" << endl;
```

```
        throw 1;
        cout << "在 try block 中，准备抛出一个 double 数据类型的异常。" << endl;
        throw 0.5;
    }
    catch(int& value)
    {
        cout << "在 catch block 中，int 数据类型处理异常错误。"<< endl;
    }
    catch(double& d_value)
    {
        cout << "在 catch block 中，double 数据类型处理异常错误。"<< endl;
    }
    return 0;
}
```

程序没有编译错误，可以运行。但是，程序的效果就相当于单个 catch 块的异常处理。因为，在这个 try 块中，实际只能抛出一个异常，异常对象是 int 型常数。然后就会退出 try 块，进入异常处理阶段，也就是进入某个 catch 块。这个 try 块中要抛出第 2 个异常是没有机会的。同样，进入第 2 个 catch 块也是没有机会的。所以，相当于单个的 try-throw-catch 的异常处理结构。也就是，没有恰当地说明编写多个 catch 块程序的正确方法。

2. 多个 try-catch 块

如果说，单个 try、多个 chatch 块的结构，主要用于检测和处理某种对象可能发生的多种异常。那么，多个 try-catch 块结构，就可以用来检测和处理多个对象各自的异常。例如，计算圆的面积需要判断半径是不是负数；计算矩形面积，同样也有这个问题。这时就可以使用多个 try-catch 块的结构。

【例 14-5】多个 try-catch 结构的示例。

解：程序要连续计算圆面积和立方体体积。将输入半径为负数，以及输入边长为负数看作异常，需要进行检测和处理。这样，就需要两个 try-catch 块。

程序如下。

```
//例 14-5 用 C++的异常处理机制，修改例 14-1，处理输入异常
#include<iostream.h>
#include<stdlib.h>
const double PI=3.14159;
double CircleArea(double r)
{
    if (r < 0)                                  //检测半径是不是为负数
    {
        throw "半径不可以为负数！";             //抛出异常
    }
    return PI*r*r;                              //没有异常，返回圆面积
}
double CubeVolume(double c)
{
    if(c<0)                                     //检测边长是不是负数
    {
        throw "立方体边长不可以为负数！";        //抛出异常
    }
    return c*c*c;                               //没有异常，返回立方体体积
```

```cpp
}
int main()
{
  double radius, CubeSide,area,volume;
  cout<<"输入半径和立方体边长: ";
  while (cin >> radius>>CubeSide)              //输入非数字结束循环
  { try                                         //try block
    {       area=CircleArea(radius);
            cout << "半径为" << radius << "的圆面积是"<<area<<endl;
    }
    catch(const char *s)                       //catch block
    {
            cout<<s<<endl;
            cout<<"半径为负数, 此次圆面积不计算"<<endl;
    }
    try                                         //try block
    {   volume=CubeVolume(CubeSide);
        cout << "边长为" << CubeSide << "的立方体体积是"<<volume<<endl;
    }
    catch(const char *s)                       //catch block
    {
            cout<<s<<endl;
            cout<<"边长为负数, 此次立方体体积不计算"<<endl;
    }
    cout << "再次输入半径和边长（输入非数字表示结束）: ";
  }
  cout << "程序结束，再见!\n";
  return 0;
}
```

程序的一种运行结果：

输入半径和立方体边长: 3 4✓
半径为 3 的圆面积是 28.2743
边长为 4 的立方体体积是 64
再次输入半径和边长（输入非数字表示结束）: -1 2✓
半径不可以为负数！
半径为负数, 此次圆面积不计算
边长为 2 的立方体体积是 8
再次输入半径和边长（输入非数字表示结束）: 2 -1✓
半径为 2 的圆面积是 12.5664
立方体边长不可以为负数！
边长为负数, 此次立方体体积不计算
再次输入半径和边长(输入非数字表示结束): -1 -2✓
半径不可以为负数！
半径为负数, 此次圆面积不计算
立方体边长不可以为负数！
边长为负数, 此次立方体体积不计算
再次输入半径 和边长（输入非数字表示结束）: d✓
程序结束，再见!

程序在结束了一个 try-catch 块的执行后，就进入下一个 try-catch 块，分别进行异常检测和处理。此时，不能像前面例子那样用 continue 语句来跳过循环中的其余语句。在程序的具体处理上和前面例子也稍有不同。

从程序的输出来看，无论是半径和边长输入都正常、一个正常和一个不正常，以及两个都不正常的情况下，都能正常的运行，达到了预期的效果。

14.4　用 exception 类处理异常

throw 语句所传递的异常，可以是各种类型，如整型、实型、字符型、指针等，也可以用类对象来传递异常。

因为类是对象的属性和行为的抽象，所以作为类的实例的对象既有数据属性，也有行为属性。使用对象来传递异常，既可以传递和异常有关的数据属性，也可以传递和处理异常有关的行为或者方法。

专门用来传递异常的类称为异常类。异常类可以是用户自定义的，也可以是系统提供的 exception 类。

14.4.1　C++的 exception 类

C++提供了一个专门用于传递异常的类：exception 类。可以通过 exception 类的对象来传递异常。

exception 类的定义可以表述如下。

```
class exception
{ public:
    exception();                              //默认构造函数
    exception(char *);                        //字符串做参数的构造函数
    exception(const exception&);
    exception& operator=(const exception&);
    virtual ~exception();                     //虚析构函数
    virtual char * what() const;              //what()虚函数
  private:
    char * m_what;
};
```

其中和传递异常最直接有关的函数有以下两个：

① 带参数的构造函数。参数是字符串，一般就是检测到异常后要显示的异常信息。

② what()函数。返回值就是构造 exception 类对象时所输入的字符串。可以直接用插入运算符"<<"在显示器上显示。

如果捕获到 exception 类对象后，只要求显示关于异常的信息，可以直接使用 exception 类。如果除了错误信息外，还需要显示其他信息，或者进行其他的操作，则可以定义一个 exception 类的派生类，在派生类中可以定义虚函数 what()的重载函数，以便增加新的信息的显示。

C++已经定义了一批 exception 类的派生类，用来处理各种类型的异常。相应的结构如图 14-4

程序在结束了一个 try-catch 块的执行后,继续执行下一个 try-catch 块。分别抛出异常信息。此处,不能使用前面定义的抛出 nothrow 的成员函数中的方法声明,因为此时的异常处理函数可能会抛出其他不同类型的异常。

C++ 的标准库中提供一些用于异常处理的类,其中最大的类是 exception,以及多个不同的成员函数处理,根据具体需要进行,类型了不同的类。用 exception 类的派生类处理异常。

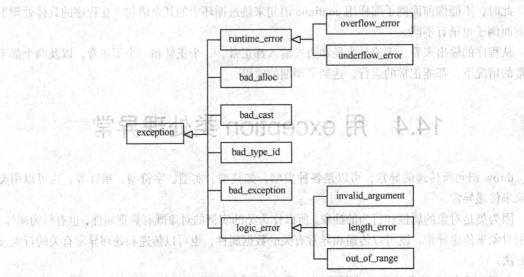

图 14-4 C++的 exception 类

这些异常派生类可以分为以下几种情况。

① runtime_error 类处理某些运行错误,主要是溢出错误。当运算结果太大而无法表示时,由 overflow_error 类处理,除法溢出也属于这种异常;而当运算结果太小而无法表示时,由 underflow_error 类来处理。在程序中使用这些类时要包含头文件 stdexcept。

② logic_error 派生类处理运行中的逻辑错误,这里所说的逻辑错误有时也会认为是运行错误。相应的派生类包括:invalid_argument 类,用来处理函数参数传递时发生类型不能匹配的错误;length_error 派生类,处理对象的长度超过允许范围的错误;out_of_range 派生类,处理数值超过允许范围的错误。使用这些类的程序,要包含头文件 stdexcept。

③ 还有一些派生类是为运算符操作异常所使用的。bad_alloc 异常是在 new 运算符不能申请到动态内存时抛出的;bad_cast 异常是在使用运算符 dynamic_cast 进行不能允许的强制类型转换时抛出的;而 bad_type_id 异常是由 typeid 运算符运算发出错误时抛出的。

④ bad_exception 类处理未知的异常。

【例 14-6】用 runtime_error 派生类处理溢出异常的例子。

分析:程序中定义一个除法函数,在除法溢出时(除数为 0)抛出一个 runtime_error 异常,并由相应的 catch 块处理。

程序如下。

```
#include<typeinfo>
#include<iostream>
#include<stdexcept>
using namespace std;
double quotient(double number1, double number2)
{
    if (number2==0)
        throw runtime_error("除法溢出错误");

    return number1/number2;
}
```

```cpp
int main()
{
    //输入被除数和除数
    cout << "输入两个实数: ";
    double number1, number2;
    cin >> number1 >> number2;
    try
    {
        double result=quotient(number1, number2);
        cout << number1 << " / " << number2 << " is "
             << result << endl;
    }
    catch(exception &e)
    {
        cout << "异常: " << e.what() << endl;
        cout << "异常类型: " << typeid(e).name() << endl;
    }
    cout << "继续执行其他语句..." << endl;
    return 0;
}
```

程序的一种运行结果：

输入两个实数: 7 0↙
异常: 除法溢出错误
异常类型: class std::runtime_error
继续执行其他语句...

说明：

① 程序中包含了头文件 stdexcept。

② 语句 throw runtime_error("除法溢出错误");是调用 runtime_error 派生类的构造函数，构造一个异常类的对象，并且用字符串"除法溢出错误"来初始化所创建的 runtime_error 类对象。

③ catch 块所捕获的异常对象类型使用的是基类 exception。

④ 捕获异常后调用 exception 类的成员函数 what()来显示错误信息。

⑤ 用 typeid 运算符显示异常类型。

14.4.2 用户自定义类的对象传递异常

除了用 exceftion 类以外，也可以由用户自己定义异常类，通过抛出自定义的异常类对象对 catch 模块进行处理。

下面用栈类模板来进行说明。栈类模板中两个主要的函数 push()和 pop()的定义中，都要考虑栈操作错误的问题：包括栈满时要进行入栈操作和栈空时进行出栈操作都是不能进行的。对于 push()函数来说，如果检测到栈满，可以显示错误信息后退出。而对于 pop()函数来说，情况就不一样了。因为 pop()函数是有返回值的，如果无法出栈，也就无法显示出栈的内容，无法执行相应的 return()语句。在没有使用 C++异常处理机制时，pop()函数即使检测到栈空错误，也不可能正常的返回，只好通过 exit()函数调用结束程序的执行。

我们可以用 C++异常处理的机制，改写这个程序。要求改写后的程序不仅有更好的可读性，而且在栈空不能出栈时，程序也可以继续运行，使程序有更好的健壮性。

可以定义两个异常类:一个是"栈空异常"类(StackEmptyException 类),另一个是"栈满异常"类(StackOverflowException 类)。在 try 块中,如果检测到"栈空异常",就抛出一个 StackEmptyException 类的对象。如果检测到"栈满异常",就抛出一个 StackOverflowException 类的对象。

在这两个类中,都定义一个 getMessage()成员函数,显示异常的消息。在 catch 块中捕获了对象异常后,就可以通过这个对象(或者对象的引用)来调用各自的 getMessage()函数,显示相应的异常消息。

【例 14-7】通过对象传递异常。用 C++异常处理机制来处理栈操作中的"栈空异常"和"栈满异常"。定义两个相应的异常类。通过异常类对象来传递检测到的异常,并且对异常进行处理。要求在栈空的时候,用 pop()函数出栈失败时,程序的运行也不终止。

程序如下:

```cpp
//例 14-7:带有异常处理的栈
#include<iostream>
using namespace std;
class StackOverflowException                    //栈满异常类
{   public: StackOverflowException() {}
    ~StackOverflowException() {}
    void getMessage()
    {cout << "异常:栈满不能入栈。" << endl;}
};
class StackEmptyException                       //栈空异常类
{   public: StackEmptyException() {}
    ~StackEmptyException() {}
    void getMessage()
    { cout << "异常:栈空不能出栈。" << endl;
    }
};
template<class T, int i>                        //类模板定义
class MyStack
{   T StackBuffer[i];
    int size;
    int top;
    public:
       MyStack(void) : size(i) {top=i;};
       void push(const T item);
       T pop(void);
};
template<class T, int i>                        //push()成员函数定义
void MyStack< T, i >::push( const T item )
{ if( top >0 )
      StackBuffer[--top] = item;
  else
      throw StackOverflowException();           //抛出对象异常
  return;
}
template<class T, int i>                        //pop()成员函数定义
```

```
    T MyStack< T, i >::pop(void)
    { if( top < i )
        return StackBuffer[top++];
    else
        throw StackEmptyException();              //抛出另一个对象异常
    }
    int main()                                    //类模板测试程序
    { MyStack<int,5> ss;
        for(int i=0;i<10;i++)
        try
            {if(i%3)cout<<ss.pop()<<endl;
            else ss.push(i);
            }
        catch (StackOverflowException &e)
            { e.getMessage();
            }
        catch (StackEmptyException &e)
            { e.getMessage();
            }
        cout<<"Bye\n";
    return 0;
    }
```

程序运行结果：

0
异常：栈空不能出栈。
3
异常：栈空不能出栈。
6
异常：栈空不能出栈。
Bye

说明：

① 语句 throw StackOverflowException();调用 StackOverflowException 类的默认构造函数来创建一个异常类对象，并抛出这个对象。类似的，语句 throw StackEmptyException();调用 StackEmptyException 类的默认构造函数来创建一个栈空异常类对象，并抛出这个对象。

② 在 catch 语句中规定的异常类型是异常类对象的引用。当然，也可以直接用异常类对象作为异常。

③ 通过异常类对象的引用，直接调用异常类的成员函数 getMessage()，来处理异常。由于各自的 getMessage()函数都有相应的错误信息，在创建异常类对象时就不需要使用参数了。

④ 本程序也是一个 try 块，两个 catch 块的具体例子。在 try 语句块后面直接有两个 catch 语句来捕获异常。

在例 14-7 中，设计了一个主函数，对异常处理进行测试。其中有一个 for 循环，共循环 10 次。循环体放在 try 块中来执行。当循环的次数除以 3 的余数不等于 0 时，做出栈的 pop 操作，否则，就做进栈 push 操作。当 i=0 时，进栈；i = 1 时，出栈，显示 0；i = 2 时，出栈，出现异常，显示异常信息。然后，继续循环。运行结果表明，10 次循环都已经完成。没有出现因为空栈不能出栈，而退出运行的情况。

本章小结

本章介绍了 C++异常处理的机制。在程序设计中使用这样的异常处理机制，有助于提高程序的健壮性、可读性。而且可以防止因为程序不正常结束而导致的资源泄漏，如创建的对象不能释放等。

本章着重介绍了 C++最基本的异常处理机制结构：try-throw-catch 结构，也包括一个 try 块和多个 catch 块，以及多个 try-catch 块的结构。C++中还有更复杂的 try-catch 结构，感兴趣的读者可以参阅其他的资料。

在实际应用中，也会经常使用异常类对象来处理异常，本章介绍了 C++本身的 exception 类及其使用，以及如何通过用户自定义的异常类和异常类对象，来处理实际的异常问题。

习 题

一、综合题

1. 以下程序运行后将显示什么结果？如果要对 main()函数中的 3 次函数调用都能够完成测试，应该如何修改程序？

```
#include<iostream.h>
int Div(int x,int y);
void main()
{ try
    { cout<<"5/2="<<Div(5,2)<<endl;
      cout<<"8/0="<<Div(8,0)<<endl;
      cout<<"7/1="<<Div(7,1)<<endl;
    }
  catch(int)                          //捕获异常处理
    { cout<<"except of dividing zero.\n";
    }
  cout<<"that is ok.\n";
}
int Div(int x,int y)
{ if(y==0)   throw y;                 //如果除数为 0，抛出一个整型异常
  return x/y;
}
```

2. 以下程序有没有编译错误和运行错误？在什么情况下会有运行错误？这说明了什么问题？如果有错误，应如何对程序进行改正？

```
#include<iostream.h>
int main()
{ try {
        int a ;
        double b ;
        1cin>>a>>b;
        if(a>b) throw a;
        else throw b ;
      }
```

```
    catch (double y) {
     cerr << "The double value " << y << " was thrown\n";
    }
    return 0;
}
```

3. 定义一个 exception 类的派生类 DivideByZeroException，用它来传递除法分母为 0 的异常。编写并测试相应的程序，希望除法可以连续进行和继续检测异常。

4. 以下程序是模拟构造函数中发生的异常，也就是在对象还没有构造完成时就检测到异常。请分析程序的输出结果。这个结果说明了什么？

```
#include<iostream.h>
#include<string.h>
class Test{};
class ClassB{
    public:
      ClassB(){ };
      ClassB(char *s){ };
      ~ClassB(){cout <<"ClassB 析构函数!"<<endl;};
};
class ClassC{
    public:
      ClassC(){
       throw Test();
      };
      ~ClassC(){cout <<"ClassC 析构函数!"<<endl;};
};
class ClassA{
    ClassB lastName;
    ClassC records;
    public:
      ClassA(){};
      ~ClassA(){cout <<"ClassA 析构函数!"<<endl;};
};
void main()
{  try{
      ClassB collegeName("NJIT");
      ClassA S;
   }
   catch (...) {
    cout << "exception!"<<endl;
   }
}
```

二、编程题

1. 重新编写可以检测和处理数组下标越界的异常处理程序。要求：

① 不使用系统提供的 exception 类，而是自己定义一个 RangeError 类，用这个类的对象传递数组越界异常。

② 定义数组类 LongArray，数据成员是执行数组的指针 long *data，数组大小为 size。要定义相应的构造函数、析构函数和读取数组元素的 long Get(unsigned i)函数。

③ 在 long Get(unsigned i)函数内检测下标越界异常，如果有异常，抛出一个 RangeError 类对

象。注意，不用对"[]"算符重载来检测越界异常。

完成相应的程序，包括对可能的异常进行检测和处理。

2. 设计一个异常 Expt 抽象类，在此基础上派生一个 OutOfMemory 类响应内存不足，派生一个 RangeError 类响应输入的数不在指定范围内。在基类中定义函数 ShowReason()为纯虚函数。在派生类中定义 ShowReason()函数，具体说明发生哪种异常。

再定义两个函数 MyFunc()和 CheckRange()，可以分别抛出 OutOfMemory 异常类对象和 RangeError 异常类对象。

编程并实现和测试这几个类。

附录 A
C++语言中运算符的优先级和结合性

优先级	运算符	名称	运算分量个数	结合性
1	() [ ] -> . ::	圆括号 下标运算符 指向结构体成员运算符 结构体成员运算符 作用域运算符		左结合
2	! ~ ++ -- - + * & (类型符) sizeof	逻辑非运算符 按位取反运算符 自增运算符 自减运算符 求负运算符 求正运算符 间接存取运算符 取地址运算符 类型转换运算符 求长度运算符	单目运算符	右结合
3	* / %	乘法运算符 除法运算符 求余运算符	双目运算符	左结合
4	+ -	加法运算符 减法运算符	双目运算符	左结合
5	<< >>	左移运算符 右移运算符	双目运算符	左结合
6	< <= > >=	小于 小于等于 大于 大于等于	双目运算符	左结合
7	== !=	等于 不等于	双目运算符	左结合
8	&	按位与运算符	双目运算符	左结合
9	^	按位异或运算符	双目运算符	左结合

续表

优先级	运算符	名称	运算分量个数	结合性
10	|	按位或运算符	双目运算符	左结合
11	&&	逻辑与运算符	双目运算符	左结合
12	||	逻辑或运算符	双目运算符	左结合
13	?:	条件运算符	三目运算符	右结合
14	= +=、-=、*=、/=、%= &=、^=、|=、<<=、>>=	赋值运算符 算术复合赋值运算符 位复合赋值运算符	双目运算符	右结合
15	,	逗号运算符	双目运算符	左结合

附录 B ASCII 码表

字符	ASCII 码	字符	ASCII 码	字符	ASCII 码	字符	ASCII 码
NUL	0	空格	32	@	64	`	96
SOH	1	!	33	A	65	a	97
STX	2	"	34	B	66	b	98
ETX	3	#	35	C	67	c	99
EOT	4	$	36	D	68	d	100
ENQ	5	%	37	E	69	e	101
ACK	6	&	38	F	70	f	102
BEL	7	'	39	G	71	g	103
BS	8	(	40	H	72	h	104
HT	9	)	41	I	73	i	105
LF	10	*	42	J	74	j	106
VT	11	+	43	K	75	k	107
FF	12	-	44	L	76	l	108
CR	13	,	45	M	77	m	109
SO	14	.	46	N	78	n	110
SI	15	/	47	O	79	o	111
DLE	16	0	48	P	80	p	112
DC1	17	1	49	Q	81	q	113
DC2	18	2	50	R	82	r	114
DC3	19	3	51	S	83	s	115
DC4	20	4	52	T	84	t	116
NAK	21	5	53	U	85	u	117
SYN	22	6	54	V	86	v	118
ETB	23	7	55	W	87	w	119
CAN	24	8	56	X	88	x	120
EM	25	9	57	Y	89	y	121
SUB	26	:	58	Z	90	z	122
ESC	27	;	59	[	91	{	123
FS	28	<	60	\	92			124
GS	39	=	61	]	93	}	125
RS	30	>	62	^	94	~	126
US	31	?	63	_	95	DEL	127

附录 C
C++常用函数

一、字符串函数

字符串函数位于头文件 string 中，使用#include<string>加入到当前工程中即可使用字符串函数。

1. 函数原型：string(const char *s);
   函数功能：string 类构造函数，使用字符串 s 初始化一个新的字符串。
2. 函数原型：string(int n，char c);
   函数功能：string 类构造函数，使用 n 个字符 c 初始化一个新的字符串。
3. 函数原型：int capacity() const;
   函数功能：返回当前 string 的容量，即 string 中不必增加内存即可存放的元素个数。
4. 函数原型：int max_size() const;
   函数功能：返回当前 string 对象中可存放的最大字符串的长度。
5. 函数原型：int size() const;
   函数功能：返回当前字符串的大小。
6. 函数原型：int length() const;
   函数功能：返回当前字符串的长度。
7. 函数原型：bool empty()const;
   函数功能：判断当前字符串是否为空。
8. 函数原型：void resize(int len，char c);
   函数功能：将字符串当前大小置为 len，并用字符 c 填充不足的部分。
9. 函数原型：int compare(const string &s) const;
   函数功能：比较当前字符串和字符串 s 的大小。
10. 函数原型：int compare(int pos，int n，const string &s) const;
    函数功能：比较当前字符串从 pos 开始的 n 个字符组成的字符串与字符串 s 的大小。
11. 函数原型：int compare(int pos，int n1，const string &s，int pos2，int n2) const;
    函数功能：比较当前字符串从 pos 开始的 n1 个字符组成的字符串与字符串 s 中 pos2 开始的 n2 个字符组成的字符串的大小。
12. 函数原型：string substr(int pos=0，int n) const;
    函数功能：返回 pos 开始的 n 个字符组成的字符串。
13. 函数原型：void swap(string &s2);

函数功能：交换当前字符串与字符串 s2 的值。

14. 函数原型：int find(char c, int pos=0) const;
    函数功能：从 pos 开始查找字符 c 在当前字符串的位置。
15. 函数原型：int find(const char *s, int pos=0) const;
    函数功能：从 pos 开始查找字符串 s 在当前串中的位置。
16. 函数原型：int find(const char *s, int pos, int n) const;
    函数功能：从 pos 开始查找字符串 s 中前 n 个字符在当前串中的位置。
17. 函数原型：int find(const string &s, int pos=0) const;
    函数功能：从 pos 开始查找字符串 s 在当前串中的位置。
18. 函数原型：int rfind(char c, int pos) const;
    函数功能：从 pos 开始从后向前查找字符 c 在当前串中的位置。
19. 函数原型：int find_first_of(char c, int pos=0) const;
    函数功能：从 pos 开始查找字符 c 第一次出现的位置。
20. 函数原型：int find_first_not_of(const string &s, int pos=0) const;
    函数功能：从当前串中查找第一个不在串 s 中的字符出现的位置。
21. 函数原型：string &replace(int p0, int n0, const char *s);
    函数功能：删除从 p0 开始的 n0 个字符，然后在 p0 处插入串 s。
22. 函数原型：string &replace(int p0, int n0, const char *s, int n);
    函数功能：删除 p0 开始的 n0 个字符，然后在 p0 处插入字符串 s 的前 n 个字符。
23. 函数原型：string &replace(int p0, int n0, const string &s);
    函数功能：删除从 p0 开始的 n0 个字符，然后在 p0 处插入串 s。
24. 函数原型：string &replace(int p0, int n0, const string &s, int pos, int n);
    函数功能：删除 p0 开始的 n0 个字符，然后在 p0 处插入串 s 中从 pos 开始的 n 个字符。
25. 函数原型：string &replace(int p0, int n0, int n, char c);
    函数功能：删除 p0 开始的 n0 个字符，然后在 p0 处插入 n 个字符 c。
26. 函数原型：string &replace(iterator first0, iterator last0, const char *s);
    函数功能：将 first0 到 last0 之间的部分替换为字符串 s。
27. 函数原型：string &replace(iterator first0, iterator last0, const char *s, int n);
    函数功能：将 first0 到 last0 之间的部分替换为 s 的前 n 个字符。
28. 函数原型：string &replace(iterator first0, iterator last0, const string &s);
    函数功能：将 first0 到 last0 之间的部分替换为串 s。
29. 函数原型：string &replace(iterator first0, iterator last0, int n, char c);
    函数功能：将 first0 到 last0 之间的部分替换为 n 个字符 c。
30. 函数原型：string &replace(iterator first0, iterator last0, const_iterator first, const_iterator last);
    函数功能：将 first0 到 last0 之间的部分替换成 first 到 last 之间的字符串。
31. 函数原型：string &insert(int p0, const string &s, int pos, int n);
    函数功能：在 p0 位置插入字符串 s 中 pos 开始的前 n 个字符。
32. 函数原型：string &insert(int p0, int n, char c);
    函数功能：在 p0 处插入 n 个字符 c。

33. 函数原型：iterator erase(iterator first, iterator last);
    函数功能：删除 first 到 last 之间的所有字符，返回删除后迭代器的位置。
34. 函数原型：iterator erase(iterator it);
    函数功能：删除 it 指向的字符，返回删除后迭代器的位置。
35. 函数原型：string &erase(int pos=0, int n);
    函数功能：删除 pos 开始的 n 个字符，返回修改后的字符串。

二、数学函数

数学函数位于头文件 cmath 中，使用#include<cmath>加入到当前工程中即可使用数学函数。

1. 函数原型：double cos(double arg);
   函数功能：计算弧度为 arg 的余弦值。
2. 函数原型：double sin(double arg);
   函数功能：计算弧度为 arg 的正弦值。
3. 函数原型：double tan(double arg);
   函数功能：计算弧度为 arg 的正切值。
4. 函数原型：double acos(double arg);
   函数功能：计算弧度为 arg 的反余弦值。
5. 函数原型：double asin(double arg);
   函数功能：计算弧度为 arg 的反正弦值。
6. 函数原型：double atan(double arg);
   函数功能：计算弧度为 arg 的反正切值。
7. 函数原型：double atan2(double y, double x);
   函数功能：计算 y/x 的反正切值。
8. 函数原型：double ceil(double num);
   函数功能：返回不小于 num 的最小整数，如 num=6.04，则返回 7.0。
9. 函数原型：double floor(double arg);
   函数功能：返回不大于 num 的最大数，如 num=6.04，则返回 6.0。
10. 函数原型：double cosh(double arg);
    函数功能：返回弧度为 arg 的双曲余弦值。
11. 函数原型：double sinh(double arg);
    函数功能：返回弧度为 arg 的双曲正弦值。
12. 函数原型：double tanh(double arg);
    函数功能：返回弧度为 arg 的双曲正切值。
13. 函数原型：double exp(double arg);
    函数功能：返回 e（自然底数）的 arg 次方值。
14. 函数原型：double log(double num);
    函数功能：返回 num 的自然对数值，num 应为大于 0 的数。
15. 函数原型：double log10(double num);
    函数功能：返回 num 以 10 为底的对数值，num 应为大于 0 的数。
16. 函数原型：double pow(double base, double exp);

函数功能：返回以 base 为底的 exp 次幂。不允许的取值范围：当 base 为 0 且 exp 小于或等于 0；当 base 为负数且 exp 不为整数。

17. 函数原型：double sqrt(double num);

    函数功能：返回 num 的开方值，num 应为不小于 0 的值。

参考文献

[1] 王萍. C++面向对象程序设计. 北京：清华大学出版社. 2004.
[2] 谭浩强. C++程序设计. 北京：清华大学出版社. 2006.
[3] 陈志泊，王春玲. 面向对象的程序设计语言——C++. 北京：人民邮电出版社. 2002.
[4] 徐惠民主编. C++大学基础教程. 北京：人民邮电出版社，2005
[5] 李玲等编著. C语言程序设计教程. 北京：人民邮电出版社，2005
[6] 姚琳等编著. C语言程序设计. 北京：人民邮电出版社，2010
[7] P.J. Plauger, Alexander A. Stepanov and Meng Lee. C++ STL 中文版. 北京：中国电力出版社. 2002.
[8] 钱能. C++程序设计教程. 北京：清华大学出版社. 2005.